SAMMLUNG GÖSCHEN BAND 1145/1145a

FESTIGKEITSLEHRE

II

FORMÄNDERUNG, PLATTEN, STABILITÄT UND BRUCHHYPOTHESEN

von

Dr.-Ing. habil.

WOLFGANG HERBERG

Privat-Dozent an de Technischen Hochschule Karlsruhe

und

Dr. Ing.

NIKOLA DIMITROV

Lehrbeauftragter an der Techn. Hochschule Karlsruhe

Mit 94 Bildern

WALTER DE GRUYTER & CO.

vormals G. J. Göschen'sche Verlagshandlung · J. Guttentag, Verlagsbuchhandlung · Georg Reimer · Karl J. Trübner · Veit & Comp.

BERLIN 1955

Archiv-Nr. 11 11 45
Druck: Sala-Druck, Berlin N 65
Printed in Germany

Inhaltsverzeichnis

III. Die Stabilität

IV. Bruchhypothesen

Schrifttum

1. Beyer, K., Die Statik im Eisenbetonbau, 3. Auflage (Neudruck) J. Springer, Berlin 1948.
2. Brandenberger, H., Neue Theorie der Elastizität und Festigkeit, Schweizer Druck- u. Verlagshaus, Zürich 1948.
3. Chwalla, E., Erläuterungen zur Begründung des Normblattentwurfes Din E 4114 (Abschn. IAa und A II), 1939.
4. Foerster, M., Taschenbuch iür Bauingenieure, 5. Aufl., J. Springer, Berlin 1928.
5. Gehler, W., Erläuterungen zur Begründung des Normblattentwurfes Din E 4114 (1. und 2. Teil) 1939 und 1940.
6. Hencky, H., Neuere Verfahren in der Festigkeitslehre, Verlag R. Oldenbourg, München 1951.
7. Habel, A., Die Tragfähigkeit der mittig belasteten Stahlbetonsäulen, B. u. St. 48 (1953) H. 7, S. 153.
8. Habel, A., Die Traglastprobleme des Stahlbetonbaues, B. u. St. 46 (1951), H. 1, S. 6.
9. Lewe, Pilzdecken und andere trägerlose Eisenbetonplatten, Verlag von W. Ernst u. Sohn, Berlin 1926.
10. Marguerre, K., Neuere Festigkeitsprobleme des Ingenieurs, J. Springer, Berlin 1950.
11. Mehrtens, G., Statik und Festigkeitslehre, Verlag von W. Engelmann, Leipzig 1909.
12. Mohr, O., Abhandlungen aus dem Gebiete der Technischen Mechanik, 3. Auflage, W. Ernst u. Sohn, Berlin 1928.
13. Nàdai, A., Die Elastische Platte, J. Springer, Berlin 1925.
14. Tölke, F., Praktische Funktionslehre, 1. Band, 2. Auflage, Verlag J. Springer, Berlin 1950.

Einleitung

Der im Jahre 1942 erschienene 1. Band der Festigkeitslehre (erweiterter Neudruck 1952) umfaßte von den Festigkeitsaufgaben nur jene, die mit Spannungen und Verschiebungen zusammenhängen, also nur Spannungsprobleme (auch Festigkeitsprobleme genannt). Der nun vorliegende 2. Band enthält neben weiteren Festigkeitsproblemen auch die Stabilitätsfälle Knicken, Kippen, Beulen. Die Stabilitätsbetrachtung eines Belastungsfalles gibt die Laststufe an, unter der eine Änderung des Gleichgewichtes stattfindet, die von der Festigkeit unabhängig ist. Spielt die Werkstoffestigkeit eine Rolle, wie z. B. bei „Traglasten“ beim Knicken, so liegt streng genommen kein Stabilitätsproblem mehr vor. Durch Einführung derartiger Traglasten und Tragspannungen werden viele Fragen der Stabilität vom Standpunkt des Spannungsproblemes behandelt.

Neben Formänderung und Biegelinie gehört auch die Plattentheorie unter die Festigkeitsprobleme. Die geschichtliche Entwicklung des Plattenproblems ist in einer zusammenfassenden Beschreibung gegeben mit Hinweisen auf das reiche Schrifttum und auf die letzte Forschung dieses wohl am meisten behandelten Gebietes der Elastizitätslehre. Auf eine ausführliche Ableitung und eine vollständigere Lösung einiger Belastungsfälle wurde besonderer Wert gelegt.

Das letzte Kapitel des vorliegenden Bandes führt in die Bruchprobleme der Werkstoffe ein, die die Bruchursachen zu erklären suchen. Die Beurteilung der Bruchgefahr ist bei neueren Bauweisen (Verbundbauweise, Spannbeton) mehr in den Vordergrund gerückt als bisher, da für diese Konstruktionen sogenannte „Bruchnachweise“ geführt werden müssen. Die Bruchhypothesen selbst liefern theoretische Unterlagen, welche die Ergebnisse von Versuchen deuten und verallgemeinern. Doch liegen in Verbindung mit dem Bruch von Werkstoffen immer noch, zum Teil sehr alte, Versuchsergebnisse vor, die bisher nicht befriedigend erklärt werden konnten. Schon vom einfachen Bruchversuch sagte E. Heyn 1918:

„Was uns vor allem fehlt, ist die richtige Deutung des Zerreißversuches. Er spricht zum großen Teil eine geheime Sprache, die wir mangels des geeigneten Schlüssels nicht verstehen".

Und noch im Jahre 1940 sagte Prof. M. ten Bosch:

„Zusammenfassend ist festzustellen, daß z. Z. leider noch keine allgemein gültige Erklärung der Bruchgefahr bekannt ist und in absehbarer Zeit auch nicht zu erwarten ist."

Auch darüber sind seit jener Zeit neue Theorien aufgestellt worden. Ob sie nun die letzten Lösungen bringen, wird die Zukunft erweisen.

I. Formänderung

A. Die Formänderungsarbeit

1. Bei Zug und Druck

Alle folgenden Betrachtungen setzen voraus: gleichförmigen Werkstoff mit gleichem Elastizitätsmaß in allen Richtungen, stetiges Anwachsen der äußeren Kräfte von Null bis zum Erreichen des elastischen Gleichgewichtes zwischen ihnen und den inneren Kräften. Dann erzeugen die inneren Kräfte in Verbindung mit den Verschiebungen einen Arbeitsvorrat, der innerhalb der Elastizitätsgrenze wiedergewonnen werden kann.

a) Einachsiger Spannungszustand. Die in der X-Achse eines Würfels wirkende Kraft P möge von Null bis auf den Wert P anwachsen, die zugehörigen Längenänderungen von Null bis auf den Wert $\Delta l = \delta$. Dann ist die Formänderungsarbeit

(1) $$A = \int_0^\delta P_x \cdot dx.$$

Da der Körper dem Hookeschen Gesetz folgen soll (Gl. 8, Bd. I), sind in jedem Augenblick der Formänderung Kraft und Weg einander proportional. Es ist also mit $P_x = P \cdot \frac{x}{\delta}$ die Formänderungsarbeit

$$(2) \qquad A = \frac{P}{\delta} \int_0^\delta x \cdot dx = \frac{1}{2} P \cdot \delta .$$

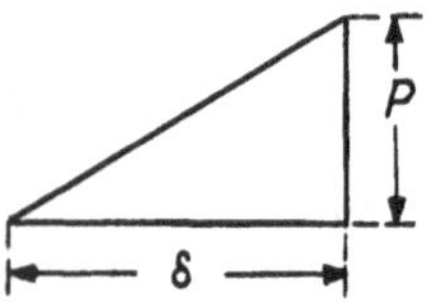

Bild 1. Schaubild der Formänderungsarbeit

Damit ist das zugehörige Schaubild der Arbeit ein Dreieck (Bild 1). Tritt an Stelle der Einzelkraft P_x ein Kräftepaar mit dem Moment M, dessen Verdrehungswinkel φ beträgt, so ist die Formänderungsarbeit

$$(3) \qquad A = \frac{1}{2} M \cdot \varphi .$$

Wird die Formänderungsarbeit auf die Raumeinheit des Körpers an der betreffenden Stelle bezogen, z. B. bei einem Würfel, dessen Seiten gleich der Längeneinheit 1 sind, so spricht man von bezogener Formänderungsarbeit A^*. Dann wird statt P gesetzt $\frac{P}{1 \cdot 1} = \sigma$ und statt δ $\frac{\delta}{1} = \varepsilon$. Die Gleichung der bezogenen Formänderung lautet dann mit $\varepsilon = \frac{\sigma}{E}$

$$(4) \qquad A^* = \frac{1}{2} \frac{\sigma^2}{E} = \frac{1}{2} \cdot E \cdot \varepsilon^2 = \frac{1}{2} \sigma \cdot \varepsilon ,$$

die der gesamten Formänderungsarbeit

$$(5) \qquad A = \frac{1}{2} \int \frac{\sigma^2}{E} dV .$$

1. Beispiel. Wie groß ist die Formänderungsarbeit eines Stabes vom Querschnitt F und der Länge l unter der Last P?

$$A = \frac{1}{2} P \cdot \delta = \frac{P^2 \cdot l}{2 E F} = \frac{1}{2} P^2 k ,$$

worin $k = \frac{l}{EF}$ nach Gl. (9, Bd. I) das Dehnungsvermögen eines Stabes ist.

2. Beispiel. Auf das freie Ende eines senkrechten, oben eingespannten Stahlstabes von der Länge $l = 100$ cm wirkt ein Fallgewicht von $P = 1\,t$ mit $h = 50$ cm Fallhöhe ein. Wie groß muß der Querschnitt F sein, damit die Elastizitätsgrenze des Stabes nicht überschritten wird?

Das Fallgewicht erzeugt eine Stabverlängerung Δl (Bild 2). Die Formänderungsarbeit der Achsenspannungen ist gleich der Arbeit der äußeren Kraft P:

$$P(h + \Delta l) = \frac{\sigma^2}{2\,E} V = \frac{\sigma^2}{2\,E} \cdot l \cdot F\,.$$

Mit dem Elastizitätsgesetz $\Delta l : l = \sigma : E$ Gl. (10, Bd. I), wobei $E = 2100$ t/cm² ist, folgt

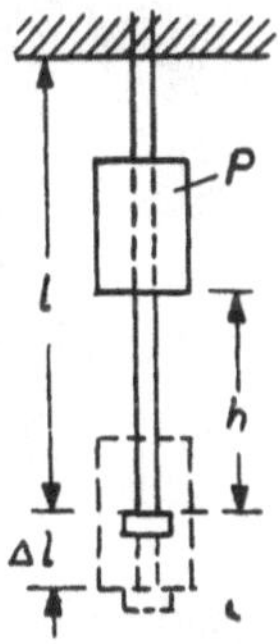

Bild 2

$$\Delta l = \frac{l \cdot \sigma}{E} = \frac{100 \cdot \sigma}{2100} = \frac{\sigma}{21} \text{ cm und}$$

$$F = \frac{2EP\,(h + \Delta l)}{\sigma^2 \cdot l} = \frac{2 \cdot 2100\;1{,}0\,(50 + \sigma/21)}{100 \cdot \sigma^2} = \frac{2{,}0\,(1050 + \sigma)}{\sigma^2}$$

und für die Spannung an der Elastizitätsgrenze $\sigma_E = 2{,}4$ t/cm²

$$F = \frac{2{,}0 \cdot 1052{,}4}{5{,}76} = 365 \text{ cm}^2.$$

b) Zweiachsiger Spannungszustand. In diesem Falle wirken die Hauptspannungen σ_x und σ_y. Die zugehörigen Dehnungen ε_x und ε_y ergeben sich aus den Gleichungen der Querdehnung (Bd. I, Gl. 16) für $\sigma_z = 0$. Auf die Flächen von den Kantenlängen dy und dz wirken die Kräfte $\sigma_x \cdot dy \cdot dz$ in entgegengesetzter Richtung. Der Abstand dx zwischen den beiden Flächen soll bis zum Werte $\Delta l = \varepsilon_x \cdot dx$ anwachsen. Die Formänderungsarbeit in der x-Richtung ist dann nach Bild 1 und Gl. (16, Bd. I)

$$\frac{1}{2}(\sigma_x \cdot dy \cdot dz)\,(\varepsilon_x \cdot dx) = \frac{1}{2\,E}\left(\sigma_x^2 - \frac{\sigma_x \cdot \sigma_y}{m}\right) dx \cdot dy \cdot dz\,.$$

Addiert man hierzu den ebenso zu bildenden Ausdruck für die Arbeit der Hauptspannung σ_y in der Y-Richtung, so ergibt sich die Formänderungsarbeit zu

$$A = \frac{1}{2\,E}\int\left[(\sigma_x^2 + \sigma_y^2) - \frac{2}{m}\sigma_x \cdot \sigma_y\right] dV \tag{6}$$

oder die bezogene Formänderungsarbeit

$$A^* = \frac{1}{2\,E}\left[(\sigma_x^2 + \sigma_y^2) - \frac{2}{m}\sigma_x \cdot \sigma_y\right]. \tag{7}$$

c) Für den dreiachsigen Spannungszustand findet man entsprechend

$$A = \frac{1}{2\,E}\int\left[(\sigma_x^2 + \sigma_y^2 + \sigma_z^2) - \frac{2}{m}(\sigma_x \cdot \sigma_y + \sigma_x \cdot \sigma_z + \sigma_y \cdot \sigma_z)\right] dV \tag{8}$$

und

$$A^* = \frac{1}{2\,E}\left[(\sigma_x^2 + \sigma_y^2 + \sigma_z^2) - \frac{2}{m}(\sigma_x \cdot \sigma_y + \sigma_x \cdot \sigma_z + \sigma_y \cdot \sigma_z)\right]. \tag{9}$$

2. Die Formänderungsarbeit bei Schub

a) Ebener Spannungszustand. Auf ein Körperelement mögen nach Bild 3 die beiden Paare der Schubspannungen, die ein Gleichgewichtssystem bilden, einwirken und die gestrichelt eingetragene Formänderung erzeugen. Da sich die untere Seite nicht verschiebt und an den beiden Seitenflächen die Verschiebung aller Punkte rechtwinklig zur Kraftebene steht, kommt nur die Arbeit der Schubspannungen an der oberen Fläche in Betracht. Wie in Gl. (1) und nach Bild 1 ist der Mittelwert der Kraft wiederum gleich der Hälfte des zuletzt erreichten Wertes τ zu setzen, also gleich $\frac{1}{2}\tau \cdot dx \cdot dy$. Da der Weg $\gamma \cdot dz$ beträgt, ergibt sich die Formänderungsarbeit mit $\gamma = \tau/G$ (Gl. 35, Bd. I) zu

$$\frac{1}{2}\tau \cdot \gamma \cdot dx \cdot dy \cdot dz = \frac{1}{2G}\tau^2 \cdot dx \cdot dy \cdot dz\,,$$

also die gesamte Formänderungsarbeit der Schubspannungen zu

$$A = \int \frac{1}{2\,G}\tau^2 dV\,, \tag{10}$$

und die bezogene Formänderungsarbeit

$$A^* = \frac{1}{2\,G} \cdot \tau^2\,. \tag{11}$$

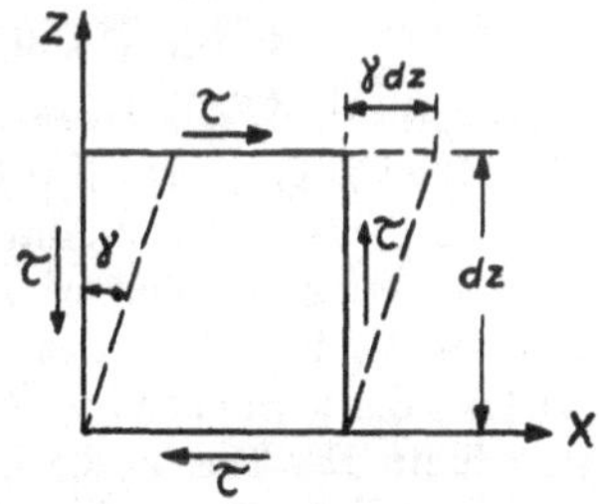

Bild 3. Formänderung bei Schub

b) Für den räumlichen Spannungszustand gilt dann

$$A = \frac{1}{2\,G}\int (\tau_{xy}^2 + \tau_{yz}^2 + \tau_{xz}^2)\,dV\,, \tag{12}$$

und

$$A^* = \frac{1}{2\,G}(\tau_{xy}^2 + \tau_{yz}^2 + \tau_{xz}^2)\,. \tag{13}$$

3. Die allgemeine Gleichung der bezogenen Formänderungsarbeit

Aus dem vorher Gesagten erhält man für den allgemeinen Spannungszustand die Gleichungen

$$A^* = \frac{1}{2\,E}(\sigma_x^2 + \sigma_y^2 + \sigma_z^2) - \tag{14}$$

$$- \frac{1}{m \cdot E}(\sigma_x\sigma_y + \sigma_y\sigma_z + \sigma_x\sigma_z) + \frac{1}{2G}(\tau_{xy}^2 + \tau_{yz}^2 + \tau_{zx}^2)$$

oder

$$A^* = G\left[(\varepsilon_x^2 + \varepsilon_y^2 + \varepsilon_z^2) + \right. \tag{15}$$

$$\left. + \frac{(\varepsilon_x + \varepsilon_y + \varepsilon_z)^2}{m-2} + \frac{\gamma_{xy}^2 + \gamma_{yz}^2 + \gamma_{zx}^2}{2}\right]$$

durch die Verschiebungen ε und γ allein ausgedrückt.

4. Die Gestaltänderungsarbeit

Der Ausdruck der bezogenen Formänderungsarbeit nach Gl. (14) wird für gewisse Zwecke zertrennt in $A^* = A_p^* + A_g^*$. Darin bedeutet A_p^* den Anteil der Formänderungsarbeit infolge Änderung des Volumens allein, während die Gestalt des Körpers der ursprünglichen ähnlich bleibt. Der Teil A_g^* bezeichnet die Formänderungsarbeit, die zur Änderung der Gestalt führt. Der Teil für die Volumenänderung allein, bei welcher der Elementarwürfel z. B. eine gleichmäßige Dehnung der Größe $e/3$ nach jeder Kantenrichtung erleidet, ist

$$A_p^* = \frac{3(m-2)}{2mE} p^2 . \tag{16}$$

Der Anteil der Gestaltsänderung spielt in den Theorien des Fließens und des Bruches der Baustoffe eine Rolle. Zieht man von den Hauptspannungen $\sigma_x, \sigma_y, \sigma_z$ eine gleichförmige Mittelspannung $\sigma_m = \frac{1}{3}(\sigma_x + \sigma_y + \sigma_z)$, den sogenannten mittleren hydraulischen Druck, ab, so erhält man mit den neuen Spannungen $(\sigma_x - \sigma_m)$, $(\sigma_y - \sigma_m)$ und $(\sigma_z - \sigma_m)$ einen Spannungszustand, für den die Summe der Hauptspannungen und die Raumdehnung Null ist. Er ist also nur durch eine Änderung der Gestalt des Körpers gekennzeichnet. Der Ausdruck für diese Gestaltsänderung ergibt sich somit unter Einsetzen von Gl. (36, Bd. I) $G = \frac{E}{2}\left(\frac{m}{1+m}\right)$ zu

$$A_g^* = \frac{1}{12G}\left[(\sigma_x - \sigma_y)^2 + (\sigma_y - \sigma_z)^2 + (\sigma_z - \sigma_x)^2\right]. \tag{17}$$

Der Theorie der größten Gestaltsänderung entspringt auch

die wichtige Bemessungsformel der Vergleichsspannung σ_v im Stahlbau. Unter Vergleichsspannung versteht man dabei die Werte eines einachsigen Spannungszustandes die gemäß der entsprechenden Hypothese dieselben Beanspruchungen ergeben, wie der mehrachsige Spannungszustand. Ist ein Stahlträger durch große Momente und große Querkraft gleichzeitig beansprucht, so muß die Vergleichspannung

$$\sigma_v = \sqrt{\sigma^2 + 3\,\tau^2} \tag{18}$$

kleiner als σ_{zul} sein[1]).

Setzt man die Gl. (116, Bd. I) der zusammengesetzten Festigkeit

$$\sigma_{1,2} = \frac{\sigma}{2} \pm \frac{1}{2}\sqrt{\sigma^2 + 4\tau^2}$$

in die Gl. (17) der Gestaltänderungsarbeit ein, so erhält man

$$A_g^* = \frac{1}{12\,G}\left[\sigma^2 + 4\,\tau^2 + \frac{1}{2}\sigma^2 + \frac{1}{2}(\sigma^2 + 4\,\tau^2)\right]$$
$$= \frac{1}{6\,G}(\sigma^2 + 3\,\tau^2) = \frac{\sigma_v^2}{6\,G},$$

woraus die oben angegebene Gl. (18) entstanden ist. Bei Profil- und Blechträgern wird σ am Übergang vom Stegblech zum Gurt berechnet und τ aus der Gleichung

$$\tau_{\max} = \frac{Q}{d \cdot s_x}, \tag{19}$$

worin bedeuten:

Q = Querkraft
d = Stegdicke
s_x = Abstand der Zug und Druckmittelpunkte des Profiles (zu entnehmen aus Profiltafeln in „Stahl im Hochbau").

[1]) Nach BE 1951, Abs. 40, 3 für σ_x, σ_y und τ_{xy}:

$$\sigma_v = \sqrt{\sigma_x^2 + \sigma_y^2 - \sigma_x\sigma_y + 3\,\tau_{xy}^2} \leqq 1{,}25\,\sigma_{zul}.$$

Mit $\sigma_y = 0$ ergibt sich die Gl. (18).

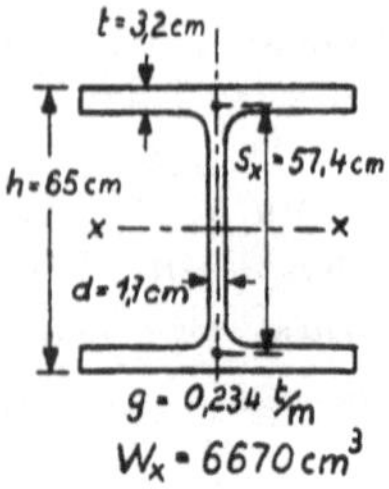

Bild 4
Profilwerte des BP 65

3. Beispiel. Ein 7,30 m weit gespannter Breitflanschträger B 65 von Gesamtlänge 8,00 m ist von einer rollenden Einzellast $P = 49$ t befahren. Der Spannungsnachweis ist zu führen.

1. Fall: P über dem Auflager. Dafür sind die Schnittkräfte $M = 0$ und $Q = 49{,}0 + \frac{1}{2}\,8{,}0 \cdot 0{,}234 = 49{,}94$ t. Damit wird: $\tau = \frac{Q}{d \cdot s_x} = \frac{49{,}94}{1{,}7 \cdot 57{,}4} = 0{,}511 <$ 1,12 t/cm².

2. Fall: P über Trägermitte. Dafür sind die Schnittkräfte $M = \frac{P \cdot l}{4} + \frac{g \cdot l^2}{8} = \frac{49{,}0 \cdot 7{,}3}{4} + \frac{0{,}234 \cdot 7{,}3^2}{8}$ $M = 91{,}06$ mt und damit die Spannung $\sigma = \frac{M}{W} = \frac{91{,}06}{6670} = 1{,}36\,\text{t/cm}^2 < 1{,}40\,\text{t/cm}^2$. Die Querkraft (links vom Schnitt) ist $Q = \frac{49{,}0}{2} + \frac{8{,}0}{2} \cdot 0{,}234$ $= 25{,}44$ t und damit wird $\tau = \frac{25{,}44}{1{,}7 \cdot 57{,}4} = 0{,}26\,\text{t/cm}^2$. Für die Gleichung der Vergleichsspannung muß noch bestimmt werden die Biegespannung σ_1 am Stegende. Der Abstand von der Nullinie ist $y_s = 32{,}5 - 3{,}2 = 29{,}3$ cm. Damit wird $\sigma_1 = 1{,}36 \cdot 29{,}3/32{,}5 = 1{,}23\,\text{t/cm}^2$. Die Vergleichspannung ergibt sich zu

$$\sigma_v = \sqrt{\sigma_1^2 + 3\tau^2} =$$
$$\sqrt{1{,}23^2 + 3 \cdot 0{,}26^2} = 1{,}31\,\text{t/cm}^2 < 1{,}40\,\text{t/cm}^2.$$

5. Die Formänderungsarbeit durch Biegemomente

In Stabwerken erzeugen die Biegemomente den bedeutendsten Anteil der Formänderungen. Ersetzt man in der Gl. (5) der Formänderungsarbeit den Ausdruck σ durch die Biegespannung $\sigma = \frac{M \cdot y}{J}$ (Gl. 51, Bd. I), so erhält man mit Integration über Länge und Querschnitt

$$A = \int_0^l \int_{(F)} \frac{M^2 \cdot y^2}{E \cdot J^2} dx \cdot df.$$

Mit $\int y^2 \cdot df = J$ (Gl. 50, Bd. I) ergibt sich

(20) $$A = \frac{1}{2} \int_0^l \frac{M^2}{E \cdot J} dx.$$

6. Das Prinzip der virtuellen Verschiebung

Das Prinzip der virtuellen Verschiebungen (oder virtuellen Geschwindigkeiten) stellt die Variation der Gleichung der Formänderungsarbeit nach der Verschiebung dar. Da, wie sich nach Castigliano nachweisen läßt, die gesamte potentielle Energie eines Tragwerkes im Gleichgewichtszustand ein Minimum ist, erhält man für ein Stabwerk aus den Gl. (5) und (10) der Formänderungsarbeit im ebenen Zustand

$$A = \frac{1}{2}\int \frac{\sigma_x^2}{E} dV + \frac{1}{2}\int \frac{\tau_{xy}^2}{G} dV = \frac{1}{2}\int E \cdot \varepsilon_x^2 dV + \frac{1}{2}\int G \cdot \gamma_{xy}^2 dV$$

und die Gleichung

(21) $$\int \sigma_x d\varepsilon_x dV + \int \tau_{xy} \delta\gamma_{xy} dV - \int p_x \delta u dF - \int p_y \delta v dF = 0$$

Darin deuten die Variationszeichen δ an, daß der tatsächlich bestehende Formänderungszustand mit einem unendlich nahe benachbarten verglichen wird, den man als virtuellen Formänderungszustand bezeichnet. Allgemein setzt man statt $\delta\varepsilon_x$ $\bar{\varepsilon}_x$ und statt δu und δv die Bezeichnungen $\bar{u}$ und $\bar{v}$. Da die Bedingungen der Arbeitsgleichungen erfüllt werden sowohl von einer wirklichen Belastung mit einer virtuellen Verschiebung als auch von einer virtuellen Belastung mit einer wirklichen Verschiebung, so gilt nach Gl. (21) auch

(22) $$\int \bar{\sigma}_x \cdot \varepsilon_x dV + \int \tau_{xy} \cdot \gamma_{xy} dV = \int \bar{p}_x \cdot u dF + \int p_y \cdot v dF$$

Mit den Ausdrücken

$$\varepsilon_x = \frac{N}{E \cdot F} + \frac{M \cdot y}{E \cdot J} + \alpha_t \cdot t_s + \alpha_t \frac{t_u - t_o}{h} \cdot y, \; \gamma_{xy} = \frac{\varkappa \cdot Q}{G \cdot F}$$

und $\bar{\sigma}_x = \frac{\overline{N}}{F} + \frac{\overline{M} \cdot y}{J}, \; \bar{\tau}_{xy} = \frac{\overline{Q}}{F}$

erhält man die Arbeitsgleichung eines Stabwerkes zu

$$(23) \quad \int \frac{\overline{N}N}{EF} ds + \int \frac{\overline{M}M}{EJ} ds + \int \frac{\varkappa \cdot \overline{Q}Q}{GF} + \int \overline{N}\alpha_t \cdot t_s d_s + \\ + \int \frac{\alpha_t \cdot \Delta t}{h} \overline{M} d_s - \Sigma \overline{C}\delta_c = \Sigma \overline{P}_m \delta_m ,$$

worin die einzelnen Ausdrücke gelten für die Anteile der Längskraft, des Biegemomentes, der Querkraft, der Temperatur, eines Temperaturunterschiedes und einer Stützenverschiebung. Da zumeist die Anteile der Querkraft und der Längskraft klein gegen die anderen sind, kann man sie in vielen Fällen vernachlässigen. Fallen auch Stützenverschiebungen und Temperatureinflüsse weg, so erhält man die Formänderung eines Stabwerkes bei Biegung unmittelbar, wenn man als virtuellen Belastungszustand die Belastungseinheit 1 wählt aus der Gleichung

$$(24) \quad \bar{1} \cdot \delta_m = \int \frac{\overline{M} \cdot M}{E \cdot J} ds .$$

Darin ist $\overline{M}$ das der virtuellen Belastungseinheit zugeordnete Biegemoment. Zur erleichterten Lösung der Integrale bei den verschiedensten Belastungen dient die Tafel[1]).

Die Arbeitsgleichung eines Fachwerkes lautet für Stabkraft, Temperatur und Stützenverschiebung mit der Belastungseinheit für den virtuellen Belastungszustand

$$(25) \quad 1 \cdot \delta_m = \Sigma \frac{\overline{S} \cdot S \cdot s}{E \cdot F} + \Sigma \overline{S} \cdot \alpha_t \cdot t \cdot s - \Sigma \overline{C} \cdot \delta_c .$$

---

[1]) Ausführliche Tafeln s. Schrifttum (1) S. 102.

4. Beispiel. Die Durchbiegung in der Mitte eines Trägers auf 2 Stützen nach Bild 5 mit einer gleichmäßig verteilten Last p ist zu berechnen.

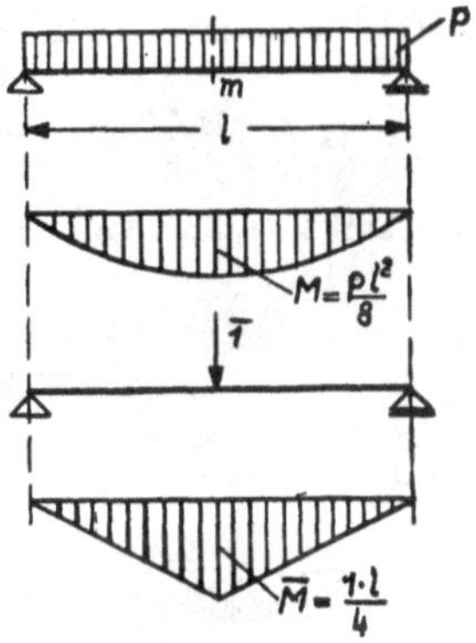

Bild 5

Nach Gl. (24) ist $\bar{1} \cdot \delta_m = \int \frac{\bar{M} \cdot M}{E \cdot J} ds$.

M ist dabei die Momentenfläche infolge der Belastung p. Sie stellt eine Parabel dar, mit der größten Ordinate $p \cdot l^2/8$.

$\bar{M}$ ist die Momentenfläche der virtuellen Last $\bar{1}$ in m. Sie stellt ein Dreieck dar, mit der größten Ordinate $\bar{1} \cdot l/4$.

Nach Tafel 1 ist die Lösung des Integrales einer parabelförmigen Fläche mit einer dreieckigen $\bar{1} \cdot \delta_m = \int \frac{\bar{M} \cdot M}{E \cdot J} ds = \frac{5}{12} \frac{\bar{M} \cdot M \cdot l}{E \cdot J}$. Damit wird die Durchbiegung bei m

$$\delta_m = \frac{5}{12} \cdot \frac{l}{4} \cdot \frac{p \cdot l^2}{8} l = \frac{5 \cdot p \cdot l^4}{384 \cdot EJ}.$$

7. Die Gegenseitigkeit der Formänderungen

Schreibt man die Gl. (24) in der Form

$$\int \frac{M_a \cdot M_b}{E \cdot J} ds = \Sigma P_a \cdot \delta_{ab},$$

so stellt sie die Arbeit einer Gruppe von äußeren Kräften ΣP_a dar während einer Verschiebung ihrer Angriffspunkte δ_{ab}, welche von der Kräftegruppe ΣP_b erzeugt wird. Da a und b ohne Einfluß auf die Größe der Formänderungsarbeit vertauscht werden können, gilt

(26) $$\Sigma P_a \cdot \delta_{ab} = \Sigma P_b \cdot \delta_{ba}.$$

Tafel 1. Lösungen der Integrale der Formänderungsarbeit,

$$\int_0^l \overline{M} \cdot M \frac{J_c}{J} dx, \text{ der Momente von Stabwerken.}$$

Bezeichnungen: Stablänge l, reduzierte Stablänge $l' = l \frac{J_c}{J}$.
Abszissen des Punktes c: ξl, $\xi' l$,
Abszissen des Punktes d: ζl, $\zeta' l$,
Abszissen des Punktes m: $\frac{1}{2} l$, $\frac{1}{2} l$.

In den Figuren sind die Ordinaten oberhalb der Bezugsachse positiv gerechnet.

$l' \cdot \frac{1}{6} [\overline{M}_a (2 M_a + M_b) + \overline{M}_b (M_a + 2 M_b)]$

für $M = \overline{M}$ $\quad l' \cdot \frac{1}{3} (M_a^2 + M_a M_b + M_b^2)$

$l' \cdot \frac{1}{6} M_a (2 \overline{M}_a + \overline{M}_b)$

$l' \cdot \frac{1}{6} M_a (\overline{M}_a - \overline{M}_b)$

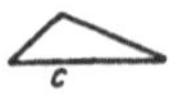

$l' \cdot \frac{1}{6} M_c [\overline{M}_a (1 + \xi') + \overline{M}_b (1 + \xi)]$

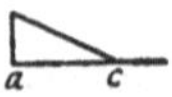

$l' \cdot \frac{1}{6} M_a \xi [\overline{M}_a (3 - \xi) + \overline{M}_b \xi]$

$l' \cdot \frac{1}{6} M_c [\overline{M}_a (3 \xi' - 1) - \overline{M}_b (3 \xi - 1)]$

$l' \cdot \frac{1}{2} M_c (\overline{M}_a + \overline{M}_b) \xi'$

$l' \cdot \frac{1}{6} M_c (\overline{M}_a - \overline{M}_b) \xi'$

$l' \cdot \frac{1}{6} [\overline{M}_a (M_a + 2 M_m) + \overline{M}_b (M_b + 2 M_m)]$

$l' \cdot \frac{1}{3} M_m (\overline{M}_a + \overline{M}_b)$

$l' \cdot \frac{1}{12} M_a (5 \overline{M}_a + 3 \overline{M}_b)$

$l' \cdot \frac{1}{12} M_a (3 \overline{M}_a + \overline{M}_b)$

$l' \cdot \frac{1}{20} M_a (4 \overline{M}_a + \overline{M}_b)$

$l' \cdot \frac{1}{3} \overline{M}_a M_a$

$l' \cdot \frac{1}{3} \overline{M}_a M_c \xi'$

$l' \cdot \frac{1}{5} \overline{M}_a M_a$

$l' \cdot \frac{1}{30} \overline{M}_a M_b$

$l' \cdot \frac{8}{15} \overline{M}_a M_a$

$l' \cdot \frac{11}{30} \overline{M}_a M_b$

$l' \cdot \frac{3}{10} \overline{M}_a M_a$

$l' \cdot \frac{2}{15} \overline{M}_a M_b$

$l' \cdot \frac{1}{3} \overline{M}_a M_a$

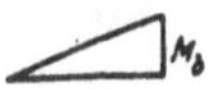

$l' \cdot \frac{1}{6} \overline{M}_a M_b$

$l' \cdot \frac{1}{4} \overline{M}_a M_a$

$l' \cdot \frac{1}{12} \overline{M}_a M_b$

$l' \cdot \frac{5}{12} \overline{M}_a M_a$

$l' \cdot \frac{1}{4} \overline{M}_a M_b$

$l' \cdot \frac{1}{6} \overline{M}_a M_a$

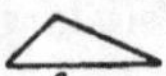

$l' \cdot \frac{1}{6} \overline{M}_a M_c (1 + \xi')$

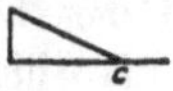

$l' \cdot \frac{1}{6} \overline{M}_a M_a \xi (3 - \xi)$

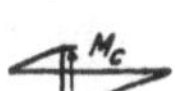

$l' \cdot \frac{1}{6} \overline{M}_a M_c (3 \xi'^2 - 1)$

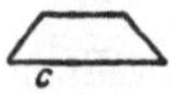

$l' \cdot \frac{1}{2} \overline{M}_a M_c \xi'$

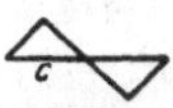

$l' \cdot \frac{1}{6} \overline{M}_a M_c \xi'$

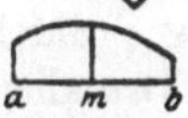

$l' \cdot \frac{1}{6} \overline{M}_a (M_a + 2 M_m)$

$l' \cdot \frac{1}{3} \overline{M}_a M_m$

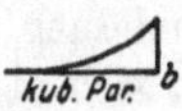

$l' \cdot \frac{1}{20} \overline{M}_a M_b$

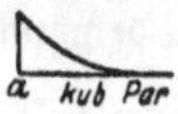

$l' \cdot \frac{1}{5} \overline{M}_a M_a$

Tafel 1 (Fortsetzung)

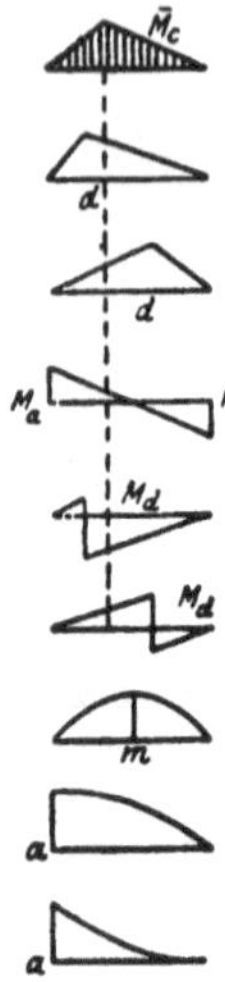

$$l' \cdot \tfrac{1}{6}\overline{M}_c M_d\left(2-\frac{(\xi-\zeta)^2}{\xi\cdot\zeta'}\right)$$

$$l' \cdot \tfrac{1}{6}\overline{M}_c M_d\left(2-\frac{(\xi'-\zeta')^2}{\xi'\cdot\zeta}\right)$$

$$l' \cdot \tfrac{1}{6}\overline{M}_c M_a(1-2\xi)$$

$$-\,l' \cdot \tfrac{1}{6}\overline{M}_c M_d(1+\xi'-3\,\zeta^2/\xi)$$

$$+\,l' \cdot \tfrac{1}{6}\overline{M}_c M_d(1+\xi-3\,\zeta'^2/\xi')$$

$$l' \cdot \tfrac{1}{3}\overline{M}_c M_m(1+\xi\xi')$$

$$l' \cdot \tfrac{1}{12}\overline{M}_c M_a(5-\xi(1+\xi))$$

$$l' \cdot \tfrac{1}{12}\overline{M}_c M_a(1+\xi'(1+\xi'))$$

Dieser Ausdruck wird der Bettische Satz (E. Betti 1823 bis 1892) genannt. Setzt man für die Kräftegruppen 2 einzelne Kräfte von der Größe 1, so erhält man

$$\delta_{ab} = \delta_{ba}\,, \tag{27}$$

den sogenannten Maxwellschen Satz (J. Cl. Maxwell 1831 bis 1879). Er besagt: Die Verschiebung des Punktes a in Richtung P_a infolge der Kraft $P_b = 1$, ist gleich der Verschiebung des Punktes b in Richtung P_b infolge der Kraft $P_a = 1$. Der Maxwellsche Satz ist die Grundlage für die Darstellung der Einflußlinien von Formänderungen. Ist m der Angriffspunkt einer wandernden Last P auf einem Träger, so ist die Einflußlinie der Formänderung gekennzeichnet durch δ_{am}. Da $\delta_{am} = \delta_{ma}$ ist, ergibt sich die Einflußlinie als Biegelinie des Trägers unter der der Formänderung zugehörenden Belastung.

8. Die Sätze von Castigliano

Unter Verwendung wirklicher Verschiebungen δ_m lauten nach Gl. (20) die einfachsten Ausdrücke der Formänderungsarbeit für das Stabwerk bei Biegung allein

$$A = \int \frac{M^2}{2 \cdot E \cdot J} ds, \tag{28}$$

und für das Fachwerk bei Längskraft allein

$$A = \Sigma \frac{S^2 \cdot s}{2 \cdot E \cdot F}. \tag{29}$$

Da nach dem Superpositionsgesetz

$$\delta_m = P_1 \cdot \delta_{m1} + P_2 \cdot \delta_{m2} + \cdots$$

gilt, so kann man die Verschiebungen als partielle Ableitungen aus der Formänderung gewinnen. Es gilt

$$\delta_{m1} = \frac{\partial A}{\partial P_1}, \quad \delta_m = \frac{\partial A}{\partial P_m} \tag{30}$$

oder umgekehrt

$$P_1 = \frac{\partial A}{\partial \delta m\, 1}, \; P_m = \frac{\partial A}{\partial \delta m}.$$

Und mit den Gl. (28) und (29) wird

$$\delta_m = \int M \frac{\partial M}{\partial P_m} \cdot \frac{ds}{E \cdot J}, \tag{31}$$

und

$$\delta_m = \Sigma\; S \frac{\partial S}{\partial P_m} \cdot \frac{s}{E \cdot F}. \tag{32}$$

Damit sind die ersten 2 Sätze von Castigliano gefunden:

1. Satz: Wird die Formänderungsarbeit durch die angreifenden Kräfte ausgedrückt, so gewinnt man die Verschiebungen durch die partiellen Ableitungen der Formänderungsarbeit nach den Kräften.

2. Satz: Wird die Formänderungsarbeit durch die Verschiebung der Angriffspunkte der Kräfte ausgedrückt, so ge-

winnt man die zugehörigen Kräfte durch die partiellen Ableitungen der Formänderungsarbeit nach den Verschiebungen.

5. Beispiel. Ein Kragträger (Bild 6) sei belastet mit einer Kraft P an seinem freien Ende. Wie groß ist die Durchbiegung an dieser Stelle?

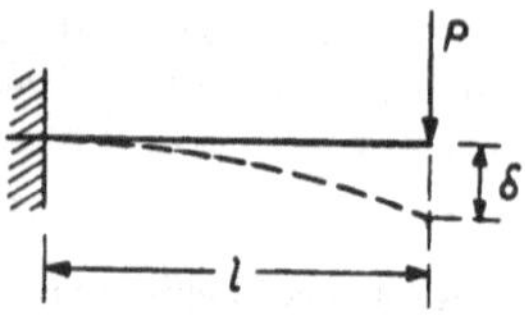

Bild 6

Nach Gl. (20) ist die Formänderungsarbeit für ein Stabwerk bei Biegung

$$A = \frac{1}{2 \cdot E \cdot J} \int_0^l M^2 \, ds .$$

Mit dem Biegemoment $M = P \cdot x$ wird

$$A = \frac{1}{2 \cdot E \cdot J} \int P^2 \cdot x^2 \cdot ds = \frac{P^2}{2 \cdot E \cdot J} \left[\frac{x^3}{3}\right]_0^l = \frac{P^2 \cdot l^3}{6 \cdot E \cdot J} .$$

Die Durchbiegung ist nach Castigliano

$$\delta = \frac{\partial A}{\partial P} = \frac{l^3}{6 \cdot E \cdot J} \cdot 2 P = \frac{P \cdot l^3}{3 \cdot E \cdot J} .$$

9. Die Größt- und Kleinstwerte der Formänderungsarbeit

a) Von besonderer Bedeutung unter den Abgeleiteten der Formänderungsarbeit ist der Kleinstwert, das sogenannte Minimum der Formänderungsarbeit nach Castigliano und Müller-Breslau mit

$$\partial A = 0 . \tag{33}$$

D. h., die Gestalt, die ein Körper unter einer Belastung annimmt, ist dadurch gekennzeichnet, daß für sie die Formänderungsarbeit zu einem Kleinstwert wird.

b) Die stabile und labile Gleichgewichtslage kann durch die Ableitungen von A gedeutet werden. Für eine an einem starren Stab um M rotierende Kugel vom Gewicht P (Bild 7) ist die aufgespeicherte potentionelle Energie

$$A = P \cdot h = P \cdot r \, (1 - \cos \varphi) ,$$

folglich sind die Abgeleiteten

$$\delta A = P \cdot r \sin \varphi \, d\varphi ,$$

und $$\delta^2 A = P \cdot r \cdot \cos \varphi \, d\varphi .$$

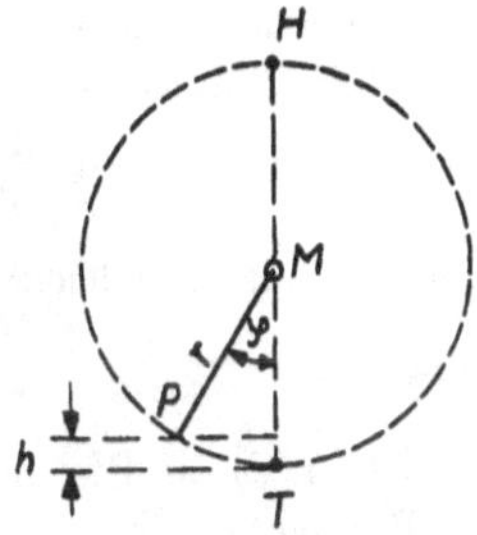

Bild 7. Stabiles und labiles Gleichgewicht

Stabil ist die Gleichgewichtslage im Tiefpunkt T, wo sich für $\varphi = 0$ nach obigen Ableitungen $\delta A = 0$ und $\delta^2 A = P \cdot r \cdot d\varphi^2$, also ein positiver Wert ergibt, der das Minimum kennzeichnet. Labil ist das Gleichgewicht im Höchstpunkt H, wo für $\varphi = \pi$ $\delta A = 0$ und $\delta^2 A = - P \cdot r \cdot d\varphi^2$ das Maximum als negativer Wert entsteht. Das Minimum $\delta A = 0$ und $\delta^2 A > 0$ kennzeichnet stets das stabile Gleichgewicht, dagegen das Maximum $\delta A = 0$ und $\delta^2 A < 0$ kennzeichnet das labile Gleichgewicht.

B. Die Biegelinie

1. Die Gleichung der elastischen Linie

Betrachtet man den Fall der einfachen Biegung, so ist die Spannungsverteilung gegeben durch die Gl. (51, Bd. I)

$$\sigma = \frac{M}{J} \cdot y .$$

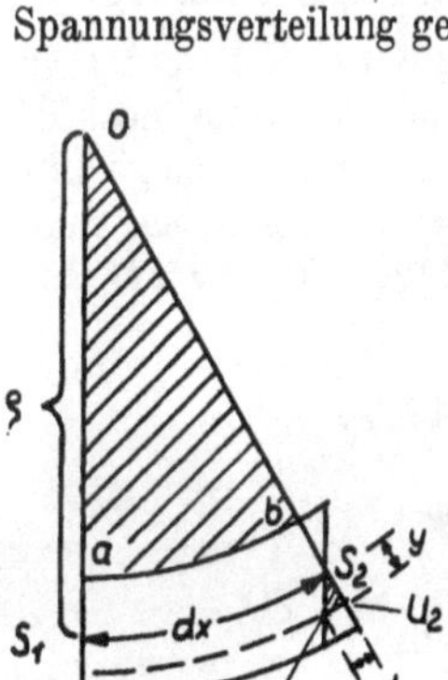

Bild 8 Biegelinie

Bei der Annahme eben bleibender Querschnitte nach Navier schneiden sich bei Biegung eines Balkenelementes die Verlängerungen der Querschnitte 1 und 2 in O (Bild 8). OS_1 ist der Krümmungshalbmesser ϱ. Eine im Stabelement um y von der neutralen Schicht entfernte Faser erleidet die Dehnung $\varepsilon_x = \Delta\, dx / dx$. Damit ergibt sich mit obengenannter Gleichung der Biegespannung, dem

Hookeschen Gesetz und aus der Ähnlichkeit der Flächen $O S_1 S_2$ und $S_2 U_2 U_1$

$$\varepsilon_x = \frac{\Delta\, dx}{dx} = \frac{\sigma_x}{E} = \frac{M \cdot y}{E \cdot J} = \frac{y}{\varrho}$$

und daraus die Gleichung

$$\frac{1}{\varrho} = \frac{M}{E \cdot J}, \tag{34}$$

welche man die Gleichung der elastischen Linie nennt.

Betrachtet man nun Durchbiegungen y, welche klein sind im Verhältnis zur Stablänge l, so kann man setzen $\frac{1}{\varrho} = y''$ und erhält aus Gl. (34) die Differentialgleichung der elastischen Linie

$$\frac{d^2 y}{dx^2} = -\frac{M}{E \cdot J}. \tag{35}$$

Darin ist das Vorzeichen so gewählt, daß ein positives Biegemoment eine negative Durchbiegung erzeugt.

2. Die analytische Ermittlung der Durchbiegung

Die Größe einer Durchbiegung kann ermittelt werden aus der Formänderungsarbeit durch partielle Ableitung nach der angreifenden Kraft (Kap. IA, 8) oder durch zweimalige Integration aus der Differentialgleichung der elastischen Linie. Die 1. Integration der Gl. (35) liefert die Neigung der Tangente gegen die X-Achse

$$y' = -\int \frac{M}{E \cdot J}\, dx + C_1. \tag{36}$$

Die 2. Integration ergibt die Biegelinie

$$y = -\iint \frac{M}{E \cdot J}\, dx^2 + C_1 \cdot x + C_2. \tag{37}$$

Darin sind C_1 und C_2 die Integrationskonstanten, welche aus den Randbedingungen gewonnen werden. Diese Methode ist jedoch nur bei besonders einfachen Belastungs- und Auflagerbedingungen sowie bei konstanter Steifigkeit $E \cdot J$ leicht lösbar. Da das Superpositionsgesetz gilt, können auch bei mehreren Lasten in vielen Fällen fertige Tafelwerte von Durchbiegungen verwendet werden (s. Tafel 2)[1].

6. Beispiel. Für einen Träger auf 2 Stützen (Bild 9) mit gleichförmiger Last p ist die größte Durchbiegung aus der Gleichung der elastischen Linie zu berechnen.

Das Biegemoment ist

$$M_x = \frac{p \cdot l}{2} \cdot x - p \cdot x \frac{x}{2} =$$

$$= \frac{p}{2}(l \cdot x - x^2).$$

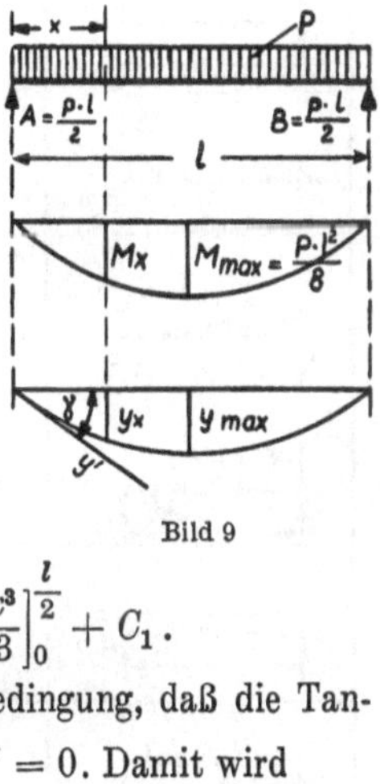

Bild 9

Setzt man dies in Gl. (35) ein, so erhält man

$$y'' = -\frac{1}{E \cdot J} \cdot \frac{p}{2}(l \cdot x - x^2).$$

Die 1. Integration ergibt

$$y' = -\frac{p}{2 \cdot E \cdot J} \int_0^l (l \cdot x - x^2)\, dx$$

$$y' = -\frac{p}{2 \cdot E \cdot J} \left| \frac{l \cdot x^2}{2} - \frac{x^3}{3} \right|_0^{\frac{l}{2}} + C_1.$$

C_1 kann bestimmt werden aus der Bedingung, daß die Tangente in $x = \frac{l}{2}$ horizontal ist, d. h. $y' = 0$. Damit wird

$$0 = -\frac{p}{2 \cdot E \cdot J}\left(\frac{3 \cdot l^3}{24} - \frac{l^3}{24}\right) + C_1,$$

d. h. die Gleichung wird Null für $C_1 = -\frac{l^3}{12} \cdot \frac{p}{2EJ}$. Damit ist die 1. Integration

$$y' = \frac{p}{2 \cdot E \cdot J}\left(-\frac{l \cdot x^2}{2} + \frac{x^3}{3} + \frac{l^3}{12}\right)$$

[1]) Für Auswertung allgemeiner Fälle s.: F. Wille, Die Durchbiegung der Träger, Die Bautechnik 29 (1952), H. 9, S. 249.

Tafel 2

Auflagerkräfte, Biegemomente und Durchbiegungen einfacher Balkensysteme

Belastungsfall	Auflagerkraft und größtes Biegemoment	größte Durchbiegung
	$A = P$ $M_A = P \cdot \ell$	$f_B = \frac{1}{3} \cdot \frac{P \ell^3}{E \cdot J}$
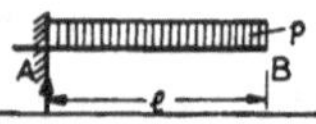	$A = p \cdot \ell$ $M_A = \frac{p \cdot \ell^2}{2}$	$f_B = \frac{1}{8} \cdot \frac{p \cdot \ell^4}{E \cdot J}$
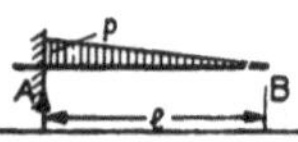	$A = \frac{p \cdot \ell}{2}$ $M_A = \frac{p \cdot \ell^2}{6}$	$f_B = \frac{1}{30} \frac{p \cdot \ell^4}{E \cdot J}$
	$A = B = \frac{P}{2}$ $M_c = \frac{P \cdot \ell}{4}$	$f_c = \frac{1}{48} \cdot \frac{P \cdot \ell^3}{E \cdot J}$
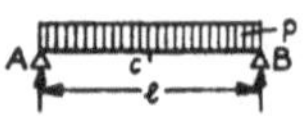	$A = B = \frac{p \cdot \ell}{2}$ $M_c = \frac{p \cdot \ell^2}{8}$	$f_c = \frac{5}{384} \cdot \frac{p \cdot \ell^4}{E \cdot J}$
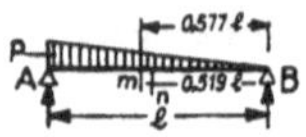	$A = \frac{p \cdot \ell}{3}$, $B = \frac{p \cdot \ell}{6}$ $M_m = 0{,}128 \frac{p \cdot \ell^2}{2}$	f_n bei $0{,}519\ \ell$ $= 0{,}00652 \frac{p \cdot \ell^4}{E J}$
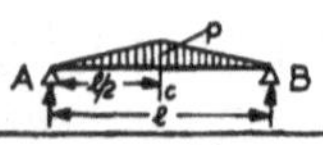	$A = B = \frac{p \cdot \ell}{4}$ $M_c = \frac{p \cdot \ell^2}{12}$	$f_c = \frac{p \cdot \ell^4}{120\, E \cdot J}$
	$A = B = \frac{p \cdot \ell}{4}$ $M_c = \frac{p \cdot \ell^2}{24}$	$f_c = \frac{3}{640} \frac{p \cdot \ell^4}{E \cdot J}$

Belastungsfall	Auflagerkraft und größtes Biegemoment	größte Durchbiegung
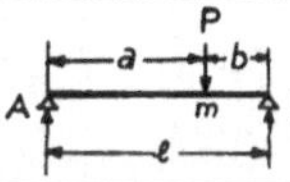	$A = \frac{P \cdot b}{\ell}$, $B = \frac{P \cdot a}{\ell}$ $M_m = \frac{P \cdot a \cdot b}{\ell}$	$f_m = \frac{1}{3} \cdot \frac{P}{E \cdot J} \cdot \frac{a^2}{\ell} \cdot b^2$ f_{max} bei $x = a \sqrt{\frac{1}{3} + \frac{2}{3}\frac{b}{a}}$ wenn $a > b$ $x_1 = b \sqrt{\frac{1}{3} + \frac{2}{3}\frac{a}{b}}$ wenn $b < a$
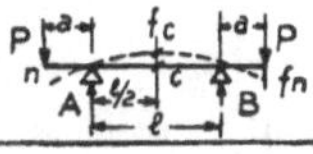	$A = B = P$ $M_A = M_C = M_b = -P \cdot a$	$f_c = -\frac{1}{8} \frac{P\ell^2}{E\,J} \cdot a$ $f_n \doteq \frac{Pa^2}{6\,E \cdot J}(2a + 3\ell)$
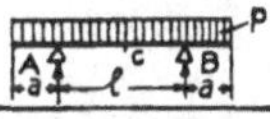	$A = B = \frac{p\,(2a + \ell)}{2} = \frac{P}{2}$ $M_c = \frac{P}{8}(\ell - 2a)$ für $a = 0{,}207(\ell + 2a)$ wird $M_A = M_B = M_c$	$f_c = \frac{5}{384} \cdot \frac{p\ell^4}{E \cdot J} \cdot \left[1 - \frac{24}{5}\frac{a^2}{\ell^2}\right]$
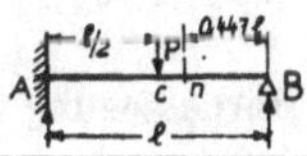	$A = \frac{11}{16} P$, $B = \frac{5}{16} P$ $M_A = -\frac{3}{16} P\ell$, $M_C = \frac{5}{32} P\ell$	$f_n = \frac{1}{107{,}3} \cdot \frac{P\ell^3}{E \cdot J}$
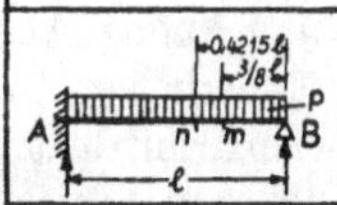	$A = \frac{5}{8}\, p \cdot \ell$, $B = \frac{3}{8}\, p \cdot \ell$ $M_m = \frac{9}{128} \cdot p\ell^2$, $M_A = -\frac{p\ell^2}{8}$	$f_n = \frac{1}{185} \cdot \frac{p\ell^4}{E \cdot J}$
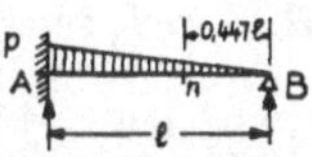	$A = \frac{2}{5}\, p\ell$, $B = \frac{1}{10}\, p\ell$ $M_A = -\frac{p\ell^2}{15}$, $M_n = 0{,}0298\, p\ell^2$	$f_n = \frac{1}{419} \cdot \frac{p\ell^4}{E \cdot J}$
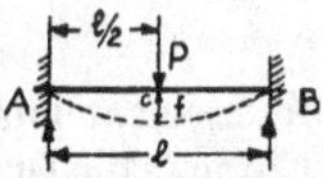	$A = B = \frac{P}{2}$ $M_A = M_B = -\frac{P\ell}{8}$, $M_C = +\frac{P\ell}{8}$	$f_c = \frac{1}{192} \cdot \frac{P\ell^3}{E\,J}$
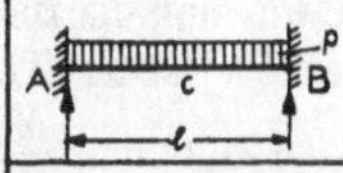	$A = B = \frac{p\ell}{2}$ $M_A = M_B = -\frac{p\ell^2}{12}$, $M_C = \frac{p\ell^2}{24}$	$f_c = \frac{1}{384} \cdot \frac{p\ell^4}{E \cdot J}$
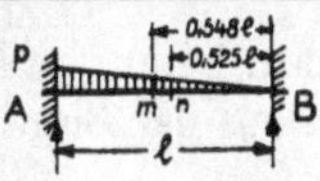	$A = \frac{7}{20} \cdot p \cdot \ell$, $B = \frac{3}{20} \cdot p \cdot \ell$ $M_A = -\frac{p \cdot \ell^2}{20}$, $M_m = \frac{p\ell^2}{46{,}6}$ $M_B = -\frac{p \cdot l^2}{30}$	$f_n = \frac{1}{764} \cdot \frac{p \cdot \ell^4}{E \cdot J}$

und die 2. Integration

$$y = \frac{p}{2 \cdot E \cdot J} \int_0^l \left(-\frac{l \cdot x^2}{2} + \frac{x^3}{3} + \frac{l^3}{12} \right) dx + C_2$$

$$y = \frac{p}{2 \cdot E \cdot J} \left(-\frac{l \cdot x^3}{6} + \frac{x^4}{12} + \frac{l^3 \cdot x}{12} \right) + C_2$$

C_2 wird bestimmt aus der Bedingung, daß die Durchbiegung bei $x = 0$ und $x = l$ Null ist, d. h.

$$0 = \frac{p}{2 \cdot E \cdot J} \left(-\frac{l^4}{6} + \frac{l^4}{12} + \frac{l^4}{12} \right), \text{ d. h. } C_2 = 0.$$

Die größte Durchbiegung entsteht bei $x = \frac{l}{2}$:

$$y = \frac{p}{2 \cdot E \cdot J} \left(-\frac{l^4}{48} + \frac{l^4}{192} + \frac{l^4}{24} \right) = \frac{5}{384} \cdot \frac{p \cdot l^4}{E \cdot J}.$$

3. Die zeichnerische Ermittlung der Durchbiegung

In allen komplizierten Fällen der Last- und Auflagerbedingungen, besonders in Verbindung mit veränderlichem Trägheitsmoment empfiehlt sich die zeichnerische Ermittlung der Biegelinie nach Mohr[1]). Setzt man in der Differentialgleichung der elastischen Linie (Gl. 35) $M = p$ und $H = E \cdot J$, so erhält man die bekannte Gleichung der Seilkurve

$$E \cdot J \frac{d^2 y}{dx^2} = -p_{(x)}. \tag{38}$$

Das bedeutet: Setzt man als Belastung die Momentenfläche und als Polweite die Steifigkeit $E \cdot J$, so erhält man die Durchbiegung als Seillinie in der gleichen Weise, wie man die Biegemomente als Seillinie der wahren Kräfte erhält. Ist das Trägheitsmoment J des Stabes nicht konstant, so kann man $\frac{M}{J}$ als ideelle Belastung und E als Polweite wählen. Besondere Aufmerksamkeit benötigen die Maßstäbe, um aus der Biegelinie

[1]) s. Schrifttum (12).

die wahren Größen entnehmen zu können. Wählt man $\frac{M}{J}$ als Belastung und E als Polabstand, so würde man die Durchbiegung y aus dem Seileck unter Berücksichtigung des Längenmaßstabes der Zeichnung sofort erhalten, wenn im Krafteck der Maßstab von Kraft und Polweite der gleiche ist. Da dies aber wegen der wahren Größe von E in den meisten Fällen nicht möglich ist, muß noch ein Verzerrungsfaktor eingeführt werden. Da dieser je nach der Art der Verzerrung im Zähler oder im Nenner stehen kann, so ist es einfacher auch in diesem Falle für H eine beliebige Strecke zu wählen und den Maßstab nach Gl. (40) automatisch zu berechnen.

Hat man ein gewöhnliches Seileck mit wahren Kräften im Maßstab m_P mit der gewählten Polweite H_1 in cm gezeichnet, und ist der Längenmaßstab der Zeichnung m_L, so erhält man die Ordinaten des Seileckes im Maßstab

(39) $$m_S = H_1 \cdot m_L \cdot m_P\,,$$

d. h. man multipliziert die in cm abgemessenen Ordinaten mit m_S und erhält ihre wahren Größen. Wendet man diese Regel auf das Seileck der elastischen Linie an, so erhält man mit $\frac{M}{J}$ als Kräfte und E als Polweite den Maßstab der Durchbiegung zu

(40) $$m_y = \frac{1}{E} \cdot H_2 \cdot m_L \cdot m_F\,.$$

Darin bedeuten:

H_2 = eine in cm gewählte Polweite,

m_L = der Längenmaßstab der Zeichnung, z. B. $\frac{100\ \text{cm}}{1\ \text{cm}}$,

m_F = Maßstab der „Kräfte“ $\frac{M}{J}$, welche reduzierte Monentenflächen sind, z. B. in $\frac{\text{kg}}{\text{cm}^2}$.

Das Elastizitätsmaß E erscheint im Nenner von der linken Seite der Gl. (38) her, da für die Polweite eine beliebige Zahl in cm gewählt wurde.

7. Beispiel. Für den in Bild 10 dargestellten Stahlträger ist die Biegelinie zeichnerisch nach Mohr zu ermitteln.

Aus den Belastungen (*a*) ergibt sich mit dem Krafteck (*d*) die Momentenfläche mit dem Seileck (*e*). Der Längenmaßstab der Zeichnung ist 1:100, d. h. $m_L = \frac{100 \text{ cm}}{1 \text{ cm}}$. Die Polweite H

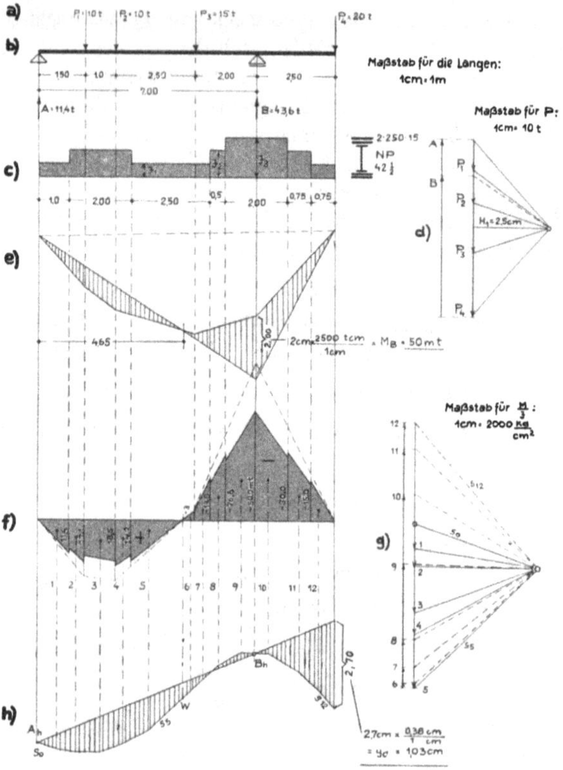

Bild 10. Zeichnerische Ermittlung der Biegelinie nach Mohr

wurde gewählt zu $H_1 = 2{,}5$ cm, der Kräftemaßstab zu 1 cm $= 10$ t, d. h. $m_P = \frac{10\ \text{t}}{1\ \text{cm}}$. Dann ist nach Gl. (39) der Maßstab für die Momente $m_S = m_M = H_1 \cdot m_L \cdot m_P = 2{,}5 \cdot 100 \cdot 10\ \frac{\text{cm} \cdot \text{cm} \cdot \text{t}}{1\ \text{cm} \cdot \text{cm}} = 2500\ \frac{\text{t} \cdot \text{cm}}{1\ \text{cm}}$. Das größte Biegemoment bei B ist damit $M_B = 2\ \text{cm} \cdot 2500\ \text{tcm/cm} = 5000\ \text{tcm} = 50\ \text{tm}$.

Diese Momentenfläche wird in 12 Teile zerlegt und für jeden Teil wird der Belastungswert $\frac{M}{J}$ in nachstehender Tafel berechnet. Aus den Werten der reduzierten Momentenfläche (f) ergibt sich mit dem Krafteck (g) die Biegelinie als Seilkurve (h).

Die Schlußlinie A_h—B_h ergibt sich aus der Bedingung, daß an den Stützen A und B die Durchbiegung Null ist.

Teil	(M) in m²t		J in cm⁴	M/J in kg/cm²
1	1/2 · 11,4 · 1,0	= 5,7	36990	1540
2	1/2 (11,4 + 17,1) 0,5	= 7,1	60630	1170
3	1/2 (17,1 + 18,5) 1,0	= 17,8	60630	2930
4	1/2 (18,5 + 14,2) 0,5	= 8,2	60630	1350
5	1/2 · 14,2 · 1,65	= 11,7	36990	3160
6	— 1/2 · 3,0 · 0,35	= — 0,5	36990	— 135
7	— 1/2 (3,0 + 14,5) 0,5	= — 4,3	36990	— 1160
8	— 1/2 (14,5 + 26,4) 0,5	= — 10,2	60630	— 1680
9	— 1/2 (26,4 + 50,0) 1,0	= — 38,2	86510	— 4410
10	— 1/2 (50,0 + 30,0) 1,0	= — 40,0	86510	— 4610
11	— 1/2 (30,0 + 15,0) 0,75	= — 16,9	60630	— 2790
12	— 1/2 · 15,0 · 0,75	= — 5,6	36990	— 1510

In dieser Biegelinie (h) werden die Ordinaten in cm abgegriffen und die wahren Größen der Durchbiegungen ergeben sich mit dem Multiplikator m_y, der aus Gl. (40) berechnet wird. Mit $H_2 = 4$ cm, $m_L = \frac{100\ \text{cm}}{1\ \text{cm}}$ und $m_F = \frac{2000\ \text{kg/cm}^2}{1\ \text{cm}}$ erhält man

$$m_y = \frac{1}{E} \cdot H_2 \quad m_L \cdot m_F = \frac{4 \cdot 100 \cdot 2000}{2100000} = 0{,}38\ \text{cm}/1\ \text{cm}.$$

Damit ist z. B. die größte Durchbiegung bei C

$$y_C = 2{,}7\ \text{cm} \cdot 0{,}38\ \text{cm}/1\ \text{cm} = 1{,}03\ \text{cm}\,.$$

In gleicher Weise kann die Einflußlinie der vertikalen Verschiebung δ_{cm} des Punktes C ermittelt werden. Sie wird nach Maxwell (s. Kap. I, A, 7) als Biegelinie δ_{mc} für die in C wirkende Last $P = 1$ gezeichnet. Die Momentenfläche, welche die Belastung ergibt, ist ein Dreieck mit der Ordinate $1 \cdot 2{,}5$ in B. Aus ihren reduzierten Teilflächen M/J wird mit einem entsprechenden Krafteck die Einflußlinie der Durchbiegung als Seillinie gefunden. Die Schlußlinie derselben ergibt sich ebenfalls mit den Randbedingungen $\delta_A = 0$ und $\delta_B = 0$.

4. Die Bemessung der Träger mit Rücksicht auf die Durchbiegung

Bei Bemessung von Trägern mit Biegebeanspruchung ist, besonders im Stahl- und Holzbau, neben der Einhaltung der zulässigen Spannung auch auf die zulässige größte Durchbiegung zu achten. Diese sind bei:

Holz im Hochbau: (DIN 1052)	für Vollwandträger i. a.	$\frac{1}{400}$ der Stützweite
	für Balken in Wohnraumdecken	$\frac{1}{300}$ der Stützweite
	Pfetten und Sparren	$\frac{1}{200}$ der Stützweite
Holz im Brückenbau: (DIN 1074)	für Balken i. a.. .	$\frac{1}{400}$ der Stützweite
Stahl im Hochbau: (DIN 1050)	für Vollwandträger mit $l > 5$ m . . .	$\frac{1}{300}$ der Stützweite
	in besonderen Fällen	$\frac{1}{500}$ der Stützweite
Stahl im Straßenbrückenbau: (DIN 1073)	Vollwandtr. .	$\frac{1}{500}$ der Stützweite.

Für Träger unter Eisenbahnlasten sind die zul. Durchbiegungen noch kleiner. Diese Begrenzungen wurden getroffen im Hinblick auf die Formechtheit der Bauwerke und für die dynamischen Wirkungen der Lasten. Sie sind bei Schal- und Lehrgerüsten für die formgerechte Herstellung der Stahlbetonbauten von besonderer Wichtigkeit. Stahlbetonbalken selbst haben i. a. sehr kleine Durchbiegungen und die Vorschriften enthalten keine Zahlen für deren Begrenzung. Neuerdings verdienen jedoch die z. T. sehr schlanken Fertigteile aus Stahlbeton und Spannbeton auch in dieser Hinsicht Beachtung.

8. Beispiel. Ein Stahlträger *NP* 24 in einem Lehrgerüst soll bei $l = 6{,}00$ m mit der Biegespannung $\sigma = 1400$ kg/cm² ausgenutzt werden. Ist dies im Hinblick auf die Durchbiegung zulässig?

Mit $W = 354$ cm³ ist das Biegemoment $M = 1400 \cdot 354 = 495000$ kg · cm. Die zul. Durchbiegung ist $\frac{1}{300} \cdot 600 = 2$ cm.

Nach Beispiel 4 und Tafel 2 ist für den Balken auf 2 Stützen mit gleichförmig verteilter Last $f = \frac{5}{384} \cdot \frac{p \cdot l^4}{E \cdot J}$.

Mit $M_{\max} \frac{p \cdot l^2}{8}$ wird $f = \frac{40}{384} \frac{M \cdot l^2}{E \cdot J}$ und mit $\sigma = \frac{M}{W} = \frac{M \cdot y}{J} = \frac{M \cdot h}{2 \cdot J}$

$$f = \frac{5}{24} \frac{\sigma \cdot l^2}{E \cdot h} \text{ und } \sigma = \frac{24 \cdot E \cdot h \cdot f}{5 \cdot l^2}.$$

Damit wird die im Hinblick auf die Durchbiegung ausnutzbare Spannung $\sigma = \frac{24 \cdot 2100000 \cdot 24 \cdot 2}{5 \cdot 360000} = 1345 \text{ kg/cm}^2 < 1400$.

Daher müßte für die vorgelegte Belastung (die den *NP* 24 voll ausnutzen sollte)

$$p = \frac{8 \cdot M}{l^2} = \frac{8 \cdot 495000}{360000} = 11 \text{ kg/cm} = 1{,}1 \text{ t/m}$$

infolge Begrenzung der Durchbiegung das nächst höhere

Profil, *NP* 26, gewählt werden. Seine Durchbiegung ist

$$f = \frac{5}{384} \frac{p \cdot l^4}{E \cdot J} = \frac{5 \cdot 11 \cdot 600^4}{384 \cdot 2100000 \cdot 5740} = 1{,}54 \text{ cm} < 2 \text{ cm}.$$

5. Die Schubverteilungszahl $\varkappa$ und der Einfluß der Querkraft auf die Größe der Durchbiegung

a) Begriff der Schubverteilungszahl. Nach Gl. (55, Bd. I) verteilt sich die Schubspannung τ nicht gleichmäßig über die Höhe des Querschnittes, sondern z. B. beim Rechteckquerschnitt in Parabelform, so daß bei ihm die Schub-

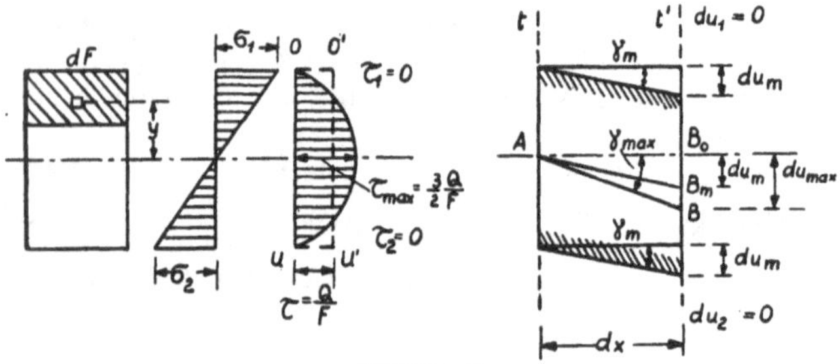

Bild 11a—d
Spannungsverteilung und Winkelverschiebung durch Schub bei Biegung

spannungen τ_1 und τ_2 am oberen und unteren Rande Null sind und in der Mitte $\tau_{\max} = \frac{3}{2}\frac{Q}{F}$ (Gl. 59, Bd. I). Betrachtet man in Bild 11 zwei Nachbarquerschnitte t und t', so muß in waagerechten Schnitten nach Gl. (35, Bd. I) $\gamma = \frac{\tau}{G}$ sein. Nach Bild 11c und d gilt mit $\gamma = \frac{du}{dx}$, $\gamma_1 = \frac{du_1}{dx} = \frac{\tau_1}{G} = 0$, $\gamma_2 = \frac{du_2}{dx} = \frac{\tau_2}{G} = 0$.

Dagegen muß in der Nullinie sein

$$\gamma_{\max} = \frac{du_{\max}}{dx} = \frac{\tau_{\max}}{G} > 0,$$

so daß man $du_1 = du_2 = 0$ und $du_{\max} > 0$ erhält. Dieses Ergebnis steht jedoch in Widerspruch mit der geometrischen Folgerung des Bildes 11 d, wonach, falls die Querschnitte t und t' bei der Biegung eben bleiben sollen, $du_1 = du_2 = du_{\max} = du_m$ sein müßten. Nimmt man nun zur Vereinfachung der Rechnung einen solchen Durchschnittswert der lotrechten Verschiebung du_m an, also auch einen durchschnittlichen Gleitungswinkel $\gamma_m = du_m/dx = \tau_m/G$, so ergibt sich für $\tau_m = Q/F$

$$(41)\qquad du_m = \gamma_m \cdot dx = \frac{\tau_m}{G} \cdot dx = \frac{Q}{G \cdot F} \cdot dx\,.$$

Dagegen ist der Unterschied $du_{\max}$ zweier aufeinanderfolgender Punkte A und B der Nullinie in den Schnitten t und t'

$$(42)\qquad du_{\max} = \varkappa \cdot du_m = \varkappa \cdot \frac{Q}{G \cdot F} \cdot dx\,,$$

wobei $du_{\max} > du_m$ ist, also $\varkappa$ eine gewisse Zahl > 1 bedeutet. Sie heißt die Schubverteilungszahl:

$$(43)\qquad \varkappa = \frac{du_{\max}}{du_m} = \frac{B_0 B}{B_0 B_m}$$

und ist definiert als das Verhältnis der in der Nullinie zu messenden lotrechten Verschiebung $du_{\max}$ zur durchschnittlichen Verschiebung du_m.

b) Die Ermittlung der Schubverteilungszahl erfolgt mit Hilfe der Formänderungsarbeit Gl. (10) für das Balkenelement von der Länge dx, die bei der Summierung konstant bleibt. Es wird

$$(44)\qquad dA = \frac{dx}{2G}\int \tau^2\, dy\, dz = \frac{dx}{2G}\int \tau^2 \cdot dF\,,$$

wobei das Integral über den ganzen Querschnitt des Bildes 11a zu erstrecken ist. Setzt man diese Formänderungsarbeit der inneren Kräfte gleich der Arbeit der äußeren Kräfte, also hier jener der Querkraft Q, so erhält man nach G. (2)

(45) $$\frac{1}{2} Q \cdot du_{\max} = \frac{1}{2} Q \cdot \varkappa \cdot du_m = \frac{1}{2} Q \cdot \varkappa \frac{Q \cdot d_x}{G \cdot F}.$$

Daraus folgt mit Gl. (44) für $dA = \frac{1}{2} Q \cdot du_{\max}$ die Schubverteilungszahl

(46) $$\varkappa = \frac{F}{Q^2} \int \tau^2 dF .$$

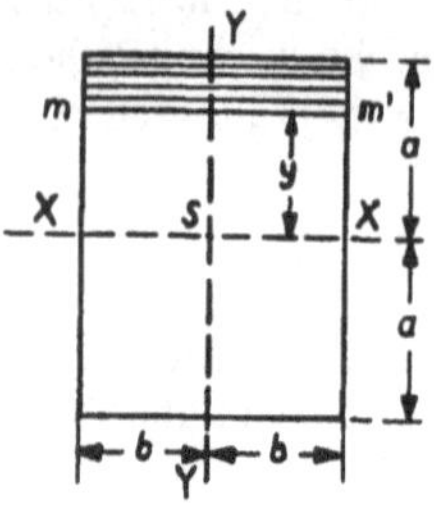

Bild 12

c) Für den Rechteckquerschnitt von der Höhe $2 \cdot a$ und der Breite $2 \cdot b$ erhält man mit Bild 12 in einem Schnitt mm', der die Ordinate y hat, nach Gl. (58, Bd. I) die Schubspannung $\tau_z = \frac{3 \cdot Q}{2 \cdot F}\left(1 - \frac{y^2}{a^2}\right)$ und nach Gl. (46) die Schubverteilungszahl

(47) $$\varkappa = \frac{9}{4 \cdot F} \int_{-b}^{+b} dx \int_{-a}^{+a} \left(1 - \frac{y^2}{a^2}\right)^2 dy = \frac{6}{5} = 1{,}2 .$$

d) Die Schubverteilungszahl einiger anderer Querschnitte ist:

Kreis: $\varkappa = \frac{32}{27}$

$NP\,8$: $\varkappa = 2{,}4$ } Zwischenwerte geradlinig
$NP\,50$: $\varkappa = 2{,}0$ } einschaltbar

Für genietete Vollwandträger mit je 2 Gurtwinkeln und einem Gurtblech 220/9 ist nach Tetmayer:

bei $h =$	40	50	60	70 cm
$\varkappa =$	2,96	2,71	2,49	2,35 .

e) Die Durchbiegung infolge Querkraft hat nach Bild 11 d für einen Träger in der Entfernung x vom Auflager die Größe $y_Q = \int_0^x d_{u_{\max}}$. Damit wird mit Gl. (47)

(48) $$y_Q = \frac{\varkappa}{G \cdot F} \int_0^x Q \cdot dx \, .$$

Da nach Gl. (54a, Bd. I) die Querkraft die 1. Ableitung des zugehörigen Biegemomentes ist, gilt mit $Q \cdot dx = dM$

(49) $$y_Q = \frac{\varkappa \cdot M}{G \cdot F} \, .$$

9. Beispiel. Wie groß ist die Durchbiegung infolge Querkraft für das Beispiel 8 des Balkens auf 2 Stützen mit gleichmäßig verteilter Last?

Mit $M_{\max} = \frac{p \cdot l^2}{8}$ bei $x = \frac{l}{2}$ ist $y_{Q_{\max}} = \frac{\varkappa \cdot p \cdot l^2}{8 \cdot G \cdot F}$.

Für $NP\,24$ ist $F = 46{,}1\ \text{cm}^2$,
$\varkappa = 2{,}25$
$G = 810000\ \text{kg/cm}^2$ (DIN 1050)

$$y_{Q_{\max}} = \frac{2{,}25 \cdot 11 \cdot 360000}{8 \cdot 810000 \cdot 46{,}1} \cong 0{,}03\ \text{cm} \, .$$

f) Der Einfluß der Querkraft auf die Größe der Gesamtdurchbiegung. Im allgemeinen wird bei Durchbiegungsrechnungen in der Bautechnik der Einfluß der Querkraft vernachlässigt. Es sind jedoch die Grenzen zu beachten, bei denen dies nicht mehr zulässig ist. Betrachtet man die Gesamtdurchbiegung eines Balkens auf 2 Stützen mit Rechteckquerschnitt und einer Einzellast P in der Mitte, so ist mit $F = b \cdot h$ und $J = b \cdot h^3/12$ nach Tafel 2 der Anteil aus dem Moment

$$y_M = \frac{P \cdot l^3}{48 \cdot E \cdot J} = \frac{P \cdot l^3}{4 \cdot E \cdot b \cdot h^3} \, ,$$

und nach Gl. (48) mit $\varkappa = 1{,}2$ und $Q = \frac{P}{2}$ der Anteil aus der Querkraft

$$y_Q = \frac{\varkappa}{2 \cdot G \cdot b \cdot h} \int_0^{\frac{l}{2}} P \cdot dx = \frac{1{,}2 \cdot P \cdot l}{4 \cdot G \cdot b \cdot h} \, .$$

Damit wird die Gesamtdurchbiegung mit $m = 4$, d. h. $G = 0{,}4\,E$ nach Gl. (36, Bd. I)

$$(50)\qquad y = y_M + y_Q = \frac{P \cdot l}{4 \cdot E \cdot b \cdot h}\left(\frac{l^2}{h^2} + 1{,}2\,\frac{E}{G}\right) = \frac{P \cdot l}{4 \cdot E \cdot b \cdot h}\left(\frac{l^2}{h^2} + 3\right).$$

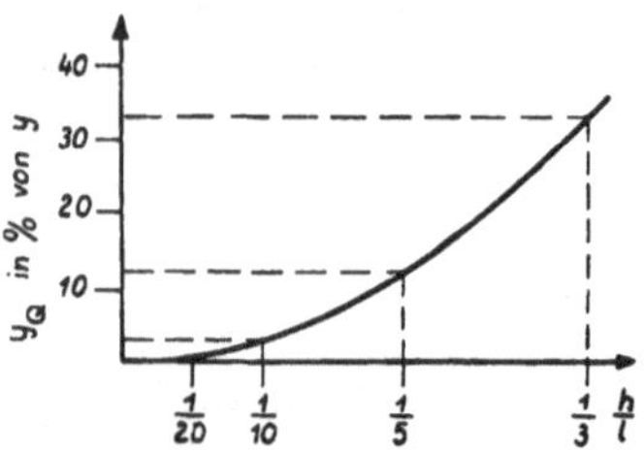

Bild 13. Anteil der Durchbiegung infolge Querkraft an der Gesamtdurchbiegung

Setzt man darin die reziproken Schlankheitswerte $\frac{l}{h} = 20$, 10, 5, und 3 ein, so erhält man die Anteile y_Q an der Gesamtdurchbiegung zu $y_Q = 3/4$, 3, 12, und $33^1/_3$% (Bild 13). Bei kleinen Werten der reziproken Schlankheit darf also der Anteil der Querkraft an der Gesamtdurchbiegung nicht mehr vernachlässigt werden.

6. Die Biegelinie im plastischen Bereich

kann nach einem von H. Craemer[1]) gegebenen Verfahren gefunden werden. Diese Fälle sind verbunden mit den Begriffen der Ausnutzung und der Plastifizierung stählerner Träger bei Biegung. Sie haben Bedeutung, wenn man mit „Traglasten" rechnen will und auch für die Klärung der Fließ- und Bruchzustände (s. Kap. IV). Man arbeitet dabei mit den Begriffen der „plastischen Querschnittsreserve" und der „plastischen Systemreserve"[2]).

Die plastische Querschnittsreserve ist gekennzeichnet durch

$$(51)\qquad v_1 = \frac{M_{Br}}{M_F}\text{, worin bedeuten}$$

---

[1]) H. Craemer, Die Formänderung idealplastischer statisch bestimmter Balken. Ingenieur-Archiv 1952, H. 2, S. 129.

[2]) Ch. Schneider, Die Plastifizierung der Träger aus Stahl bei Biegung. Der Stahlbau 1953, S. 165.

M_{Br} = Bruchmoment $= \sigma_F \cdot 2\gamma$, wenn γ das statische Moment des halben Querschnittes bezogen auf die Nullinie der Biegung ist,

M_F = Fließmoment $= \sigma_F \cdot W$.

Für symmetrische Querschnitte und idealelastischen-idealplastischen Werkstoff ist

$$\frac{M_{Br}}{M_F} = \frac{2 \cdot \gamma}{W}. \tag{52}$$

Die plastische Systemreserve ist gekennzeichnet durch

$$v_2 = \frac{P_{Br}}{P_F}, \text{ worin bedeuten} \tag{53}$$

P_{Br} = die Last, unter welcher „Fließgelenke" gebildet werden, die die Tragfähigkeit des Querschnittes beenden.

P_F = die statische Last, unter der in einem beliebigen Querschnitt das erste Mal die Fließgrenze erreicht wird.

Versuche haben ergeben, daß man für Träger auf 2 Stützen etwa den Wert $v_1 = 1{,}14$ erhält[1]).

II. Plattentheorie

A. Die Grundlagen der Elastizitätslehre

1. Über die geschichtliche Entwicklung der Plattentheorie

Auch heute wird in einer der Physikstunden über Akustik ein von Chladni im Jahre 1787 vorgeführter Versuch wiederholt, indem man eine waagerecht gehaltene Glasplatte, die mit feinem Pulver bestreut ist, durch Streichen eines Violinbogens zum Tönen bzw. zum Schwingen anregt. Die dadurch sich bildenden regelmäßigen Figuren geben anschaulich die Knotenlinien an. Es sind die Stellen, die während der schwingenden Bewegung in Ruhe bleiben. Diese Chladni'schen Klangfiguren sind wohl die ersten Anregungen[2]) zur Lösung des Plattenproblems gewesen. Die analytische Auswertung der Knotenlinien versuchte schon ein Jahr später (1788) Jakob Bernoulli (der Neffe des gleichnamigen Mathematikers, der die erste

[1]) Siehe Fußnote 2 S. 38.

[2]) Vgl. hierzu „History of Elasticity", Todhunter and Pearson, und Schrifttum Nr. 13.

Lösung über die elastische Linie des Balkens gab). In dieser Arbeit wird die sogenannte „Streifenmethode" benützt, nach der die Platte in zwei Gruppen von zueinander senkrechten Streifen zerlegt wird. Das gleiche Prinzip wandte vorher schon Euler zur Berechnung der Tonhöhe von Glocken an. Auf diese gekoppelten Stabsysteme übertrugen sie die damals bereits bekannten Gesetze der Stabschwingung. Die so ermittelten Schwingungsformen stimmten jedoch mit denen aus dem obigen Versuch beobachteten keineswegs überein. Die Mathematikerin Sophie Germain, die bei einem Preisausschreiben der Pariser Akademie über die Theorie der Plattenschwingungen im Jahre 1811 teilnahm, hatte den glücklichen Einfall zu behaupten, daß in einem beliebigen Element der verbogenen Platte, die aufgespeicherte Formänderungsarbeit dem Quadrat der Summe der beiden Krümmungen ihrer Mittelfläche verhältnisgleich sei:

$$U = D\left(\frac{\partial^2 w}{\partial x^2} + \frac{\partial^2 w}{\partial y^2}\right). \tag{54}$$

Lagrange, der dem zur Begutachtung der Preisarbeiten eingesetzten Ausschuß angehörte, ergänzte diesen Ansatz durch die noch fehlenden Glieder und leitete aus ihm die partielle Differentialgleichung der Platte ab. Navier löste als erster diese Gleichung im Jahre 1821 auf, indem er die kurz vorher von Fourier eingeführten trigonometrischen Reihen benützte. In einer Abhandlung von Poisson (1829) sind die Navier'schen Grundgleichungen auf die Biegung der elastischen Platte angewendet worden, wobei die dort gebrauchten Randbedingungen eine Gültigkeit nur für verhältnismäßig dicke Platten besitzen. Sobald man aber die Plattendicke verringert, sind die beiden Grenzbedingungen von Kirchhoff (1850) maßgebend. Genauere Lösungen der dicken Platten sind erst in jüngster Zeit entwickelt worden[1]).

Die Ausgestaltung der Lehre von der Plattenbiegung ist vor allem das Verdienst von A. E. H. Love. Man verdankt ihm die Einführung der Spannungsmittelkräfte und der Spannungsmomente in der Plattenberechnung. Love und J. H. Michell haben die Grundlagen der Biegungslehre der Platten von beliebiger Dicke entwickelt.

Eine Trennung der Differentialgleichung der Platte von den Integralen, die die Randbedingungen erfüllen, ist von Hencky (1913) angegeben. Die rechteckigen Platten mit freier Auflagerung sind

[1]) s. Schrifttum Nr. 13.
Woinowsky-Krieger: Ing.-Archiv (1933), S. 203 u. S. 305.
E. Reißner, J. Math. Physics 23 (1944), S. 184; J. Appl. Mech. 12 (1945); Quart. Appl. Math. 5 (1947). S. 55.
A. Kromm: Ing. Arch. 21 (1953), S. 266.

ohne große Schwierigkeiten lösbar. Bei zwei, drei oder vier eingespannten Rändern wird die Berechnung schwieriger. Einen Beitrag darüber lieferten Lewe (1922), Leitz (1914) und Timoshenko (1938). Die von Nadai stammende Lösung der eingespannten, gleichmäßig belasteten Platte entwickelt sich aus dem unendlich langen eingespannten Plattenstreifen. Aus diesem wird am herausgeschnittenen rechteckigen Bereich durch eine Zusatzfläche die Durchbiegung und Verdrehung der beiden Ränder beseitigt. Das Problem der eingespannten Platte löste auch Ritz (1908) mit Hilfe des Minimums der Formänderungsarbeit.

Einflußfelder für rechteckige Platten rechneten Pucher (1938), Bittner (1938), Ohlig (1947) und Olsen-Reinitzhuber (1950). Die meisten benutzten das Verfahren der Differenzenrechnungen. Die Anwendung der Differenzengleichungen für Platten versuchten schon N. J. Nielsen (1918) und H. Marcus (1919).

Die Plattengleichungen sind in vielen Beziehungen analog den Gleichungen für Momente und Durchbiegungen gerader Balken (Poissonsche Gleichungen). Frandsen wandte (1929) zur Lösung dieser Gleichungen die Differenzenmethode an. Tölke entwickelt in seinem Buch „Praktische Funktionslehre", 2. Auflage (1950), eine elegantere Methode. Er benutzt die Greensche Funktion (Einflußlinie) und bringt in bestechender Weise die Analogie zwischen Membrane und Platte hervor. Es ist sehr zu begrüßen, daß in jüngster Zeit Rüsch (1952) im Auftrage des Deutschen Ausschusses für Stahlbeton eine umfassende Zusammenstellung von Tafeln für verschiedene Belastungen und Stützungen in Anlehnung an DIN 1072 (Lastannahmen für Straßenbrücken) herausgab. Somit ist jede Fahrbahnplatte schneller und genauer zu berechnen. Ein umfangreiches Literaturverzeichnis dort ermöglicht eine vollständige Unterrichtung über die Theorie der elastischen Platten.

2. Beschreibung elastischer Verschiebungen

Wir wollen hier den Verformungszustand in der Umgebung eines elastischen Körperpunktes P beschreiben. Das Koordinatensystem (x, y, z) sei mit dem Körper fest verbunden und jeder Punkt P sei auf dieses System bezogen. Bei einer Körperbewegung ohne Gestaltsänderung bleiben selbstverständlich die Koordinaten eines jeden Körperteilchens unverändert. Ist jedoch eine Gestaltänderung vorhanden, so erfahren sämtliche Punkte Verschiebungen (u, v, w).

Die Verformung eines Körpers beruht eigentlich auf der Änderung der Werte u, v, w von Ort zu Ort. Ist sie bekannt, so ist damit die Formänderung beschrieben. Eine sprunghafte Änderung der Verschiebungen ist unmöglich, da die vorhandene Materie das sog. Kontinuum bildet. Zwischen den verschiedenen Punkten eines Körpers bestehen deshalb gewisse geometrische Beziehungen. Da wir diese an einem kleinem Element betrachten, z. B. die Änderung eines beliebig kleinen Rechtecks in ein schiefwinkliges Parallelogramm, so erhalten

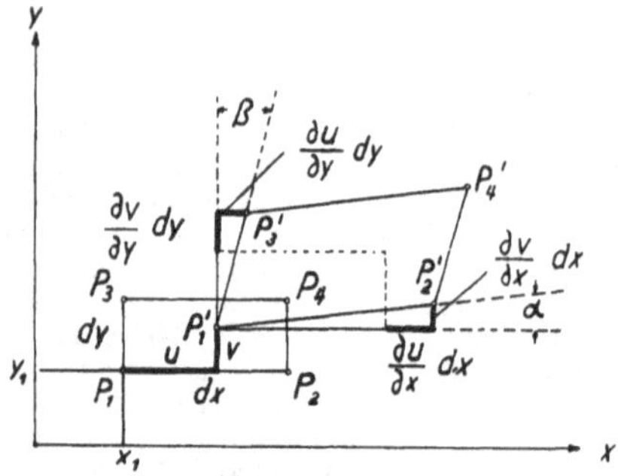

Bild 14. Verformtes Scheibenelement $dx\,dy$

wir differential-geometrische Zusammenhänge. Die Verformung des Scheibenelementes $dx\,dy$ $(P_1P_2P_3P_4)$ ist eindeutig bestimmbar, wenn die Änderung von mindestens zwei Seiten (P_1P_2), (P_1P_3) und einem Winkel bekannt sind. Wir wissen schon (vgl. Bd. I), daß bei einem eindimensionalem Gebilde, z. B. einem Zugstab, die Längenänderung dieses Stabes bezogen auf die ursprüngliche Länge als Dehnung definiert wird:

$$\varepsilon = \frac{\Delta l}{l}\,.$$

Bei einem beliebig kleinen Element kann man auch schreiben:

$$\varepsilon_x = \lim_{\Delta x = 0} \frac{\Delta u}{\Delta x} = \frac{du}{dx}\,.$$

Im Raume, bzw. in der Ebene, erhalten wir dagegen partielle Ableitungen. Somit sind jetzt nach Bild Nr. 14 die Längenänderungen der Seiten $P_1' P_2'$ bzw. $P_1' P_3'$ durch folgende Beziehungen bestimmbar:

$$[(1+\varepsilon_x)\,dx]^2 = \left[\left(1+\frac{u}{\partial x}\right) dx\right]^2 + \left(\frac{\partial v}{\partial x}\,dx\right)^2,$$

$$[(1+\varepsilon_y)dy]^2 = \left[\left(1+\frac{\partial v}{\partial y}\right) dy\right]^2 + \left(\frac{\partial u}{\partial y}\,dy\right)^2.$$

Dividieren wir beiderseits mit dx^2 bzw. dy^2 und führen die Rechnung durch, so erhält man:

(55)
$$\varepsilon_x = \frac{\partial u}{\partial y} + \frac{1}{2}\left(\frac{\partial u}{\partial x}\right)^2 + \frac{1}{2}\left(\frac{\partial v}{\partial x}\right)^2,$$
$$\varepsilon_y = \frac{\partial v}{\partial y} + \frac{1}{2}\left(\frac{\partial v}{\partial y}\right)^2 + \frac{1}{2}\left(\frac{\partial u}{\partial y}\right)^2.$$

Hier ist bereits von der Tatsache Gebrauch gemacht, daß im elastischen Bereich Baustoffe wie Stahl, andere Metalle, Holz und Beton nur kleine Dehnungen ausführen, so daß ε^2 gegen ε vernachlässigt werden kann. Diese Dehnungen bezeichnen bereits e n d l i c h e Verschiebungen und werden bei Stabilitätsproblemen[1]) und Bruchzuständen angewandt. Im Gebrauchszustand sind die vorhandenen Verschiebungen noch kleiner und man kann die Quadrate der Verschiebungsableitungen weiter vernachlässigen, so daß die Gleichungen der Dehnungen linear werden:

(56a) $$\varepsilon_x = \frac{\partial u}{\partial x},$$ (56b) $$\varepsilon_y = \frac{\partial v}{\partial y}.$$

Für die dritte Kante eines Parallelepipedes folgt analog:

(56c) $$\varepsilon_z = \frac{\partial w}{\partial z}.$$

Die Winkeländerung zwischen Rechteck und schiefwinkligem Parallelogramm ($\sphericalangle\, P_2' P_1' P_3'$) bekommt man aus:

---

[1]) s. Schrifttum Nr. 10.

$$(57)\qquad \gamma_{xy} = \operatorname{tg}\alpha + \operatorname{tg}\beta = \frac{\frac{\partial v}{\partial x}\,dx}{dx\left(1+\frac{\partial u}{\partial x}\right)} + \frac{\frac{\partial u}{\partial y}\,\partial y}{dy\left(1+\frac{\partial v}{\partial y}\right)}.$$

Setzt man $\frac{\partial u}{\partial x}$, bzw. $\frac{\partial v}{\partial y}$ gegenüber 1 als klein voraus, so erhält man:

$$(57\,\text{a})\qquad \gamma_{xy} = \frac{\partial v}{\partial x} + \frac{\partial u}{\partial y},$$

und analog

$$(57\,\text{b})\qquad \gamma_{yz} = \frac{\partial w}{\partial y} + \frac{\partial v}{\partial z}, \qquad (57\,\text{c})\qquad \gamma_{zx} = \frac{\partial u}{\partial z} + \frac{\partial w}{\partial x}.$$

Die Gleichungen (57a) bis (57c) sind die drei möglichen Gleitungen eines Parallelepipedes. Die Dehnungen (ε) und die Gleitungen (γ) nennt man die Verzerrungen eines Schnittelementes. Das sind reine Definitionsgrößen.

Durch die Angaben der 6 Verzerrungen:

$$\varepsilon_x, \varepsilon_y, \varepsilon_z;\ \gamma_{xy}, \gamma_{yz}, \gamma_{zx};$$

kann man eindeutig den Verformungszustand in der Umgebung eines elastischen Körperpunktes beschreiben.

3. Allgemeine Elastizitätsgesetze

a) Das Hookesche Gesetz der Dehnungen

Die oben definierten Verschiebungen bzw. Verzerrungen, geben ein Maß für die Nachgiebigkeit der Baustoffe unter der Einwirkung von Kräften an. Ihre Größe muß noch von besonderen Werkstoffeigenschaften abhängig sein. Es müssen also durch ein Erfahrungsgesetz gewisse Beziehungen zwischen den Verschiebungen, den Belastungskräften und dem Werkstoff selbst bestehen. Diese Zusammenhänge sind in dem Hookeschen Gesetz verankert, das in seiner schlichtesten Form besagt:

„Die Verschiebungen sind den Kräften proportional“.

Führt man statt der äußeren Kraft, die eine Verschiebung erzeugt, die bezogene Kraft auf die Flächeneinheit, d. h. die Definitionsgröße Spannung, ein und statt der Verschiebung die oben definierte Dehnung, so lautet das Hookesche Gesetz des Stabes (s. auch Band I):

$$E\varepsilon = \sigma .$$

In Wirklichkeit tritt bei der Stabdehnung noch infolge der Querkontraktion (eine Werkstoffeigenschaft) eine Querdehnung ein. Es gilt das Erfahrungsgesetz:

$$\varepsilon_{\text{quer}} = -\nu\varepsilon , \tag{58}$$

nach dem die Querdehnung der Längsdehnung proportional ist. Der Proportionalitätsfaktor ist die reziproke Poissonsche Konstante m, die für jeden Werkstoff auf experimentellem Wege ermittelt wird.

$$\nu = \frac{1}{m} . \tag{59}$$

Für Beton ist $\nu = 1/6$ und für Stahl $\nu = 3/10$ (weitere Werte s. Band I, S. 35).

Steht z. B. ein Schnittelement unter der Normalspannung σ_x, so erfährt es in der x-Richtung die Dehnung ε_x, in der y-Richtung die Querdehnung $-\nu\varepsilon_x$ und in der z-Richtung die Querdehnung $-\nu\varepsilon_x$. Da die Beziehungen linear sind, folgt deshalb eine einfache Überlagerung. Hier erkennt man das sog. Superpositionsprinzip. Diese Eigenschaft kann man als das erweiterte Hookesche Gesetz der Dehnungen bezeichnen (s. auch hierzu Band I, S. 36):

$$E\varepsilon_x = \sigma_x - \nu(\sigma_y + \sigma_z) , \tag{60a}$$

$$E\varepsilon_y = \sigma_y - \nu(\sigma_z + \sigma_x) , \tag{60b}$$

$$E\varepsilon_z = \sigma_z - \nu(\sigma_x + \sigma_y) . \tag{60c}$$

Es ist nur auf die Voraussetzung eines homogenen und isotropen Werkstoffes aufgebaut.

b) Das Hookesche Gesetz der Krümmungen

Ganz analog gibt es auch ein Hookesches Gesetz der Krümmungen, das besagt:

„Die Krümmung ist proportional dem Biegemoment“.

In Wirklichkeit tritt auch hier infolge der Querkontraktion eine Verwölbung des Querschnittes senkrecht zur Biegelinie ein (s. Bild 15). Auch die Biegung des Stabes ist kein eindimensionaler Vorgang. Ähnlich der Gleichung (58) gilt jetzt der Satz:

„Die Querkrümmung ist proportional der Längskrümmung.“

$$\frac{1}{\varrho_{\text{quer}}} = -\nu \frac{M}{EJ} = -\nu \frac{1}{\varrho}. \tag{61}$$

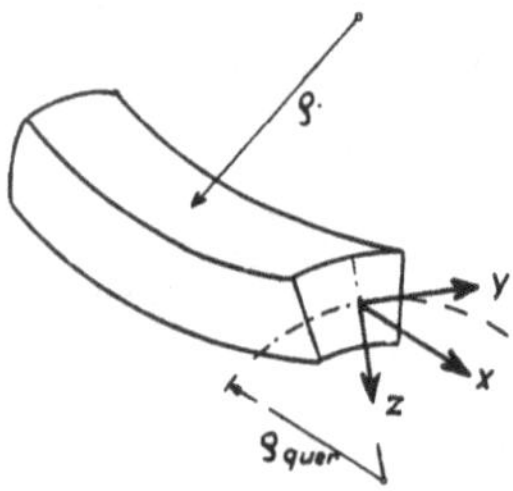

Bild 15

Wird ein Schnittelement einer Platte in zwei senkrecht zueinander stehenden Richtungen gekrümmt, so darf man wieder wegen des linearen Charakters der Beziehungen die einzelnen Wirkungen überlagern.

Wird das Schnittelement durch das Biegemoment M_x (in der x-Richtung) beansprucht, so erfährt es in der x-Richtung die Krümmung $1/\varrho_x$ und in der y-Richtung die Krümmung $-\nu/\varrho_x$. Infolge der Wirkung eines Biegemomentes M_y wird die Krümmung sein:

in der x-Richtung $-\dfrac{\nu}{\varrho_y}$, in der y-Richtung $\dfrac{1}{\varrho_y}$.

Die Gesamtkrümmungen für beide Richtungen ergeben sich also zu:

$$\frac{1}{\varrho_x}(\text{gesamt}) = \frac{1}{\varrho_x} - \nu \frac{1}{\varrho_y} = \frac{M_x - \nu M_y}{EJ}, \tag{62a}$$

$$\frac{1}{\varrho_y}(\text{gesamt}) = \frac{1}{\varrho_y} - \nu \frac{1}{\varrho_x} = \frac{M_y - \nu M_x}{EJ}. \tag{62b}$$

Die Gleichungen (62) heißen wegen des ähnlichen Aufbaues wie die Gleichungen (60):

„Das erweiterte Hookesche Gesetz der Krümmungen".

Es ist an den Voraussetzungen und Vereinfachungen der elementaren Balkentheorie gebunden.

Man kann nun schreiben:

$$(63\text{a})\quad \frac{\partial^2 w}{\partial x^2} = -\frac{M_x - \nu M_y}{EJ}, \qquad (63\text{b})\quad \frac{\partial^2 w}{\partial y^2} = -\frac{M_y - \nu M_x}{EJ}.$$

c) Das Hookesche Gesetz für die Gleitungen

Bei einem quadratischen Element werden unter der Wirkung von Normalspannungen in einem um 45° gedrehten Rhombus reine Schubspannungen erzeugt. Dieser Schubspannungszustand ruft nur Winkeländerungen hervor.

Man kann daraus leicht ableiten:

$$(64)\qquad \tau = \frac{E}{2(1+\nu)}\gamma\,.$$

Diese Beziehung, die dem Gesetz der Dehnung ähnelt, heißt das Hookesche Gesetz der Gleitungen.

Setzt man für

$$(65)\qquad \frac{E}{2(1+\nu)} = G,$$

wobei G den Gleitmodul bedeutet, so lauten die Zusammenhänge:

$$(66\text{a})\qquad \tau_{xy} = \tau_{yx} = G\gamma_{xy}\,,$$

$$(66\text{b})\qquad \tau_{yz} = \tau_{zy} = G\gamma_{yz}\,,$$

$$(66\text{c})\qquad \tau_{zx} = \tau_{xz} = G\gamma_{zx}\,.$$

Der Baustoff leistet gegen jede Art von Verschiebungen in jeder Richtung einen gleichartigen Widerstand, der nur mit den Baustoffkonstanten E und ν verknüpft ist. Demnach ist der Gleitmodul G eine Definitionsgröße.

4. Die Grundgleichungen der Elastizitätstheorie

Die Ursache für die Verformung eines elastischen Schnittelementes sind die Kräfte (X, Y, Z) bzw. deren abgeleiteten Größen $\sigma_x, \sigma_y, \sigma_z; \tau_{xy}, \tau_{yz}, \tau_{zx}$. Die Wirkung dieser Verformung äußert sich in Verschiebungen (u, v, w), bzw. Verzerrungen $\varepsilon_x, \varepsilon_y, \varepsilon_z; \gamma_{xy}, \gamma_{yz}, \gamma_{zx}$. Das bindende Glied zwischen Ursache und Wirkung ist das Hookesche Gesetz. In der Ebene haben wir es mit 8 Unbekannten zu tun:

3 Spannungen σ_x, τ, σ_y;
3 Verzerrungen $\varepsilon_x, \gamma, \varepsilon_y$;
2 Verschiebungen u, v.

Als Bestimmungsgleichungen stehen zur Verfügung:

3 Verzerrungs-Verschiebungsgleichungen (56a, 56b), (57a);
3 Spannungs-Verzerrungsgleichungen (60a, 60b), (66a)
und 2 Gleichgewichtsbedingungen (ein Naturgesetz):

$$(67\text{a}) \quad \frac{\partial \sigma_x}{\partial x} + \frac{\partial \tau}{\partial y} + X = 0, \qquad (67\text{b}) \quad \frac{\partial \tau}{\partial x} + \frac{\partial \sigma_y}{\partial y} + Y = 0.$$

Im räumlichen Fall stehen dagegen bei 15 Unbekannten genau 15 Gleichungen zur Verfügung.

Man kann allgemein die Zahl der Gleichungen reduzieren, da nicht alle Unbekannten in allen Gleichungen vorkommen.

Durch Elimination der Verschiebungen erhält man z. B. im ebenen Fall aus den Gleichungen (56a—c) und (57a—c) eine Beziehung zwischen den drei Verzerrungen:

$$(68) \qquad \frac{\partial^2 \varepsilon_y}{\partial x^2} - \frac{\partial^2 \gamma}{\partial x \, \partial y} + \frac{\partial^2 \varepsilon_x}{\partial y^2} = 0$$

Diese Gleichung heißt die Verträglichkeitsbedingung, denn die drei Verzerrungen $\varepsilon_x(x, y), \gamma(x, y), \varepsilon_y(x, y)$ dürfen keine vollkommen willkürliche Funktionen darstellen. Man kann in (68) die Verzerrungen auch durch die Spannungen ersetzen. Eine sehr bequeme und zweckmäßige Art der Lösung erhält man, wenn man die sog. Airysche Spannungsfunktion mit dem Ansatz:

$$\sigma_x = \frac{\partial^2 \Phi}{\partial y^2}\,;\ \tau = -\frac{\partial^2 \Phi}{\partial x\,\partial y}\,;\ \sigma_y = \frac{\partial^2 \Phi}{\partial x^2} \tag{69}$$

einführt. Die einzige Unbekannte Φ ist jedoch nur dann richtig, wenn auch die Verträglichkeitsbedingung erfüllt wird.

Dieses ergibt die Bipotentialgleichung:

$$\Delta\Delta\Phi = \left(\frac{\partial^2}{\partial x^2} + \frac{\partial^2}{\partial y^2}\right)\left(\frac{\partial^2 \Phi}{\partial x^2} + \frac{\partial^2 \Phi}{\partial y^2}\right) = 0\,. \tag{70}$$

Ganz allgemein kann gesagt werden, daß durch die Elimination der Verzerrungen eine grundlegende Beziehung zwischen Verschiebungen und Belastungen immer in der Form besteht:

$$F\,(u, v, w, \text{Belastung}) = 0 \tag{71}$$

Diese Grundgleichung nennt man die Differentialgleichung des elastizitätstheoretischen Problems.

B. Grundgleichungen der biegesteifen dünnen Platte

1. Schnittkräfte

Man versteht unter einer biegesteifen Platte ein elastisches Gebilde, das von ebenen unteren und oberen Flächen begrenzt ist und bei welchem die Belastung wie beim biegesteifen Balken Querkräfte, Biegemomente und außerdem noch Verdrillungs- oder Torsionsmomente hervorruft. Im unbelasteten, bzw. undeformierten Zustand ist die Plattenmittelfläche auch eben. Zwei Richtungen, x und y, in dieser Mittelfläche, bilden mit einer senkrecht zu ihr laufenden Richtung z ein räumliches Koordinatensystem x, y, z. Bei einer Gestaltsänderung verschieben sich die Koordinaten x, y, z auf u, v, w. Bei den Punkten der Plattenmittelflächen sind alle $z = 0$.

Die Koordinaten verlaufen innerhalb der Grenzen:

$$0 < x < a;\ 0 < y < b;\ -\frac{h}{2} < z < \frac{h}{2}\,.$$

Ist h die Dicke der Platte, so ist das Trägheitsmoment

$$J = \frac{1 \cdot h^3}{12}, \tag{72}$$

bezogen auf eine Längeneinheit. An einem gedachten Schnitt $h\,dx\,dy$ führen wir vorerst die bekannten Spannungen zweier senkrecht zueinander wirkenden Balkenelemente vor (Bild 16).

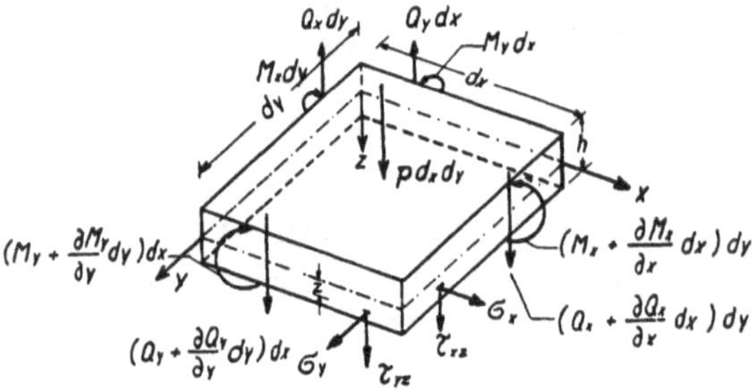

Bild 16

Statt an einzelnen Punkten wird die Änderung an einem schon bekannten System verfolgt. So erhält man z. B. aus der elementaren Balkentheorie folgende Schnittkräfte:

$$Q_x = \int_{-\frac{h}{2}}^{\frac{h}{2}} \tau_{xz}\,dz \quad \text{an einem Schnitt } x = \text{konstant}, \tag{73a}$$

$$Q_y = \int_{-\frac{h}{2}}^{\frac{h}{2}} \tau_{yz}\,dz \quad \text{an einem Schnitt } y = \text{konstant}, \tag{73b}$$

$$M_x = \int_{-\frac{h}{2}}^{\frac{h}{2}} \sigma_x z\,dz \quad \text{an einem Schnitt } x = \text{konstant}, \tag{74a}$$

(74b) $$M_y = \int_{-\frac{h}{2}}^{\frac{h}{2}} \sigma_y z dz \quad \text{an einem Schnitt } y = \text{konstant.}$$

Die Kraftwirkung, welche die elastische Verbindung der beiden Balkenstreifen hervorbringt, nennt man Torsions- oder Verdrillungsmoment. Durch die Krümmung beider Plattenelemente stellt sich unter Voraussetzung der Bernoullischen Hypothese (die Querschnitte bleiben eben und rechtwinklig auch nach der Biegung) an den Schnittflächen ein von der Mittel-

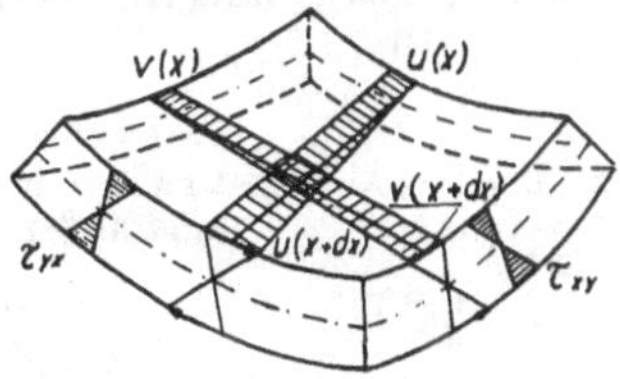

Bild 17

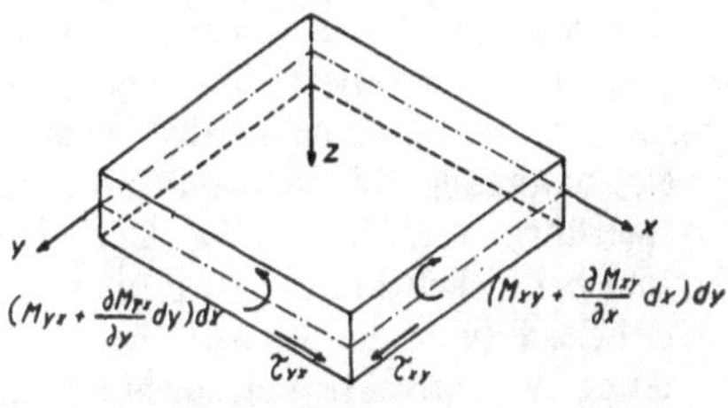

Bild 18

fläche nach dem oberen und unteren Rand hin linear anwachsender Verschiebungszustand ein (Bild 17). Die Änderung der Verschiebungen ruft Schubspannungen hervor, die auch vom Rand zur Mittelfläche hin linear abnehmen. Somit erhält man als neue Schnittkraft das Torsionsmoment:

(75) $$M_{xy} = \int_{-\frac{h}{2}}^{\frac{h}{2}} \tau_{xy} z dz = -M_{yx}.$$

Trägt man im Bild 16 die noch fehlende Schubspannung $\tau_{xy} = -\tau_{yx}$ und das Verdrillungsmoment $M_{xy} = -M_{yx}$ ein, so bekommt man nach Bild 18 die zusätzlichen Schnittkräfte des Plattenelementes. Zu den parabolisch verteilten Schubspannungen, die durch die resultierende Balkenquerkraft auftreten, erhält man linear über die Schnittfläche verteilte, neue Schubspannungen, die von dem Torsionsmoment herrühren (Bild 17).

2. Die Beziehungen zwischen Schnittkräften, Verschiebungen und äußerer Belastung

a) Zusammenhang zwischen Schnittkräften und Verschiebungen

Wie beim Balken ist auch hier die technische Biegetheorie maßgebend. Die Verschiebungen u und v werden vernachlässigt und nur die lotrechte Änderung w wird ermittelt. Daraus folgt, daß man auch die Dehnungen ε_x und ε_y nicht berücksichtigen soll. Die Dehnung ε_z wird ebenfalls vernachlässigt, da die σ_z-Spannung, die unmittelbar von der äußeren Belastung p herrührt, verhältnismäßig klein ist. Nur bei Einzellasten und bei dicken Platten ist ε_z und σ_z zu berücksichtigen. Sämtliche Punkte der Mittelfläche erfahren infolge der Durchsenkung nur lotrechte Verschiebung w, die Änderungen u und v sind Null. Im durchgebogenen Zustand werden die oberen Fasern der Platte zusammengedrückt und die unteren gezogen. Somit sind horizontale Verschiebungen u und v nur als Funktion der Durchsenkung w möglich. Da der Verdrehungswinkel der Biegungslinie sehr klein ist, folgt aus der Biegung in der $x-z$ Ebene für die waagerechte Verschiebung u der untersten Faser:

$$u_{\text{unten}} = -\frac{h}{2}\frac{\partial w}{\partial x},$$

und entsprechend in der $y-z$ Ebene:

$$v_{\text{unten}} = -\frac{h}{2}\frac{\partial w}{\partial y}.$$

Diese Verschiebungen werden in das Hookesche Gesetz eingeführt [vgl. Gleichg. (57a) und (66a)]:

$$|\tau_{xy}| = \frac{E}{2(1+\nu)}|\gamma_{xy}| = \frac{E}{2(1+\nu)}\left|\left(\frac{\partial v}{\partial x} + \frac{\partial u}{\partial y}\right)\right|.$$

Für einen Punkt der unteren Begrenzungsebene erhält man sofort

$$\left|\tau_{xy}^{\text{unten}}\right| = \frac{E}{2(1+\nu)}\left|\left(-\frac{h}{2}\frac{\partial^2 w}{\partial x\,\partial y} - \frac{h}{2}\frac{\partial^2 w}{\partial x\,\partial y}\right)\right| =$$

$$= \frac{Eh}{2(1+\nu)}\left|\frac{\partial^2 w}{\partial x\,\partial y}\right|.$$

Unter Beachtung der Beziehung

$$\left|\tau_{xy}^{\text{unten}}\right| = \left|\frac{M_{xy}}{W}\right| = \frac{M_{xy}}{\frac{h^2}{6}},$$

bekommt man die gesuchte Verbindung zwischen dem Torsionsmoment und der Durchbiegung w, wobei die Querschnittsverwindung im Uhrzeigersinn als positiv gewählt wird:

(76a) $M_{yx} = \dfrac{EJ}{1+\nu}\dfrac{\partial^2 w}{\partial x\,\partial y}$, (76b) $M_{xy} = -\dfrac{EJ}{1+\nu}\dfrac{\partial^2 w}{\partial x\,\partial y}$.

Den Zusammenhang zwischen den Balkenmomenten M_x und M_y und der Verschiebung w erhält man leicht aus dem erweiterten Hookeschen Gesetz für die Krümmungen:

$$\frac{1}{\varrho_x} = -\frac{\partial^2 w}{\partial x^2} = \frac{M_x - \nu M_y}{EJ}, \qquad \frac{1}{\varrho_y} = -\frac{\partial^2 w}{\partial y^2} = \frac{M_y - \nu M_x}{EJ}.$$

Aus diesen Gleichungen folgt sofort:

(77a) $$M_x = -\frac{EJ}{(1-\nu^2)}\left(\frac{\partial^2 w}{\partial x^2} + \nu\frac{\partial^2 w}{\partial y^2}\right),$$

(77b) $$M_y = -\frac{EJ}{(1-\nu^2)}\left(\frac{\partial^2 w}{\partial y^2} + \nu\frac{\partial^2 w}{\partial x^2}\right).$$

b) Zusammenhang zwischen Schnittkräften und äußerer Belastung

Aus den Gleichgewichtsbedingungen (s. Bild 16 und Bild 18) ergibt sich:

$$\Sigma \text{ aller Kräfte in der } z\text{-Richtung} = 0$$

$$\frac{\partial Q_x}{\partial x} + \frac{\partial Q_y}{\partial y} = -p(x, y), \tag{78}$$

und Σ aller Momente um die y-Achse, bzw. x-Achse $= 0$:

$$Q_x = \frac{\partial M_x}{\partial x} + \frac{\partial M_{yx}}{\partial y}, \tag{79a}$$ $$Q_y = \frac{\partial M_y}{\partial y} + \frac{\partial M_{xy}}{\partial x}. \tag{79b}$$

c) Die Beziehung zwischen äußeren Belastungen und Verschiebungen. Die Differentialgleichung

Setzt man die Gleichung (79a) und (79b) in (78), so folgt:

$$\frac{\partial^2 M_x}{\partial x^2} + 2\frac{\partial^2 M_{xy}}{\partial x\,\partial y} + \frac{\partial^2 M_y}{\partial y^2} = -p(x, y). \tag{80}$$

Benützt man hier die Gleichungen (76) und (77), dann erhält man nach Zusammenfassung der einzelnen Glieder eine lineare, partielle Differentialgleichung 4. Ordnung für die Durchbiegung der Plattenmittelfläche:

$$\frac{\partial^4 w}{\partial x^4} + 2\frac{\partial^4 w}{\partial x^2\,\partial y^2} + \frac{\partial^4 w}{\partial y^4} = \frac{1-\nu^2}{EJ}\,p(x, y). \tag{81}$$

Als Plattensteifigkeit wird bezeichnet:

$$\overline{E}J = \frac{EJ}{1-\nu^2}. \tag{82}$$

3. Einfachste Anwendung der Plattengleichung

Die in den vorigen Abschnitten ermittelten Gleichungen werden hier der Übersicht halber nochmals zusammengestellt:

$$M_x = -\overline{E}J\left(\frac{\partial^2 w}{\partial x^2} + \nu\frac{\partial^2 w}{\partial y^2}\right), \tag{83a}$$

$$M_y = -\overline{E}J\left(\frac{\partial^2 w}{\partial y^2} + \nu\frac{\partial^2 w}{\partial x^2}\right), \tag{83b}$$

Biegungsmomente

(83c) $M_{xy} = -\overline{E}\overline{J}\,(1-\nu)\,\frac{\partial^2 w}{\partial x\,\partial y}$, Torsionsmoment

(84a) $Q_x = -\overline{E}J\,\frac{\partial}{\partial x}\left(\frac{\partial^2 w}{\partial x^2} + \frac{\partial^2 w}{\partial y^2}\right)$,

Querkräfte

(84b) $Q_y = -\overline{E}J\,\frac{\partial}{\partial y}\left(\frac{\partial^2 w}{\partial x^2} + \frac{\partial^2 w}{\partial y^2}\right)$.

Im folg nden wird an Hand von einigen Beispielen gezeigt, daß es Fälle gibt, wonach die Gleichung (81) sehr leicht lösbar ist.

a) Eingespannte, elliptische Platte unter gleichmäßiger Belastung p

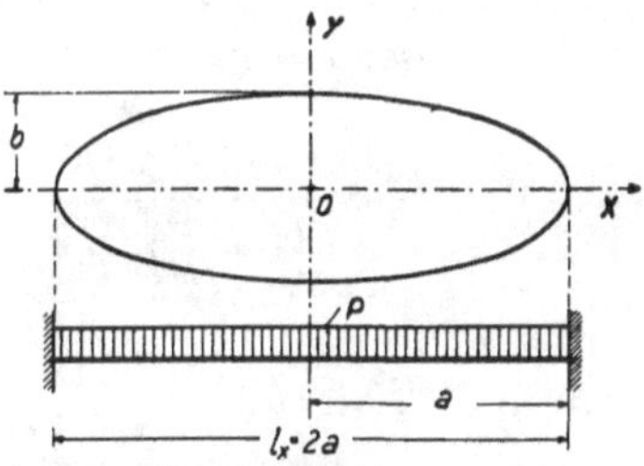

Bild 19

Setzen wir:

(85) $$w = c\left(\frac{x^2}{a^2} + \frac{y^2}{b^2} - 1\right)^2$$

in Gleichung (81) ein, so erkennt man sofort, daß Gl. (85) eine Lösung ist, wenn

(85a) $$c = \frac{p}{\overline{E}J}\,\frac{a^4}{3\left(1+\frac{a^2}{b^2}\right)^2 - 4}.$$

Durch unmittelbare Differentiation von Gl. (85) erhält man:

(86)
$$\left\{\begin{aligned}
M_x &= -\frac{pa^2}{2}\cdot\frac{1}{3\left(1+\frac{a^2}{b^2}\right)^2-4}\\
&\left[\frac{x^2}{a^2}\left(3+\nu\frac{a^2}{b^2}\right)+\frac{y^2}{b^2}\left(1+3\nu\frac{a^2}{b^2}\right)-\left(1+\nu\frac{a^2}{b^2}\right)\right],\\
M_y &= -\frac{pa^2}{2\left[3\left(1+\frac{a^2}{b^2}\right)^2-4\right]}\\
&\left[\frac{x^2}{a^2}\left(\frac{a^2}{b^2}+3\nu\right)+\frac{y^2}{b^2}\left(3\frac{a^2}{b^2}+\nu\right)-\left(\frac{a^2}{b^2}+\nu\right)\right],\\
M_{x,y} &= -pa^2\frac{(1-\nu)\frac{a}{b}}{3\left(1+\frac{a^2}{b^2}\right)^2-4}\cdot\frac{xy}{ab}.
\end{aligned}\right.$$

Im Mittelpunkt der Ellipse: $x = y = 0$

(86 a)
$$\left\{\begin{aligned}
M_x\quad(0,0) &= \frac{pa^2}{2}\cdot\frac{1+\nu\frac{a^2}{b^2}}{3\left(1+\frac{a^2}{b^2}\right)^2-4},\\
M_y\quad(0,0) &= \frac{pa^2}{2}\cdot\frac{\frac{a^2}{b^2}+\nu}{3\left(1+\frac{a^2}{b^2}\right)^2-4},\\
M_{x,y}(0,0) &= 0.
\end{aligned}\right.$$

Am Ende der Achse a: $x = a$; $y = 0$

(86 b)
$$\left\{\begin{aligned}
M_x\quad(a,0) &= -pa^2\frac{1}{3\left(1+\frac{a^2}{b^2}\right)^2-4},\\
M_y\quad(a,0) &= -pa^2\frac{\nu}{3\left(1+\frac{a^2}{b^2}\right)^2-4},\\
M_{x,y}(a,0) &= 0.
\end{aligned}\right.$$

Am Ende der Achse b: $x = 0$; $y = b$

$$(86\text{c})\quad \begin{cases} M_x\ (0, b) = -pa^2 \dfrac{\nu \dfrac{a^2}{b^2}}{3\left(1 + \dfrac{a^2}{b^2}\right)^2 - 4}, \\ M_y\ (0, b) = -pa^2 \dfrac{\dfrac{a^2}{b^2}}{3\left(1 + \dfrac{a^2}{b^2}\right)^2 - 4}, \\ M_{x,y}(0, b) = 0. \end{cases}$$

b) Eingespannte Kreisplatte unter gleichmäßiger Last in karthesischen Koordinaten

Man setzt in die obigen Formeln $a = b$ ein. Damit ist die Biegelinie

$$(87)\qquad w = \frac{pa^4}{64\,\bar{E}J}\left[\frac{x^2}{a^2} + \frac{y^2}{a^2} - 1\right]^2,$$

und für die Schnittkräfte erhält man:

$$(87\text{a})\quad \begin{cases} M_x = -\dfrac{pa^2}{16}\left[\dfrac{x^2}{a^2}(3+\nu) + \dfrac{y^2}{a^2}(1+3\nu) - (1+\nu)\right], \\ M_y = -\dfrac{pa^2}{16}\left[\dfrac{x^2}{a^2}(1+\nu) + \dfrac{y^2}{a^2}(3+\nu) - (1+\nu)\right], \\ M_{x,y} = -\dfrac{pa^2}{8}(1-\nu)\dfrac{x}{a}\dfrac{y}{a}, \end{cases}$$

$$(87\text{b})\quad \begin{cases} M_x(0, 0) = \dfrac{pa^2}{16}(1+\nu), \\ M_y(0, 0) = \dfrac{pa^2}{16}(1+\nu), \end{cases}$$

$$(87\text{c})\quad \begin{cases} M_x(a, 0) = M_y(0, a) = -\dfrac{pa^2}{8}, \\ M_y(a, 0) = M_x(0, a) = -\nu\dfrac{pa^2}{8}. \end{cases}$$

c) Sinusförmige Belastung bei einer freiaufliegenden rechteckigen Platte

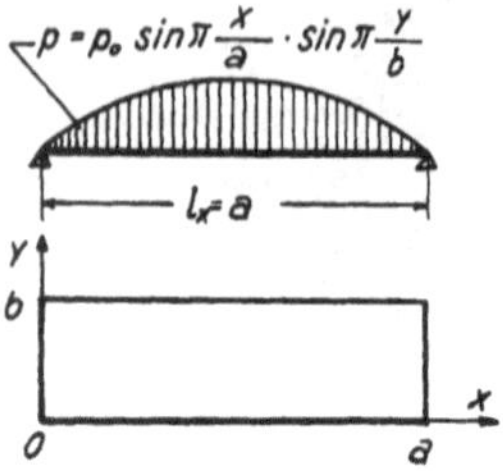

Bild 20

Mit dem Ansatz

(88) $$w = c \sin \pi \frac{x}{a} \sin \pi \frac{y}{b},$$

bekommt man nach Gleichung (81)

(88a) $$c = \frac{p_0 a^4}{\pi^4 \bar{E}J \left(1 + \frac{a^2}{b^2}\right)^2}.$$

Diese Konstante c bedeutet den größten Biegungspfeil in der Feldmitte der Platte. Sowohl die Biegefläche als auch die Balkenmomente M_x und M_y stellen affine Flächen der Belastung dar.

(88 b) $$\begin{cases} M_x = \dfrac{p_0 a^2}{\pi^2} \dfrac{1 + \nu \dfrac{a^2}{b^2}}{\left(1 + \dfrac{a^2}{b^2}\right)^2} \sin \pi \dfrac{x}{a} \sin \pi \dfrac{y}{b}, \\ M_y = \dfrac{p_0 a^2}{\pi^2} \dfrac{\nu + \dfrac{a^2}{b^2}}{\left(1 + \dfrac{a^2}{b^2}\right)^2} \sin \pi \dfrac{x}{a} \sin \pi \dfrac{y}{b}. \end{cases}$$

Das Torsionsmoment lautet:

(88c) $$M_{x,y} = -\frac{p_0 a^2}{\pi^2} \frac{(1 - \nu) \dfrac{a}{b}}{\left(1 + \dfrac{a^2}{b^2}\right)^2} \cos \pi \frac{x}{a} \cos \pi \frac{y}{b}.$$

In der Feldmitte ist:

(88 d) $$\begin{cases} w_{\max} = c \\ M_{0\,\max} = \dfrac{p_0 a^2}{\pi^2} \dfrac{1 + \nu \dfrac{a^2}{b^2}}{\left(1 + \dfrac{a^2}{b^2}\right)^2}, \end{cases}$$

(88d) $$M_{y\,\max} = \frac{p_0 a^2}{\pi^2} \frac{\nu + \frac{a^2}{b^2}}{\left(1 + \frac{a^2}{b^2}\right)^2}.$$

C. Die Kreisplatte

1. Die Grundgleichungen der biegefesten, dünnen Platte in Polarkoordinaten

$$x = r \cdot \cos\varphi,$$
$$y = r \cdot \sin\varphi,$$
$$r = \sqrt{x^2 + y^2},$$
$$\varphi = \text{arc tg}\,\frac{y}{x}.$$

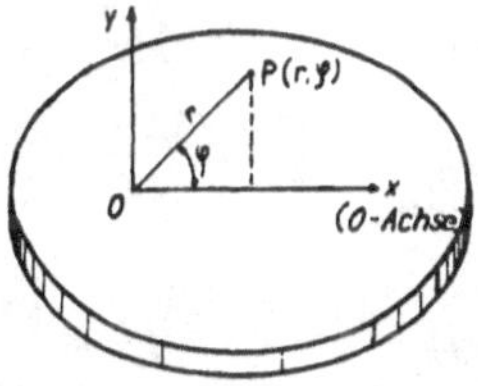

Bild 21

Die Plattengleichung (81) lautet in Polarkoordinaten, unter Beachtung der obigen Transformation und des sog. Laplaceschen Operators:

(89) $$\Delta \equiv \frac{\partial^2}{\partial x^2} + \frac{\partial^2}{\partial y^2} \equiv \left(\frac{\partial^2}{\partial r^2} + \frac{\partial^2}{r^2 \varphi^2} + \frac{1}{r}\frac{\partial}{\partial r}\right) \equiv \Delta p,$$

(90) $$\Delta\Delta w = \left(\frac{\partial^2}{\partial r^2} + \frac{1}{r}\frac{\partial}{\partial r} + \frac{1}{r^2}\frac{\partial^2}{\partial \varphi^2}\right)^2 w = \frac{p(r,\varphi)}{\overline{E}J}.$$

Für die Biegemomente sind folgende Gleichungen maßgebend:

(91) $$Mr = -\overline{E}J\left[\frac{\partial^2 w}{\partial r^2} + r\left(\frac{\partial^2 w}{r^2 \partial\varphi^2} + \frac{1}{r}\frac{\partial w}{\partial r}\right)\right],$$

(Radialmoment),

(92) $$M\varphi = -\overline{E}J\left(\frac{\partial^2 w}{r^2 \partial\varphi^2} + \frac{1}{r}\frac{\partial w}{\partial\varphi} + \nu\frac{\partial^2 w}{dr^2}\right),$$

(Tangentialmoment),

(93) $$Mr,\varphi = -\overline{E}J\,(1-\nu)\left[\frac{1}{r}\frac{\partial^2 w}{\partial r\,\partial\varphi} - \frac{1}{r^2}\frac{\partial w}{\partial\varphi}\right],$$

(Torsionsmoment).

2. Kreisplatte unter drehsymmetrischer Belastung

Sind Belastung und Stützung zentralsymmetrisch, so ist die Durchbiegung an jedem konzentrischen Kreisring gleich groß, d. h., die $M\varphi$-Momente bleiben konstant. Damit fallen sämtliche Ableitungen nach φ weg. Es sind weder Torsionsmomente noch Querkräfte in der φ-Richtung vorhanden. Demnach erhält man:

(91 a) $$Mr = -\overline{E}J\left(\frac{\partial^2 w}{\partial r^2} + \nu \frac{1}{r}\frac{\partial w}{\partial r}\right),$$

(92 a) $$M\varphi = -\overline{E}J\left(\frac{1}{r}\frac{\partial w}{\partial r} + \nu \frac{\partial^2 w}{\partial r^2}\right),$$

(94) $$Qr = \frac{\partial Mr}{\partial r} + \frac{Mr - M\varphi}{r},$$

(95) $$p(r) = -\left(\frac{Qr}{r} + \frac{\partial Qr}{\partial r}\right).$$

Die verkürzte Form der Differentialgleichung der Kreisplatte lautet:

(90 a) $$\frac{\partial^4 w}{\partial r^4} + \frac{2}{r}\frac{\partial^3 w}{\partial r^3} - \frac{1}{r^2}\frac{\partial^2 w}{\partial r^2} + \frac{1}{r^3}\frac{\partial w}{\partial r} = \frac{p(r)}{\overline{E}J}.$$

Die vollständige Lösung dazu gibt der Ansatz:

(96) $$w = w_0(r) + C_1 + C_2 r^2 + C_3 ln r + C_4 r^2 ln r.$$

Bei p = konstant ist die inhomogene Lösung:

(96 a) $$w_0(r) = \frac{pr^4}{64\overline{E}J}.$$

Die Integrationskonstanten C_1 bis C_4 sind aus den Randbedingungen zu bestimmen.

3. Lösungen von drehsymmetrischen Belastungsfällen[1])

a) Geschlossene Platte mit freier Auflagerung bei gleichmäßiger Belastung p

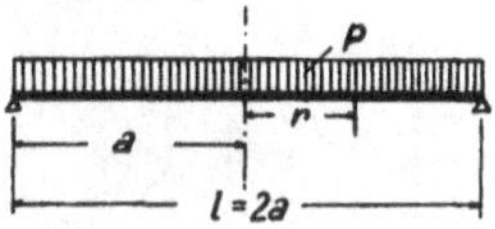

Bild 22

$$(97)\quad w = \frac{pa^4}{64EJ}\left[\left(\frac{r}{a}\right)^4 - 2\cdot\frac{3+\nu}{1+\nu}\left(\frac{r}{a}\right)^2 + \frac{5+\nu}{1+\nu}\right],$$

$$(98)\quad Mr = \frac{pa^2}{16}(3+\nu)\left[1 - \left(\frac{r}{a}\right)^2\right],$$

$$(99)\quad M\varphi = \frac{pa^2}{16}\left[(3+\nu) - \left(\frac{r}{a}\right)^2(1+3\nu)\right],$$

$$(100)\quad Qr = -\frac{pa}{2}\left(\frac{r}{a}\right).$$

Für $\nu = 0{,}3$ (Stahlplatten) und $\nu = 1/6$ (Stahlbetonplatten) werden die Schnittkräfte als Prozentsätze der statischen Größen des Balkens auf zwei Stützen mit $l = 2a$ angegeben (Tafel 3).

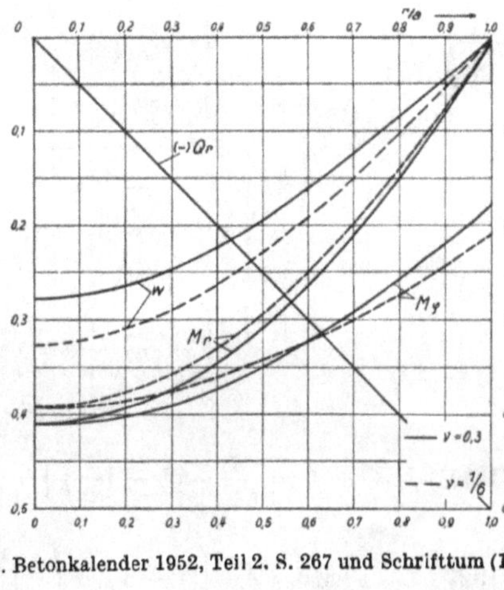

Bild 22a. Verlauf der Schnittkräfte der freiaufliegenden Kreisplatte bei p = konst.

[1]) Weitere Lösungen s. Betonkalender 1952, Teil 2, S. 267 und Schrifttum (1) S. 649.

b) Geschlossene Platte mit eingespanntem Rand bei gleichmäßiger Belastung p

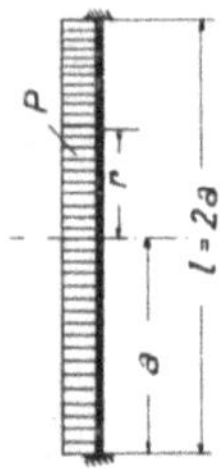

Bild 23

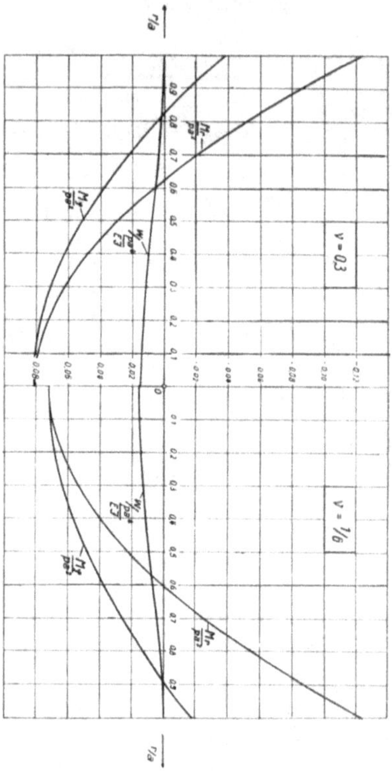

Bild 23a. Verlauf der Schnittkräfte der eingespannten Kreisplatte unter p = konst. Links bei $\nu = 0{,}3$; rechts bei $\nu = {}^1/_6$

$$w = \frac{pa^4}{64\bar{E}J}\left[1 - \left(\frac{r}{a}\right)^2\right]^2, \tag{101}$$

$$Mr = \frac{pa^2}{16}\left[(1+\nu) - \left(\frac{r}{a}\right)^2 \cdot (3+\nu)\right]. \tag{102}$$

Tafel 3

	r/a	0	0,1	0,2	0,3	0,4	0,5	0,6	0,7	0,8	0,9	1,0	× Faktor
	Q_r	0,0000	0,050	0,100	0,150	0,200	0,250	0,300	0,350	0,400	0,450	0,500	$pa = \frac{p \cdot l}{2}$
$\nu = 0,3$	w	0,278	0,275	0,264	0,248	0,226	0,196	0,163	0,125	0,0845	0,0435	0,000	$\frac{5}{24} p \frac{a^4}{EJ} = \frac{5}{384} \frac{pl^4}{EJ}$
	M_r	0,4125	0,408	0,396	0,375	0,347	0,309	0,264	0,210	0,148	0,078	0,000	$\frac{p \cdot a^2}{2} = \frac{p \cdot l^2}{8}$
	M_φ	0,4125	0,410	0,403	0,391	0,374	0,353	0,327	0,296	0,260	0,220	0,175	$\frac{p a^2}{2} = \frac{p \cdot l^2}{8}$
$\nu = 1/6$	w	0,327	0,324	0,312	0,292	0,264	0,230	0,193	0,148	0,101	0,051	0,000	$\frac{5}{24} p \frac{a^4}{EJ} = \frac{5}{384} p \frac{l^4}{EJ}$
	M_r	0,393	0,389	0,378	0,358	0,330	0,295	0,252	0,200	0,142	0,075	0,000	$\frac{pa^2}{2} = \frac{p l^2}{8}$
	M_φ	0,393	0,391	0,386	0,377	0,364	0,348	0,328	0,305	0,277	0,247	0,212	$\frac{pa^2}{2} = \frac{p l^2}{8}$

Tafel 3a

	r/a	0	0.1	0.2	0.3	0.4	0.5	0.6	0.7	0.8	0.9	1.0	Faktor
	Q_r	0.000	0.0500	0.1000	0.1500	0.2000	0.2500	0.3000	0.3500	0.4000	0.4500	0.5000	pa
$\nu = 0.3$	w	0.0142	0.0139	0.0131	0.0118	0.0100	0.0080	0.0058	0.0037	0.0018	0.0005	0.0000	$p \frac{a^4}{EJ}$
	M_r	0.0813	0.0792	0.0730	0.0627	0.0482	0.0297	0.0070	-0.0198	-0.0507	-0.0853	-0.01250	pa^2
	M_φ	0.0813	0.0801	0.0765	0.0706	0.0623	0.0516	0.0385	0.0231	0.00530	-0.0149	-0.03750	pa^2
$\nu = 1/6$	w	0.0152	0.0149	0.0140	0.0126	0.0107	0.0086	0.0062	0.0040	0.0020	0.0005	0.0000	$p \frac{a^4}{EJ}$
	M_r	0.0719	0.0678	0.0640	0.0542	0.0404	0.0227	0.0010	-0.0246	-0.0541	-0.0876	-0.1250	pa^2
	M_φ	0.0719	0.0710	0.0683	0.0637	0.0574	0.0492	0.0393	0.0275	0.0139	-0.0015	-0.0188	pa^2

(103) $$M\varphi = \frac{pa^2}{16}\left[(1+\nu) - \left(\frac{r}{a}\right)^2 \cdot (1+3\nu)\right],$$

(104) $$Qr = -\frac{pa}{2}\left(\frac{r}{a}\right).$$

c) Geschlossene Platte mit eingespanntem Rand und radial anwachsender Last p

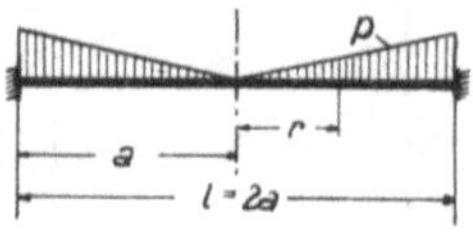

Bild 24

$$(105)\qquad w = \frac{pa^4}{450\,\bar{E}J}\left[2\left(\frac{r}{a}\right)^2\left(\frac{r^3}{a^3}-1\right)-3\left(\frac{r^2}{a^2}-1\right)\right],$$

$$(106)\qquad Mr = \frac{pa^2}{45}\left[(1+\nu)-(4+\nu)\frac{r^3}{a^3}\right],$$

$$(107)\qquad M\varphi = \frac{pa^2}{45}\left[(1+\nu)-(1+4\nu)\frac{r^3}{a^3}\right],$$

$$(108)\qquad Qr = -\frac{4}{45}\,pa\left(\frac{r}{a}\right)^2.$$

Tafel 4

	r/a	0	0,2	0,4	0,6	0,8	1,0	Faktor
	Qr	0,0000	0,0036	0,0142	0,0320	0,0570	0,0890	(-)pa
$\nu = 0{,}3$	w	0,00606	0,00567	0,00449	0,00274	0,00092	0,0000	$p \cdot \frac{a^4}{EJ}$
	Mr	0,0289	0,02810	0,02280	0,00822	-0,0200	-0,0667	$p \cdot a^2$
	Mφ	0,0289	0,02850	0,02570	0,01830	0,0061	-0,0200	$p \cdot a^2$
$\nu = 1/6$	w	0,00648	0,00605	0,00480	0,00293	0,00098	0,0000	$p \cdot \frac{a^4}{EJ}$
	Mr	0,02590	0,02520	0,02000	0,00590	-0,0215	-0,0667	$p \cdot a^2$
	Mφ	0,02590	0,02560	0,02350	0,01790	0,00690	-0,0111	$p \cdot a^2$

d) Geschlossene Platte mit eingespanntem Rand bei einer Einzellast P in der Feldmitte

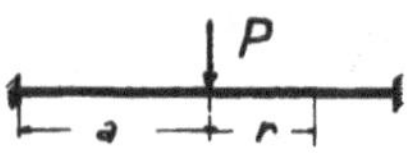

Bild 25

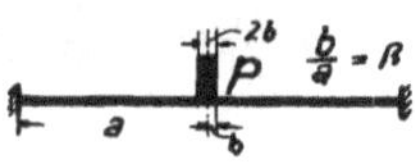

Bild 25a

$$(109)\qquad w = \frac{Pa^2}{16\pi \bar{E}J}\left[1 - \frac{r^2}{a^2} + 2\frac{r^2}{a^2}\, ln\,\frac{r}{a}\right],$$

$$(110)\qquad Mr = -\frac{P}{4\pi}\left[1 + (1+\nu)\, ln\,\frac{r}{a}\right],$$

$$(111)\qquad M\varphi = -\frac{P}{4\pi}\left[\nu + (1+\nu)\, ln\,\frac{r}{a}\right],$$

$$(112)\qquad Qr = -\frac{P}{2\pi a}\left(\frac{a}{r}\right).$$

Die Singularität in der Plattenmitte, $\frac{r}{a} = 0$, kann man ausschalten, wenn die Einzellast P auf einer kleinen Fläche vom

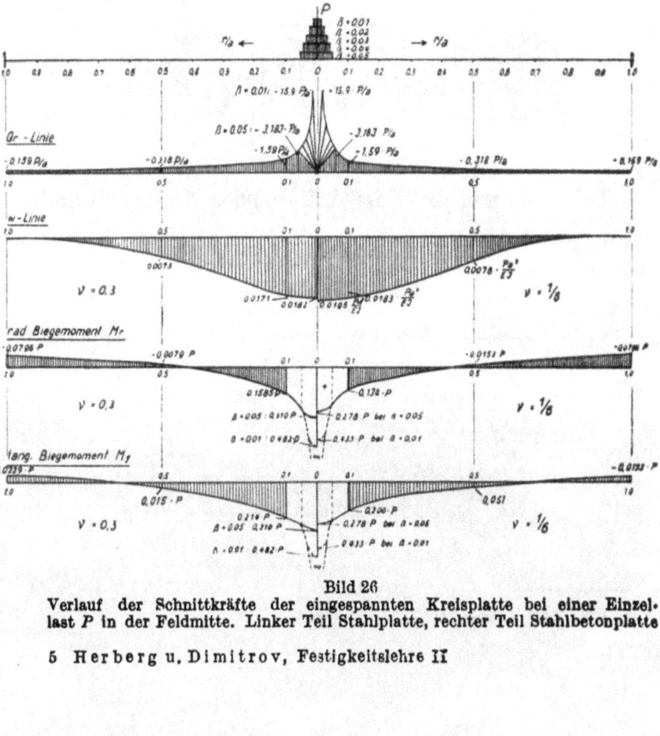

Bild 26
Verlauf der Schnittkräfte der eingespannten Kreisplatte bei einer Einzellast P in der Feldmitte. Linker Teil Stahlplatte, rechter Teil Stahlbetonplatte

Halbmesser $b = \beta \cdot a$ verteilt angenommen wird. Man erhält dann endliche Werte für die Biegemomente und die Querkräfte. Beachtet man, daß β eine sehr kleine Größe ist, so bekommt man für die Feldmitte[1]):

$$(110\text{a}) \qquad M r_m = M \varphi_m = -\frac{P}{4\pi}(1+\nu)\, ln\, \beta .$$

Tafel 5 gibt uns die maximalen Biegemomente und Querkräfte an, wenn $\beta = 0{,}01;\ 0{,}02;\ 0{,}03;\ 0{,}04$ und $0{,}05$ ist.

Tafel 5

$r/a = 0 : \beta$	0.01	0.02	0.03	0.04	0.05	Faktor
Q max	15.9	7.96	5.30	3.98	3.183	· P/a · (-1)
$\nu = 0.3$; Mmax	0.482	0.395	0.363	0.332	0.310	· P
$\nu = 1/6$: Mmax	0.433	0.354	0.325	0.297	0.278	· P

Tafel 5a ermöglicht die Aufzeichnung der Schnittkräfte von $\frac{r}{a} = 0$ bis $\frac{r}{a} = 1$.

Tafel 5a

	r/a	0	0,1	0,5	1,0	Faktor
	Qr	Tafel 5	1,590	0,3180	0,159	(-) P/a
$\nu = 0{,}3$	w	0,0182	0,0171	0,0073	0,000	Pa^2/EJ
	Mr	Tafel 5	0,1585	-0,0079	-0,0796	P
	$M\varphi$	Tafel 5	0,2140	0,0150	-0,0239	P
$\nu = 1/6$	w	0,0195	0,0183	0,0078	0,0000	Pa^2/EJ
	Mr	Tafel 5	0,1340	-0,0153	-0,0796	P
	$M\varphi$	Tafel 5	0,2000	0,0510	-0,0133	P

---

[1]) s. Betonkalender 1952, Teil 2, S. 276.

e) Geschlossene Platte mit freier Lagerung und einer Einzellast P in der Feldmitte

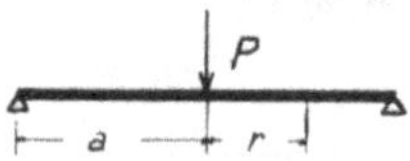

Bild 27

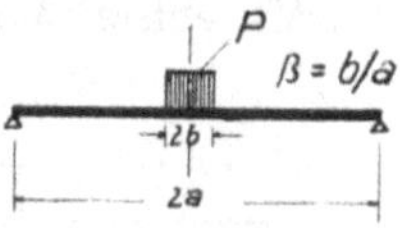

Bild 27a

$$(113)\quad w = \frac{Pa^2}{16\pi \bar{E}J}\left[2\frac{r^2}{a^2}\ln\frac{r}{a} + \frac{3+\nu}{1+\nu}\left(1-\frac{r^2}{a^2}\right)\right],$$

$$(114)\quad Mr = -\frac{P}{4\pi}(1+\nu)\ln\frac{r}{a},$$

$$115)\quad M\varphi = -\frac{P}{4\pi}\left[(1+\nu)\ln\frac{r}{a} - (1-\nu)\right],$$

$$(116)\quad Qr = -\frac{P}{2\pi a}\frac{a}{r}.$$

Genau wie bei der eingespannten Platte wird die Einzellast auf ein r Verteilungsbreite $b = \beta \cdot \alpha$ angenommen.

Die Biegemomente und Querkräfte haben dann endliche Werte. Für $\frac{r}{a} = 0$ erhält man:

$$(114\text{a})\quad Mr_m = M\varphi_m = \frac{P}{4\pi}[1-(1+\nu)\ln\beta].$$

Tafel 6 gibt die max. Momente bzw. die Querkräfte in der Plattenmitte bei $\beta = 0{,}01$ bis $0{,}05$ an.

Tafel 6

$r/a = 0;\ \beta$	0.01	0.02	0.03	0.04	0.05	Faktor
Q_{max}	15.9	7.96	5.30	3.98	3.183	(-) P/a
$\nu = 0.3;\ M_{max}$	0.561	0.474	0.442	0.411	0.390	P
$\nu = 1/6;\ M_{max}$	0.512	0.433	0.404	0.376	0.358	P

In Tafel 7 sind die Schnittkräfte für $\frac{r}{a} = 0; 0{,}1; 0{,}5$ und $1{,}0$ bei $\nu = 0{,}3$ und $\nu = 1/6$ berechnet. Der Verlauf der Schnittkräfte entspricht denen des Bildes 26.

Tafel 7

r/a		0	0.1	0.5	1.0	Faktor
'	Qr	Tabelle 6	1.59	0.318	0.159	(-) P/a
ν = 0.3	w	0.046	0.045	0.0282	0.000	Pa²/EJ
	Mr	Tabelle 6	0.238	0.072	0.000	P
	Mφ	Tabelle 6	0.294	0.095	0.056	P
ν = 1/6	w	0.054	0.0513	0.0328	0.000	Pa²/EJ
	Mr	Tabelle 6	0.214	0.0640	0.000	P
	Mφ	Tabelle 6	0.280	0.1310	0.0663	P

f) Kreisringplatte, freiaufliegend, mit einer Ringlast P

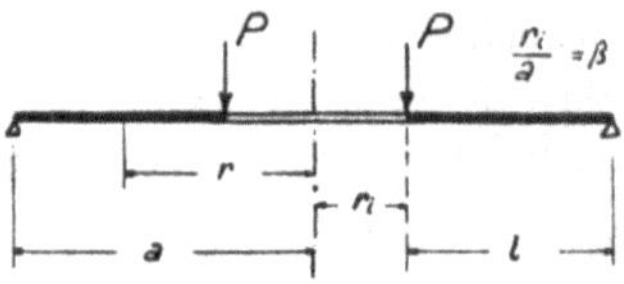

Bild 28

(117) $$c = \frac{\beta^2 \ln\beta}{1-\beta^2},$$

(118) $$w = \frac{Pa^3}{4\,EJ}\beta\left[\left(1-\frac{r^2}{a^2}\right)\cdot\left(\frac{1}{2}\cdot\frac{3+\nu}{1+\nu}-c\right)+ + \ln\frac{r}{a}\left(2c\frac{1+\nu}{1-\nu}+\frac{r^2}{a^2}\right)\right],$$

(119) $$Mr = \frac{Pa}{2}(1+\nu)\beta\left[c\left(\frac{a^2}{r^2}-1\right)-\ln\frac{r}{a}\right],$$

(120) $$M\varphi = \frac{Pa}{2}(1+\nu)\beta\left[\frac{1-\nu}{1+\nu}-c\left(\frac{a^2}{r^2}+1\right)-\ln\frac{r}{a}\right],$$

(121) $$Qr = -P\beta \cdot \frac{a}{r}.$$

Als Beispiel werden für $\beta = 0{,}5$ die Schnittkräfte aufgetragen.

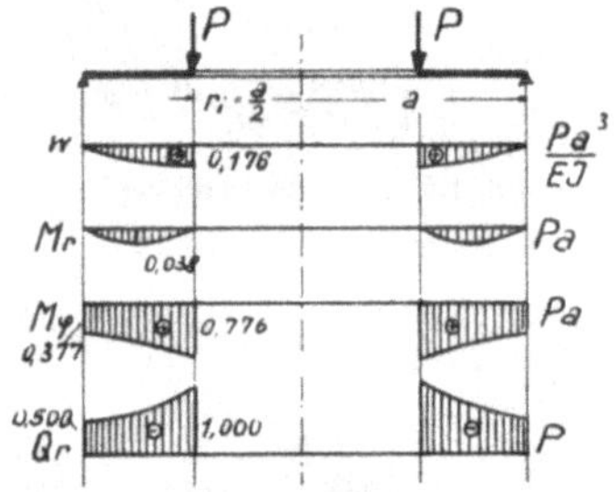

Bild 28a. $\nu = 0{,}3$

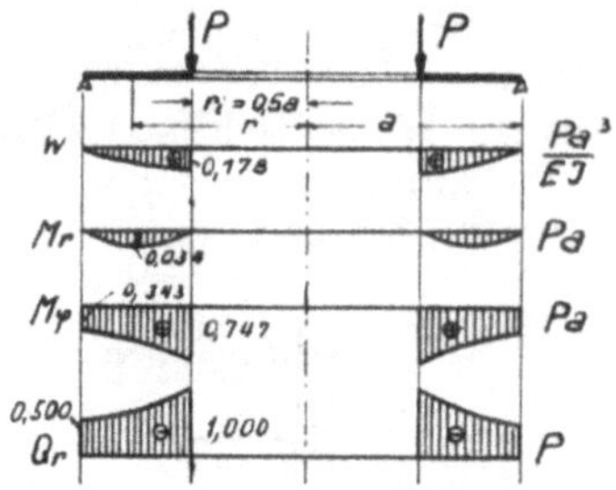

Bild 28b. $\nu = {}^1/_6$

D. Die rechteckige Platte

1. Membran und Platte

Addiert man die auf Seite 46 aufgeführten Gleichungen (83a) und (83b), so erhält man als Skalargröße die Momentensumme der elastischen Platte:

(122) $$\frac{Mx + My}{1 + \nu} = -\frac{M}{EJ} = \frac{\partial^2 w}{\partial x^2} + \frac{\partial^2 w}{\partial y^2}.$$

Die Differentialgleichung der Platte (80) kann jetzt geschrieben werden:

(123) $$\frac{\partial^2 M}{\partial x^2} + \frac{\partial^2 M}{\partial y^2} = -p(x, y).$$

(122) und (123) nennt man Poissonsche Gleichungen.

Die Differentialgleichung einer Membrane lautet:

(123a) $$\frac{\partial^2 w}{\partial x^2} + \frac{\partial^2 w}{\partial y^2} = -\frac{p(x.y)}{S},$$

wobei S die Vorspannkraft pro Längeneinheit bedeutet. Demnach ist das Plattenproblem auf zwei hintereinander folgende Membranprobleme zurückgeführt.

Bei statisch bestimmter Lagerung stellt die Biegelinie w den Durchgang einer Membrane dar, wenn sie nach Gl. (122) mit $MS/\bar{E}J$ belastet wird und die Momentensumme M einer unter $p(x, y)$ stehenden elastischen Platte ist gleich dem Durchhang einer mit $S = 1$ vorgespannten Membrane unter der gleichen Last $p(x, y)$.

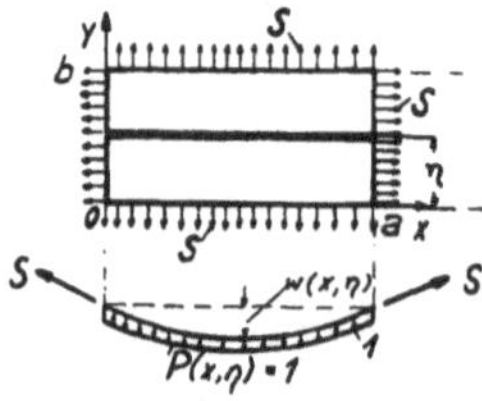

Bild 29

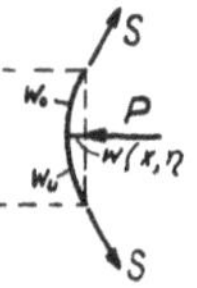

Bild 29a

Im Bild 29 ist eine Membrane gezeichnet, die mit einer Streifenlast P an der Stelle $y = \eta$ belastet ist. Die Biegelinie dieses Lastfalles bildet die sogenannte Greensche Funktion[1]), d. h. die Einflußfläche, wenn die Streifenlast $P(x, \eta) = 1$ gewählt wird.

Mit Hilfe des Randwertproblems und den beiden Bedingungen, daß mit $y = \eta$ die gleiche Biegelinie vorhanden ist, sowohl bei $w_u(x, y)$ als auch bei $w_0(x, y)$ (vgl. Bild 29a), und daß die Differenz der ersten Ableitung -1 beträgt:

$$\frac{\partial w_0(x,\eta)}{\partial y} - \frac{\partial w_u(x,\eta)}{\partial y} = -1$$

ist die Einflußfläche bei $P = \text{const} = 1$

[1]) S. Schrifttum Nr. 14. Hier ist auch die Greensche Funktion für eine Einzellast $P(\xi, \eta)$ angegeben.

(124)
$$w_u(x,y) = \frac{4Pa}{\pi^2 S} \sum_{n=1,3,5\ldots}^{\infty} \frac{\sin n\pi \frac{x}{a} \operatorname{Sin} n\pi \frac{b}{a}\left(1-\frac{\eta}{b}\right)}{n^2 \operatorname{Sin} n\pi \frac{b}{a}} \cdot \operatorname{Sin} n\pi \frac{y}{a}, \quad \text{für } 0 \leqq y \leqq \eta,$$
$$w_0(x,y) = \frac{4Pa}{\pi^2 S} \sum_{n=1,3,5\ldots}^{\infty} \frac{\sin n\pi \frac{x}{a} \operatorname{Sin} n\pi \frac{b}{a} \frac{\eta}{a}}{n^2 \operatorname{Sin} n\pi \frac{b}{a}} \cdot \operatorname{Sin} n\pi\left(1-\frac{y}{a}\right), \quad \text{für } \eta \leqq y \leqq b.$$

Unter gleichmäßiger Belastung $p(x,y) = p = \text{const}$, werden die Gleichungen (124) von o bis η und von η bis b integriert. Dann ist der Durchhang w unter Beachtung der Beziehungen:
$$\sum_{n=1,3,5\ldots}^{\infty} \frac{1}{n^3} \sin n\pi \frac{x}{a} = \frac{\pi^3}{8} \frac{x}{a}\left(1-\frac{x}{a}\right),$$
$$\operatorname{Sin} n\pi \frac{b}{a} = 2 \operatorname{Sin} n \frac{\pi}{2} \frac{b}{a} \operatorname{Cof} n \frac{\pi}{2} \frac{b}{a},$$

(125)
$$w(x,y) = \frac{pa^2}{S} \cdot \left[\frac{1}{2} \cdot \frac{x}{a}\left(1-\frac{x}{a}\right) - \frac{4}{\pi^3} \sum_{n=1,3,5\ldots}^{\infty} \frac{\sin n\pi \frac{x}{a}}{n^3} \frac{\operatorname{Cof} n\pi \frac{b}{a}\left(\frac{y}{b}-\frac{1}{2}\right)}{\operatorname{Cof} n \frac{\pi}{2} \frac{b}{a}}\right]$$

2. Einfache Ermittlung von Biegemomenten

Wird in (125) $S = 1$ gesetzt, so bekommt man die Summe der Biegemomente $M_x + M_y$ einer rechteckigen, freiaufliegenden, elastischen Platte unter gleichmäßiger Belastung p:

(125 a)
$$M = M_x + M_y = (1+\nu)\, pa^2 \cdot \left[\frac{1}{2} \frac{x}{a}\left(1-\frac{x}{a}\right) - \frac{4}{\pi^3} \sum \frac{\sin n\pi \frac{x}{a}}{n^3} \cdot \frac{\operatorname{Cof} n\pi \frac{b}{a}\left(\frac{y}{b}-\frac{1}{2}\right)}{\operatorname{Cof} n \frac{\pi}{2} \frac{b}{a}}\right].$$

Die Reihe konvergiert sehr stark, wenn a die kleinere Seite der Rechteckplatte bedeutet. Schon bei $n = 1$ liegt die Genauigkeit bei 1%.

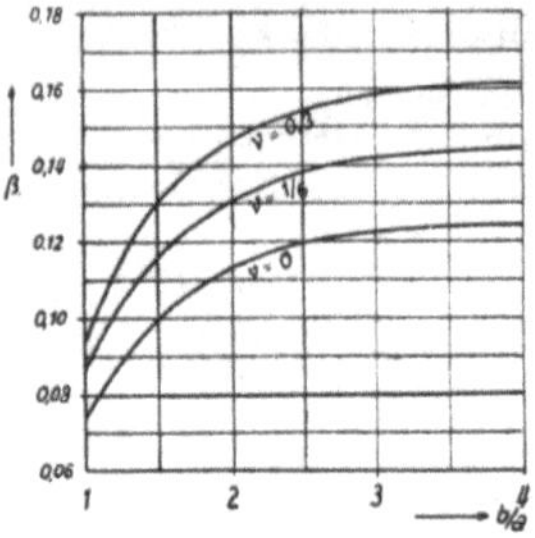

Bild 30
max M_x + max $M_y = \beta \cdot pa^2$

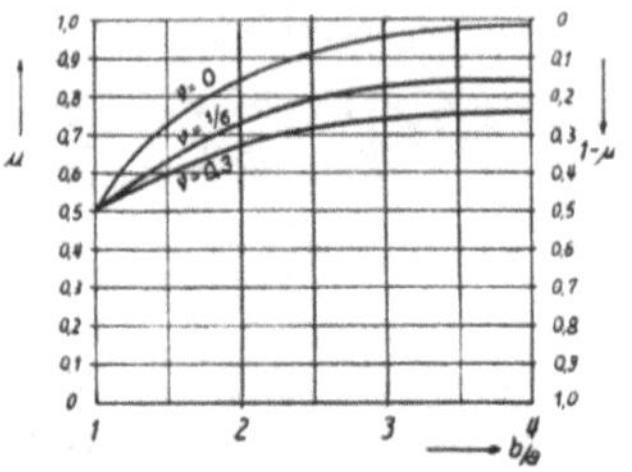

Bild 30a. max $M_x = \mu \beta \cdot pa^2$; max $M_y = (1 - \mu)\, \beta \cdot pa^2$

Im Bild 30 ist die Summe der maximalen Biegemomente $M_x + M_y$ in der Feldmitte ($x/a = 0{,}5$; $y/b = 0{,}5$) in Abhängigkeit des Seitenverhältnisses b/a dargestellt. Tafel 8 gibt die genaueren Werte β_0 bzw. μ wieder:

(126) $$\max M_x + \max M_y = \beta_0 p a^2$$

Die Spaltung der Biegemomente gibt die Zahl μ an:

(127) $$\max M_x = \mu\,(\max M_x + \max M_y)$$
$$\max M_y = (1 - \mu)\,(\max M_x + \max M_y)$$

Tafel 8

	b/a	1	1,25	1,5	1,75	2	2,5	3	4	Faktor
$\nu = 0$	β_0	0,0736	0,0895	0,1008	0,1086	0,1139	0,1199	0,1227	0,1245	pa^2
	μ	0,50	0,64	0,75	0,805	0,855	0,92	0,96	0,98	$\beta_0\, pa^2$
$\nu = 1/6$	β_0	0,0858	0,1042	0,1174	0,1266	0,1326	0,1398	0,1430	0,1452	pa^2
	μ	0,50	0,585	0,66	0,71	0,74	0,80	0,825	0,85	$\beta_0\, pa^2$
$\nu = 0{,}3$	β_0	0,0956	0,1118	0,1310	0,1412	0,1480	0,1558	0,1592	0,1620	pa^2
	μ	0,50	0,59	0,62	0,655	0,695	0,72	0,75	0,765	$\beta_0\, pa^2$

8. Versuche mit kreuzweis bewehrten Betonplatten und die Bruchlinientheorie

Vergleich mit den Ergebnissen der Plattentheorie

Der Deutsche Ausschuß für Stahlbetonbau hat in seinem Heft 30 einen Bericht der sog. Stuttgarter Versuche herausgegeben. Die Versuche erstreckten sich auf quadratische und rechteckige Platten von 2 auf 3 m und von 2 auf 4 m Seitenlänge. Die Platten waren in beiden Richtungen gleich stark mit 10 ∅ 7 mm/m bewehrt. (Plattendicke 12 cm). Da diese

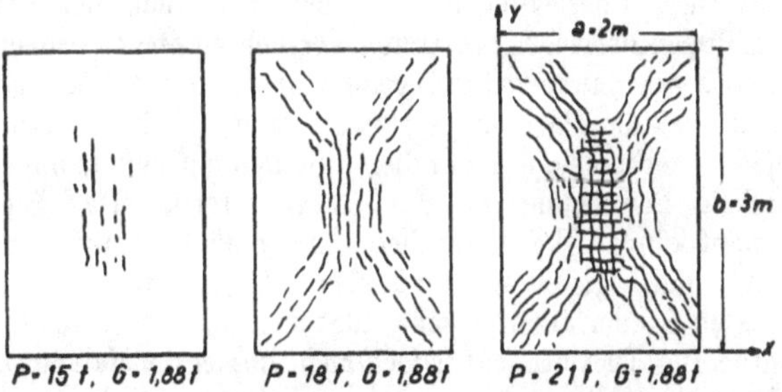

Bild 31a Bild 31b Bild 31c
Unterseite einer Stahlbetonplatte mit $b/a = 1{,}5$ bei verschiedenen Laststufen unter gleichmäßig verteilter Höchstlast

Bewehrung unnatürlich ist, wird bei den rechteckigen Platten in der kurzen Richtung x bzw. a die Tragfähigkeit früher erreicht[1]). Mit zunehmender Last wird diese ausgenützte Bewehrung solange nachgeben, bis auch die lange Bewehrung die Fließgrenze erreicht hat.

Diesen Tatbestand zeigen die Bilder[2]) 31 a bis c. Das Gesamteigengewicht beträgt $G = g \cdot a \cdot b = 1{,}88$ t.

Hier tritt die bekannte „Schlauheit“ des Materials in Erscheinung. Die plastische Verformung des Bewehrungsstahles

---

[1]) Heft 30, Deutscher Ausschuß für Stahlbetonbau, Bericht von C. Bach und O. Graf, 1915.

[2]) Mörsch, Der Eisenbetonbau, 6. Aufl., I. Band, 2. Hälfte, S. 425, 1929.

hebt die Voraussetzungen der Elastizitätstheorie auf und man erhält neue Bedingungen für das neue elastisch-plastische Gebilde. Genau wie in der Stabstatik beim Durchlaufträger oder Rahmen, die n-fach statisch unbestimmt sind, wird durch die Bildung eines plastischen Gelenks die Unbestimmtheit auf $n - 1$ abgebaut. In der Plattentheorie ist beim Stahlbeton durch das Auftreten von plastischen Drehachsen, auch Bruchlinien genannt, die Verdrillung aufgehoben. Die Plattenwirkung wird somit gleichsam zu einer Art Balkenwirkung abgebaut. Diese Überlegung führt zu der noch wenig bekannten Bruchlinientheorie. Einen ersten Versuch zu einer rationellen Bruchtheorie[1]) unternahm Ingerslev im Jahre 1921. Man setzt voraus, daß die Platte längs gewisser gerader Linien — Bruchlinien — zerbreche, d. h. an diesen Stellen hat bereits die vorhandene Bewehrung die Fließgrenze erreicht. Das Biegemoment könne daher längs dieser Linien als konstant vorausgesetzt und zugleich als Maximalwert angesehen werden. Bei gewissen Sonderfällen verschwindet auch die Querkraft (Balkentheorie). Dies braucht jedoch nicht immer der Fall zu sein. Johansen[2]) stellte später auf Grund der vorhandenen Versuchsergebnisse und der bereits geleisteten Vorarbeit eine allgemeine Bruchtheorie auf. Durch Vernachlässigung der elastischen gegenüber den plastischen Formänderungen ergeben sich gerade Bruchlinien. Die Plattenteile führen Drehungen um gewisse Achsen aus, deren Lage von den Auflagern abhängt. Es gilt allgemein der Satz: „Die Bruchlinien zwischen zwei Plattenteilen gehen durch den Schnittpunkt ihrer Drehachsen.“ (Bild 32a und 32b.)

Das Biegungsmoment längs einer Bruchlinie kann als konstant angesehen werden und sein Betrag m pro Längeneinheit ist als Maximalwert für alle in der Nähe der Bruchlinie liegen-

---

[1]) Ingersler, „Ingeniören“, 1921, S. 507; „The Institution of Structural Engineers' Journal“, January 1923.

[2]) Abhandlungen I. V. B. H. Zürich 1932, S. 277. Johansen, Bruchlinienteorier, Kopenhagen, 1943; Pladeformler, 1949.

den Schnitte für die Bemessung maßgebend. Durch eine Gleichgewichtsbetrachtung an den Knoten und durch Aufstellen der Arbeitsgleichung

$$\Sigma P \cdot \delta = \Sigma \varphi(\delta)\, M(\varphi, m) \tag{128}$$

läßt sich das unbekannte Moment m eindeutig bestimmen. Außerdem wird durch die Arbeitsgleichung auch die Bruchfigur festgelegt, da jede Änderung der Schnittfigur eine Ände-

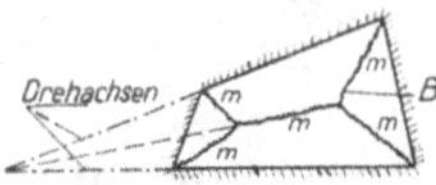

Bild 32a

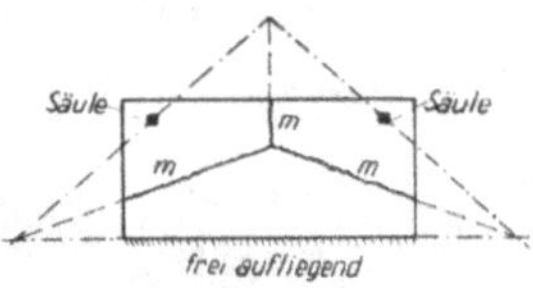

Bild 32b

Bruchfigur einer freiaufliegenden Platte unter gleichmäßiger Belastung

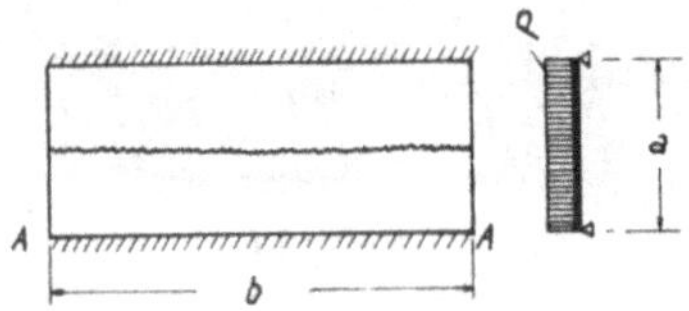

Bild 33a

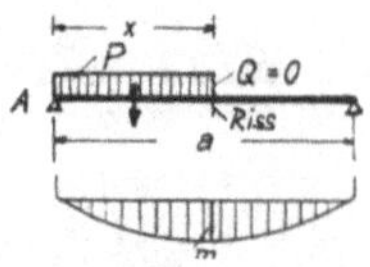

Bild 33b

rung des Biegemomentes m ergibt. Diejenige Schnittfigur wird als Bruchfigur bezeichnet, die m zum Maximum macht. Diese Aufgabe besitzt immer eine Lösung. Haben an einem Knoten die Bruchlinien das gleiche Vorzeichen, so werden die Knotenkräfte gleich Null, d. h. die Querkräfte längs der Bruchlinie sind auch Null, so daß die Ermittlung des maximalen Momentes m aus der Balkentheorie sofort bestimmbar ist. Ist eine Platte nur beiderseits aufgelagert, so entsteht die Bruchfigur nach Bild 33a.

Da in diesem Sonderfall bei der Bruchlinie $Q = O$ ist, ermittelt man das maximale Biegemoment m in bekannter Weise durch Drehung um die Achse A (vgl. Bild 33b):

$$m = \frac{px^2}{2} = \frac{pa^2}{8}.$$

Für die in den Bildern 34, 35 und 36 angegebenen Bruchfiguren sind die maßgebenden Biegemomente ermittelt.

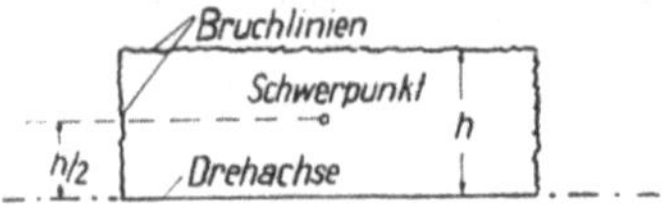

Bild 34

$m = \frac{1}{2} ph^2$

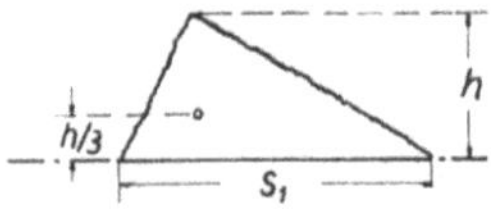

Bild 35

$m = \frac{1}{6} ph^2$

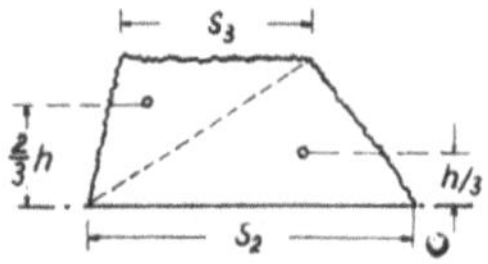

Bild 36

$m = \frac{1}{6} ph^2 \left(1 + 2\frac{s_3}{s_2}\right)$

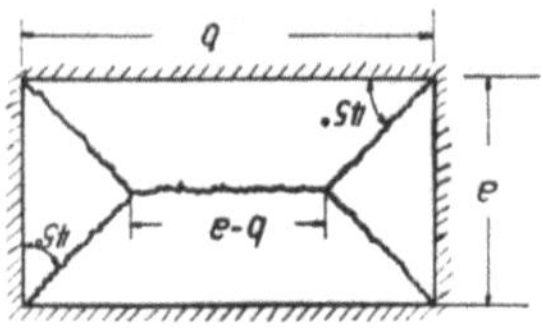

Bild 37

Für die freigelagerte Rechteckplatte unter gleichmäßiger Belastung wurde die in Bild 31c dargestellte Bruchfigur durch Versuche festgestellt. Der Berechnung ist jedoch die ideale Bruchfigur (Bild 37) zu Grunde zu legen. Setzt man nach Bild 35 $s_1 = a$ sowie nach Bild 36 $s_2 = b$, und $s_3 = b - a$, so erhält man für das maßgebende Biegemoment m:

$$ma + mb = \frac{1}{6} p \left(\frac{a}{2}\right)^2 a + \frac{1}{6} p \left(\frac{a}{2}\right)^2 \left[1 + 2\frac{b-a}{b}\right] b,$$

$$m = \frac{pa^2}{24} \cdot \frac{3b - a}{a + b}. \tag{129}$$

Diese Untersuchung setzt voraus, daß die vorhandene Bewehrung in beiden Richtungen gleich groß ist. Sie muß auch in den Ecken als obere Bewehrung vorhanden sein. Selbstverständlich läßt sich auch für in beiden Richtungen verschieden starke Bewehrung eine Bruchfigur ermitteln. Die Behandlung dieses Falles würde hier zu weit führen; es wird deshalb auf die Arbeiten von Johansen verwiesen. Vergleicht man die nach Tafel 8 ermittelten Biegemomente M_x (für $\nu = \frac{1}{6}$) mit den sich aus der Gl. (129) ergebenden Werten m, so ist die Momentensumme $M_x + M_y$ nach Tafel 8 dem Wert $2m$ gegenüberzustellen, wie dies in Tafel 9 ausgeführt ist.

Man erkennt sofort, daß bis $b/a = 2$ die nach der Elastizitätstheorie ermittelte Momentensumme $M_x + M_y$, den nach der Bruchtheorie errechneten Werten $2m$ gut entspricht.

Tafel 9

b/a	1	1,25	1,5	1,75	2	2,5	3	4	Faktor
Bruchtheorie: m	0,0417	0,0509	0,0583	0,0644	0,0694	0,0774	0,0834	0,0917	pa^2
Elast. Theorie: M_x	0,0429	0,0612	0,0774	0,0900	0,0985	0,1110	0,1176	0,1232	pa^2
Elast. Theorie: M_y	0,0429	0,0430	0,0400	0,0366	0,0337	0,0288	0,0254	0,0220	pa^2
Elast. Theorie: $M_x + M_y$	0,0858	0,1042	0,1175	0,1266	0,1326	0,1398	0,1430	0,1452	pa^2
Bruchtheorie: $2m$	0,0834	0,1018	0,1166	0,1288	0,1388	0,1548	0,1668	0,1834	pa^2

4. Formeln für die Schnittkräfte der freiaufliegenden Rechteckplatte unter gleichmäßiger Belastung p

Mit Berücksichtigung der Gleichung (122) und (125a) erhält man[1]):

$$(130)\quad w(x,y) = \frac{pa^4}{EJ}\left\{\frac{1}{24}\left[\frac{x}{a}\left(1-\frac{x}{a}\right)+\frac{x^2}{a^2}\left(1-\frac{x}{a}\right)^2\right] - \right.$$

$$\left. - \frac{4}{\pi^5}\sum_{n=1,3,5\ldots}^{\infty}\frac{\sin n\pi\frac{x}{a}}{n^5}\,Cn(y)\,[1+Tn(y)]\right\},$$

[1]) Vgl. dazu Schrifttum Nr. 14.

(131)
$$M_x = pa^2\left\{\frac{1}{2}\frac{x}{a}\left(1-\frac{x}{a}\right)-\right.$$
$$\left.-\frac{4}{\pi^3}\sum_{n=1,3,5\ldots}^{\infty}\frac{\sin n\pi\frac{x}{a}}{n^3}Cn(y)[1+(1-\nu)Tn(y)]\right\},$$

(132)
$$M_y = pa^2\left\{\nu\frac{1}{2}\frac{x}{a}\left(1-\frac{x}{a}\right)-\right.$$
$$\left.-\frac{4}{\pi^3}\sum_{n=1,3,5\ldots}^{\infty}\frac{\sin n\pi\frac{x}{a}}{n^3}Cn(y)[\nu-(1-\nu)Tn(y)]\right\},$$

(133)
$$M_{xy} = pa^2(1-\nu)\frac{4}{\pi^3}\sum_{n=1,3,5\ldots}^{\infty}\frac{\cos n\pi\frac{x}{a}}{n^3}$$
$$C_n'(y)\left[\frac{1}{2}+T_n'(y)\right],$$

und nach Gl. (84a), (84b) bzw. (122):

(134)
$$Q_x = \frac{\partial}{\partial x}M = pa$$
$$\left[\frac{1}{2}-\frac{x}{a}-\frac{4}{\pi^2}\sum_{n=1,3,5\ldots}^{\infty}\frac{\cos n\pi\frac{x}{a}}{n^2}\cdot\frac{\mathfrak{Cof}\, n\pi\frac{b}{a}\left(\frac{y}{b}-\frac{1}{2}\right)}{\mathfrak{Cof}\, n\pi/2\, b/a}\right]$$

(134a)
$$Q_y = \frac{\partial}{\partial y}M =$$
$$= -pa\frac{4}{\pi^2}\sum_{n=1,3,5\ldots}^{\infty}\frac{\sin n\pi\frac{x}{a}}{n^2}\cdot\frac{\mathfrak{Sin}\, n\pi\frac{b}{a}\left(\frac{y}{b}-\frac{1}{2}\right)}{\mathfrak{Cof}\, n\frac{\pi}{2}\frac{b}{a}}$$

mit

(135)
$$C_n(y) = \frac{\mathfrak{Cof}\, n\pi\frac{b}{a}\left(\frac{y}{b}-\frac{1}{2}\right)}{\mathfrak{Cof}\, n\frac{\pi}{2}\frac{b}{a}},$$

$$(135\text{a})\qquad C_n'(y) = \frac{\mathfrak{Sin}\, n\pi \frac{b}{a}\left(\frac{y}{b} - \frac{1}{2}\right)}{\mathfrak{Cof}\, n\frac{\pi}{2}\frac{b}{a}},$$

$$(135\text{b})\qquad T_n(y) = n\frac{\pi}{4}\frac{b}{a}\mathfrak{Tg}\, n\frac{\pi}{2}\frac{b}{a} - $$

$$- n\frac{\pi}{2}\frac{b}{a}\left(\frac{y}{b} - \frac{1}{2}\right)\mathfrak{Tg}\, n\pi\frac{b}{a}\left(\frac{y}{b} - \frac{1}{2}\right),$$

$$(135\text{c})\qquad T_n'(y) = n\frac{\pi}{4}\frac{b}{a}\,\mathfrak{Tg}\, n\frac{\pi}{2}\frac{b}{a} - $$

$$- n\frac{\pi}{2}\frac{b}{a}\left(\frac{y}{b} - \frac{1}{2}\right)\mathfrak{Cotg}\, n\pi\frac{b}{a}\left(\frac{y}{b} - \frac{1}{2}\right).$$

Für $n = 1$ erhält man brauchbare Werte. In Tafel 10 sind die maximalen Größen für die Durchbiegung, Biegemoment und Torsionsmoment in Prozentsätzen des Balkens auf zwei Stützen angegeben, und zwar:

$$(136)\qquad w\max = \alpha\frac{5}{384}\cdot\frac{pa^4}{EJ}(1 - \nu^2),$$

$$(136\text{a})\qquad \max Mx\ \left(x = \frac{a}{2},\ y = \frac{b}{2}\right) = \beta_x\frac{pa^2}{8},$$

$$(136\text{b})\qquad \max My\ \left(x = \frac{a}{2},\ y = \frac{b}{2}\right) = \beta_y\frac{pa^2}{8},$$

$$(136\text{c})\qquad \max Mxy(x = 0,\ y = 0) = \gamma\frac{pa^2}{8}.$$

(Siehe Tafel 10, S. 80).

5. Auswertung und Beispiele

a) Die gleichmäßig belastete, freiaufliegende, quadratische Platte

$$(137\text{a})\qquad w(x,y) = \alpha(x,y)\frac{5}{384}\frac{pa^4}{EJ}(1 - \nu^2),$$

Tafel 10

b/a		1	1,25	1,5	1,75	2	2,5	3	4	Faktor
$\nu = 0$	α	0,31	0,46	0,60	0,70	0,78	0,88	0,94	0,98	$\frac{5}{384}\frac{pa^4}{EJ}(1-\nu^2)$
	β_x	0,31	0,46	0,60	0,70	0,78	0,88	0,94	0,98	$\frac{pa^2}{8}$
	β_y	0,31	0,27	0,22	0,18	0,14	0,08	0,04	0,03	
	γ	0,34	0,42	0,46	0,48	0,50	0,51	0,51	0,51	
$\nu = 1/6$ (Stahlbeton)	α	0,30	0,45	0,58	0,68	0,76	0,86	0,91	0,95	$\frac{5}{384}\frac{pa^4}{EJ}(1-\nu^2)$
	β_x	0,34	0,49	0,62	0,72	0,79	0,89	0,94	0,09	$M_{0}\max$
	β_y	0,34	0,34	0,32	0,29	0,27	0,23	0,20	0,18	
	γ	0,29	0,35	0,39	0,41	0,42	0,42	0,43	0,43	
$\nu = 0,3$ (Stahl)	α	0,28	0,42	0,54	0,64	0,71	0,80	0,85	0,88	$\frac{5}{384}\frac{pa^4}{EJ}(1-\nu^2)$
	β_x	0,38	0,53	0,65	0,74	0,81	0,90	0,95	0,09	$\frac{pa^2}{8}$
	β_y	0,38	0,40	0,40	0,39	0,38	0,34	0,32	0,30	
	γ	0,23	0,29	0,33	0,34	0,35	0,35	0,36	0,36	

(137b) $Mx = My = \beta(x,y) \cdot \frac{pa^2}{8}$,

(137c) $Mxy = \gamma(x,y) \frac{pa^2}{8}$.

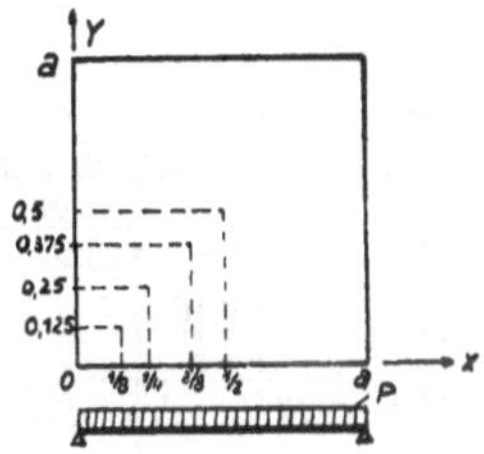

Bild 38

Tafel 11. $\alpha(x,y)$

x/a	0	0,125	0,25	0,375	0,5	Faktor
y/b = 0	0	0	0	0	0	$\frac{5}{384} \frac{pa^4}{EJ}(1-\nu)$
y/b = 0,125	0	0,056	0,091	0,116	0,125	
y/b = 0,250	0	0,091	0,164	0,210	0,226	
y/b = 0,375	0	0,116	0,210	0,270	0,290	
y/b = 0,500	0	0,125	0,226	0,290	0,312	

Tafel 12. $\beta(x,y)$

	x/a	0	0,125	0,25	0,375	0,5	Faktor
y/b = 0	ν = 0	0	0	0	0	0	$\frac{pa^2}{8}$
	ν = 1/6	0	0	0	0	0	
	ν = 0,3	0	0	0	0	0	
y/b = 0,125	ν = 0	0	0,058	0,092	0,108	0,112	
	ν = 1/6	0	0,068	0,107	0,126	0,131	
	ν = 0,3	0	0,075	0,120	0,140	0,145	
y/b = 0,250	ν = 0	0	0,092	0,181	0,204	0,211	
	ν = 1/6	0	0,107	0,211	0,238	0,246	
	ν = 0,3	0	0,120	0,235	0,265	0,274	
y/b = 0,375	ν = 0	0	0,108	0,204	0,264	0,273	
	ν = 1/6	0	0,126	0,238	0,308	0,318	
	ν = 0,3	0	0,140	0,265	0,343	0,355	
y/b = 0,500	ν = 0	0	0,112	0,211	0,273	0,295	
	ν = 1/6	0	0,131	0,246	0,318	0,344	
	ν = 0,3	0	0,145	0,274	0,354	0,384	

Tafel 13. $\gamma(x,y)$

	x/a	0	0,125	0,25	0,375	0,5	Faktor
y/b = 0	ν = 0	0,361	0,340	0,228	0,117	0	$\frac{pa^2}{8}$
	ν = 1/6	0,301	0,284	0,190	0,097	0	
	ν = 0,3	0,252	0,238	0,159	0,082	0	
y/b = 0,125	ν = 0	0,340	0,288	0,207	0,107	0	
	ν = 1/6	0,284	0,240	0,172	0,089	0	
	ν = 0,3	0,238	0,201	0,145	0,075	0	
y/b = 0,250	ν = 0	0,228	0,207	0,153	0,080	0	
	ν = 1/6	0,190	0,172	0,127	0,067	0	
	ν = 0,3	0,159	0,145	0,107	0,056	0	
y/b = 0,375	ν = 0	0,117	0,107	0,080	0,042	0	
	ν = 1/6	0,097	0,089	0,067	0,035	0	
	ν = 0,3	0,082	0,075	0,056	0,029	0	
y/b = 0,500	ν = 0	0	0	0	0	0	
	ν = 1/6	0	0	0	0	0	
	ν = 0,3	0	0	0	0	0	

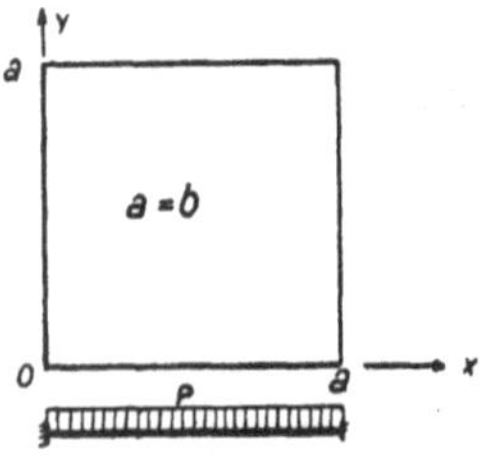

Bild 39

b) Die gleichmäßig belastete, eingespannte, quadratische Platte

(137d)

$$w(x,y) = \alpha_1(x,y)\,\frac{pa^4}{384\,EJ}\,(1-\nu^2)\,,$$

(137e)

$$Mx = My = \beta_1(x,y)\,\frac{pa^2}{12}\,.$$

Tafel 14. $\alpha_1(x,y)$

x/a	0	0,125	0,25	0,375	0,5	Faktor
y/b = 0	0	0	0	0	0	$\frac{pa^4}{384EJ}(1-\nu^2)$
y/b = 0,125	0	0,016	0,049	0,071	0,080	
y/b = 0,250	0	0,049	0,153	0,228	0,258	
y/b = 0,375	0	0,071	0,228	0,346	0,390	
y/b = 0,500	0	0,080	0,258	0,390	0,441	

Tafel 15. $\beta_1(x,y)$

	x	0	0,125	0,250	0,375	0,500	Faktor
y/b = 0	ν = 0	0	0	0	0	0	$\frac{pa^2}{12}$
	ν = 1/6	0	0	0	0	0	
	ν = 0,3	0	0	0	0	0	
y/b = 0,125	ν = 0	-0,097	-0,043	-0,010	0,024	0,041	
	ν = 1/6	-0,113	-0,050	-0,012	0,028	0,048	
	ν = 0,3	-0,126	-0,056	-0,013	0,031	0,052	
y/b = 0,250	ν = 0	-0,419	-0,078	0,011	0,102	0,145	
	ν = 1/6	-0,490	-0,091	0,013	0,119	0,169	
	ν = 0,3	-0,545	-0,101	0,014	0,133	0,189	
y/b = 0,375	ν = 0	-0,590	-0,126	0,013	0,158	0,223	
	ν = 1/6	-0,688	-0,147	0,015	0,184	0,260	
	ν = 0,3	-0,766	-0,164	0,017	0,205	0,290	
y/b = 0,500	ν = 0	-0,654	-0,144	0,0156	0,179	0,251	
	ν = 1/6	-0,762	-0,169	0,018	0,208	0,293	
	ν = 0,3	-0,835	-0,187	0,020	0,233	0,326	

c) Die gleichmäßig belastete, freiaufliegende Rechteckplatte mit einem Seitenverhältnis $b/a = 1{,}5$

(137f) $$w(x,y) = \alpha(x,y)\,\frac{5}{384}\,\frac{pa^4}{EJ}\,(1-\nu^2),$$

(137g) $$Mx = \beta_x(x,y)\,\frac{pa^2}{8},$$

(137h) $$My = \beta_y(x,y)\,\frac{pa^2}{8},$$

(137i) $$Mxy = \gamma(x,y)\,\frac{pa^2}{8}.$$

Bild 40

Tafel 16. $\alpha(x,y)$

x/a	0	0,125	0,25	0,375	0,5	Faktor
y/b = 0	0	0	0	0	0	$\frac{5}{384}\frac{pa^4}{EJ}(1-\nu^2)$
y/b = 0,125	0	0,099	0,180	0,231	0,249	
y/b = 0,250	0	0,1738	0,316	0,409	0,440	
y/b = 0,375	0	0,218	0,307	0,515	0,555	
y/b = 0,500	0	0,232	0,425	0,549	0,592	

Tafel 17. $\beta_x(x, y)$

	x/a	0	0,125	0,250	0,375	0,500	Faktor
$y/b = 0$	$\nu = 0$	0	0	0	0	0	$\frac{pa^2}{8}$
	$\nu = 1/6$	0	0	0	0	0	
	$\nu = 0{,}3$	0	0	0	0	0	
$y/b = 0{,}125$	$\nu = 0$	0	0,130	0,196	0,222	0,2376	
	$\nu = 1/6$	0	0,1425	0,218	0,251	0,269	
	$\nu = 0{,}3$	0	0,152	0,236	0,274	0,294	
$y/b = 0{,}250$	$\nu = 0$	0	0,214	0,352	0,410	0,427	
	$\nu = 1/6$	0	0,229	0,379	0,4455	0,466	
	$\nu = 0{,}3$	0	0,241	0,402	0,474	0,496	
$y/b = 0{,}375$	$\nu = 0$	0	0,263	0,427	0,5146	0,5426	
	$\nu = 1/6$	0	0,278	0,454	0,550	0,581	
	$\nu = 0{,}3$	0	0,290	0,476	0,578	0,611	
$y/b = 0{,}500$	$\nu = 0$	0	0,277	0,455	0,5514	0,5810	
	$\nu = 1/6$	0	0,292	0,481	0,586	0,618	
	$\nu = 0{,}3$	0	0,303	0,501	0,613	0,648	

Tafel 18. $\beta_y(x, y)$

	x/a	0	0,125	0,25	0,375	0,5	Faktor
$y/b = 0$	$\nu = 0$	0	0	0	0	0	$\frac{pa^2}{8}$
	$\nu = 1/6$	0	0	0	0	0	
	$\nu = 0{,}3$	0	0	0	0	0	
$y/b = 0{,}125$	$\nu = 0$	0	0,0748	0,1348	0,1746	0,1888	
	$\nu = 1/6$	0	0,0964	0,1674	0,2116	0,2283	
	$\nu = 0{,}3$	0	0,1138	0,1936	0,2411	0,2600	
$y/b = 0{,}250$	$\nu = 0$	0	0,0908	0,1652	0,2136	0,2304	
	$\nu = 1/6$	0	0,1265	0,2238	0,2820	0,3016	
	$\nu = 0{,}3$	0	0,1550	0,2707	0,3368	0,3584	
$y/b = 0{,}375$	$\nu = 0$	0	0,0878	0,1620	0,2112	0,2284	
	$\nu = 1/6$	0	0,1316	0,2047	0,2968	0,3188	
	$\nu = 0{,}3$	0	0,1667	0,2900	0,3654	0,3913	
$y/b = 0{,}500$	$\nu = 0$	0	0,0860	0,1584	0,2064	0,2228	
	$\nu = 1/6$	0	0,1321	0,2340	0,2984	0,3196	
	$\nu = 0{,}3$	0	0,1693	0,2045	0,3716	0,3970	

Tafel 19. $\gamma(x, y)$

	x/a	0	0,125	0,25	0,375	0,5	Faktor
$y/b = 0$	$\nu = 0$	0,711	0,640	0,466	0,243	0	$\frac{pa^2}{8}$
	$\nu = 1/6$	0,594	0,534	0,389	0,202	0	
	$\nu = 0,3$	0,498	0,448	0,327	0,170	0	
$y/b = 0,125$	$\nu = 0$	0,614	0,557	0,411	0,217	0	
	$\nu = 1/6$	0,512	0,465	0,343	0,181	0	
	$\nu = 0,3$	0,430	0,390	0,288	0,152	0	
$y/b = 0,250$	$\nu = 0$	0,409	0,376	0,284	0,152	0	
	$\nu = 1/6$	0,341	0,313	0,237	0,127	0	
	$\nu = 0,3$	0,286	0,263	0,199	0,106	0	
$y/b = 0,375$	$\nu = 0$	0,200	0,185	0,141	0,075	0	
	$\nu = 1/6$	0,167	0,154	0,118	0,062	0	
	$\nu = 0,3$	0,140	0,129	0,098	0,053	0	
$y/b = 0,500$	$\nu = 0$	0	0	0	0	0	
	$\nu = 1/6$	0	0	0	0	0	
	$\nu = 0,3$	0	0	0	0	0	

III. Die Stabilität

Die Stabilitätsfälle sind jene Probleme der Festigkeitslehre bzw. der Statik, bei denen mit Überschreitung einer bestimmten Grenze der Spannungen ein plötzliches Versagen der ebenen Gleichgewichtslage eines Bauwerks oder Bauteiles eintritt. Zu diesen Fällen rechnet man das Knicken, das Kippen und das Beulen. Zu den Fragen der Stabilität treten noch die „Verzweigungsprobleme“ hinzu, so daß im Bauwesen „echte Stabilitätsfälle“, d. h. solche ohne Gleichgewichtsverzweigungen, kaum auftreten[1]).

[1]) W. Cornelius, Stabilitätsproblem — Festigkeitsproblem, Bautechn. 26 (1949), H. 9, S. 257.

A. Knicken

Die Grundlagen der Knicklehre lieferten Euler 1744 und Lagrange 1770. Engesser (1889), v. Tetmayer (1903), v. Kármán (1910), Timoschenko (1910) u. a. förderten durch wissenschaftliche Abhandlungen und Versuche das Wissen um den Knickvorgang bis die Veröffentlichungen von H. Zimmermann im Jahre 1925 im Anschluß an Versuche des Deutschen Eisenbauverbandes volle Klarheit brachten[1]).

Die Knickgrenze kann dadurch gekennzeichnet werden, daß beim Erreichen einer bestimmten Knicklast die Ausbiegung des Stabes beliebig anwächst (Ableitung nach Euler), oder auch durch das Kriterium des labilen Gleichgewichtes der kleinsten Teilchen, wobei das stabile Gleichgewicht in ein labiles übergeht (Ableitung nach Timoschenko). Die ursprüngliche Definition von Euler gilt für den vollkommen geraden, überall gleich beschaffenen und genau achsrecht belasteten Stab. Diese Bedingungen sind in Wirklichkeit nicht vollkommen zu erfüllen und diesen unvermeidlichen Unvollkommenheiten trägt die Theorie der Fehlerhebel von H. Zimmermann Rechnung. Damit ist man auch in der Lage, das sonderbare Verhalten von Knickstäben zu erklären, die sich schon stark nach einer Seite durchgebogen hatten, aber bei zunehmender Last wieder zurückgingen und schließlich nach der anderen Seite ausknickten. Der gerade, achsrecht belastete Stab ist somit ein Sonderfall der Stäbe mit Fehlerhebeln. Zimmermann definiert die Knickgrenze: Ein Stab oder Stabzug befindet sich unter dem Einfluß von Druckkräften an der Knickgrenze, wenn er einer Formänderung keinen Widerstand entgegensetzt.

Als Bezeichnung für den allgemeinen Fall der Knickung führte die neue DIN 4114 (1952) den Begriff „Biegedrillknickung“ ein, da ein Stab, bei dem Schwerachse, Schub-

[1]) H. Zimmermann, Die Knickfestigkeiten der Stabverbindungen, Ernst u. Sohn, Berlin 1925.

mittelpunktsachse und Lastwirkungslinie nicht zusammenfallen beim seitlichen Ausweichen zugleich Biegung und Verdrehung erleidet. Dieser allgemeine Fall ohne jede Symmetrie und ohne besondere Lage des Kraftangriffspunktes ist dabei nach Bild 41 gekennzeichnet, worin bedeuten: S = Schwerpunkt, P = Lastangriffspunkt, M = Schubmittelpunkt und D = Drillruhepunkt. Folgende Sonderfälle lassen sich unterscheiden:

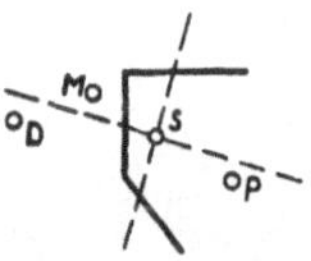

Bild 41. Allgemeiner Fall von Querschnittsform und Kraftangriffspunkt

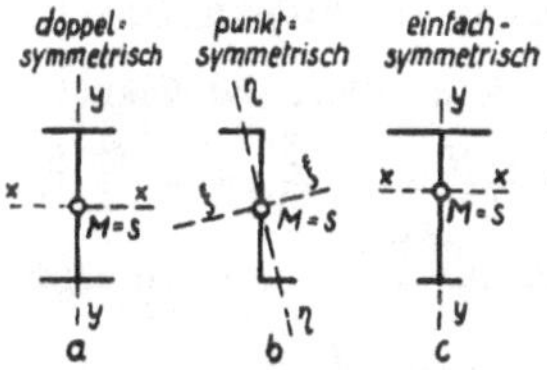

Bild 42 Sonderfälle 1 der Querschnittsformen

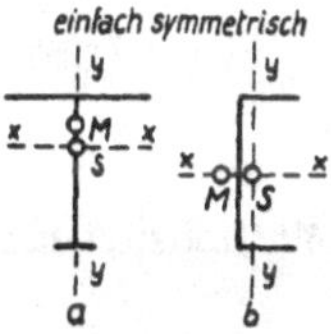

Bild 43 Sonderfälle 2 der Querschnittsformen

1. Biegeknickung
   a) in Richtung einer Hauptachse, wenn $P = M$ auf der anderen Hauptachse liegt (Bild 41),
   b) rechtwinklig zu einer Hauptachse, wenn $P = S$ ist bei den Querschnitten nach Bild 42,
   c) in Richtung der Symmetrieachse bei den Querschnitten nach Bild 43, wenn $P = S$ ist,
   d) rechtwinklig zur Symmetrieachse bei den Querschnitten nach Bild 43, wenn $P = M$ ist,
2. Drillknickung um die Stabachse bei den Querschnitten nach Bild 42, wenn $P = S$ ist.
3. Drillungsfreier, planmäßig außermittiger Druck
   a) um beide Hauptachsen nach Bild 41, wenn $P = M$ ist, jedoch nicht auf einer Hauptachse liegend,

b) um eine Hauptachse nach Bild 41, wenn $P = M$ auf der anderen Hauptachse liegt,

c) rechtwinklig zu einer Hauptachse bei den Querschnitten nach Bild 42, wenn $P \neq S$ auf der Hauptachse liegt,

d) in Richtung der Symmetrieachse, wenn bei den Querschnitten nach Bild 43 $P \neq S$ auf der Symmetrieachse liegt.

1. Ableitung der Knicklast nach Euler

Nach Gl. (35) ist die Biegelinie gegeben durch

$$\frac{d^2 y}{dx^2} = -\frac{M}{EJ} = -\frac{S \cdot y}{E \cdot J}.$$

Multipliziert man mit $2\,dy$, so erhält man

$$2\,dy \frac{d^2 y}{dx^2} = -\frac{S \cdot y}{E \cdot J} \cdot 2\,dy$$

oder

$$d\left[\left(\frac{dy}{dx}\right)^2\right] = -\frac{S}{E \cdot J} \cdot dy^2,$$

weil $\frac{dz^2}{dz} = 2 \cdot z$, also $dz^2 = 2 \cdot z \cdot dz$ ist, also für $z = \frac{dy}{dx}$ die linke Seite

$$d\left[\left(\frac{dy}{dx}\right)^2\right] = 2\frac{dy}{dx} \cdot \frac{d^2 y}{dx} = 2\,dy \frac{d^2 y}{dx^2}$$

wird, während das Gleiche für die rechte Seite gilt mit $z = y$. Die Integration ergibt

$$\left[\left(\frac{dy}{dx}\right)^2\right]_C^D = -\frac{S}{E \cdot J}\left[y^2\right]_C^D + C_1.$$

Im Punkt C (Bild 44) ist $\frac{dy}{dx} = \tan\alpha = 0$ und $y = y_{\max} = u$, so daß sich aus

$$\left(\frac{dy}{dx}\right)^2 - 0 = -\frac{S}{E \cdot J}(y^2 - u^2) + C_1$$

$C_1 = 0$ ergibt, also

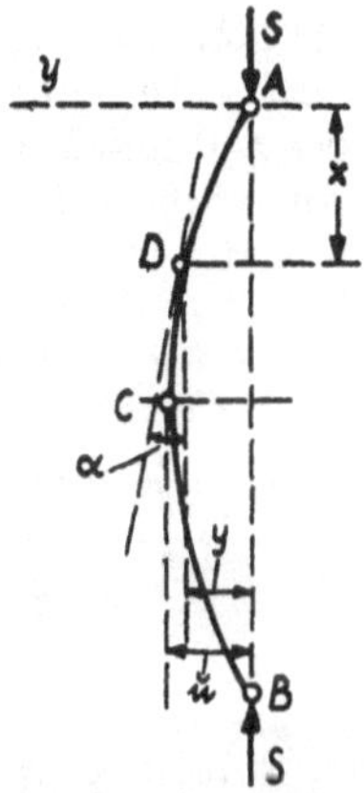

Bild 44. Ableitung der Knickformel nach Euler

$$(138)\qquad \frac{dy}{dx} = \sqrt{\frac{S}{E \cdot J}}\,\sqrt{u^2 - y^2}, \text{ oder}$$

$$(139)\qquad \frac{dy}{\sqrt{u^2 - y^2}} = \sqrt{\frac{S}{E \cdot J}} \cdot dx\,.$$

Da aber $\frac{d\varphi}{\sqrt{1 - \varphi^2}} = d \cdot \operatorname{arc\,sin} \varphi$ ist, wird für $\varphi = \frac{y}{u}$ bei der Integration zwischen C und A, also zwischen den Grenzen $\frac{y}{u} = 1$ und $\frac{y}{u} = 0$ die linke Seite

$$(140)\qquad \int\limits_{\varphi=0}^{\varphi=1} d \operatorname{arc\,sin} \varphi = \frac{\pi}{2} - 0 = \frac{\pi}{2}$$

und die rechte Seite zwischen den Grenzen $x = \frac{l}{2}$ und $x = 0$ zu $\sqrt{\frac{S}{E \cdot J}} \cdot \frac{l}{2}$. Damit wird Gl. (139) bei $C_2 = 0$ (für $x = 0$ und $y = 0$)

$$\frac{\pi}{2} = \sqrt{\frac{S}{E \cdot J}} \cdot \frac{}{2}$$

und ergibt die Euler-Gleichung

$$(141)\qquad S = S_k = \frac{\pi^2 \cdot E \cdot J}{l^2}\,.$$

Die Kennzeichen dieser Ableitung sind: 1. Die Ausbiegung u des Knickstabes ist eine endliche, jedoch unbestimmte Größe und erscheint in der Euler-Gleichung nicht. 2. Die Biegelinie nach Euler ist eine Sinuslinie.

Wie Euler geht auch die Ableitung von Sattler[1]) von der Gleichung der Biegelinie $\frac{1}{\varrho} = -y''$ aus und wendet die für

---

[1]) Sattler, Das „Durchbiegungsverfahren" zur Lösung von Stabilitätsproblemen. Die Bautechnik 30 (1953), H. 10, S. 288.

die Formänderung üblichen Rechenverfahren auf Stabilitätsfälle an. Dabei werden gewisse Voraussetzungen gemacht, von deren Richtigkeit die Genauigkeit des Ergebnisses abhängt. Nimmt man für den geraden Druckstab gleichen Querschnittes im elastischen Bereich an:

$$\sigma_K < \sigma_P = 0{,}8\,\sigma_S\,,\; y = f \cdot \sin\frac{\pi \cdot x}{l}\,,\; F = C_1 \text{ und } J = C_2\,,$$

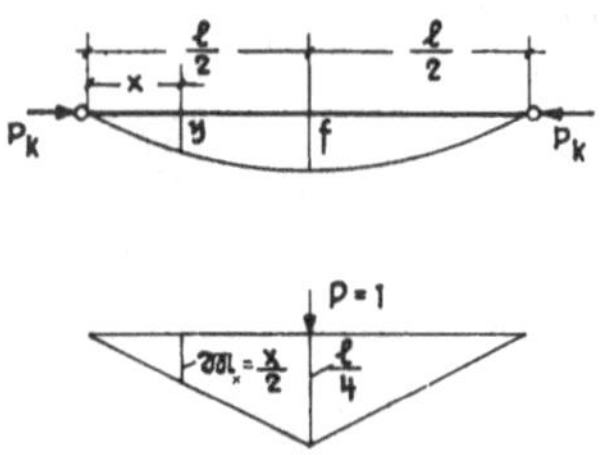

Bild 45. Ableitung der Knicklast mit Hilfe der Formänderungen

so ist f der einzige unbekannte Wert. Zu seiner Berechnung wird in Stabmitte die virtuelle Last $P = 1$ aufgebracht, für die das Moment bei $x\ \mathfrak{M}_x = \frac{x}{2}$ ist (Bild 45). Die Kraft P_K erzeugt das Moment $M' = P_K \cdot y$.

Stellt man die Gleichung der Arbeit der äußeren und inneren Kräfte auf, die einander gleich sein muß, so erhält man

$$1 \cdot f = \int M \cdot M' \frac{dx}{E \cdot J} = \frac{P_K}{E \cdot J} \cdot f \cdot 2 \int_0^{l/2} \frac{x}{2} \sin\frac{\pi \cdot x}{l}\, dx =$$

$$= \frac{P_K}{E \cdot J} \cdot f \frac{l^2}{\pi^2}$$

und daraus den bekannten Ausdruck:

$$P_K = \frac{\pi^2 \cdot E \cdot J}{l^2}\,.$$

2. Die Ableitung der Knicklast nach Timoschenko

benutzt das Prinzip der virtuellen Arbeit (Kap. I, A, 6) durch Überlagerung eines wirklichen Belastungszustandes mit einer gedachten Formänderung. Während beim Knickvorgang sich in Wirklichkeit die Stablänge $a - b$ verkürzt, wird hier angenommen, daß sie unverändert bleibt, also wird $\overline{\delta s} = 0$ und die Arbeit der äußeren Kräfte $A = S \cdot \overline{\delta s} = 0$. Da in Wirklichkeit a nach a' wandert (Bild 46), muß die gedachte (virtuelle) Verschiebung a' nach a zurückbringen, der Stab wird dabei also gedehnt. Die Arbeit A_1 dieser gedachten Formänderung ist zu bestimmen. Nach Bild 47 ist die Bogenstücklänge entwickelt nach dem Binomischen Satz

$$ds = (dx^2 + dy^2)^{\frac{1}{2}} = $$
$$= (dx^2)^{\frac{1}{2}} + \frac{1}{2}(dx^2)^{-\frac{1}{2}} \cdot dy^2 + \cdots = $$
$$= dx + \frac{1}{2}\frac{dy^2}{dx},$$

also der Längenzuwachs

$$\Delta ds = ds - dx = \frac{1}{2}\frac{dy^2}{dx}.$$

Der Zuwachs auf die ganze Stablänge l ist:

$$\overline{\Delta s} = \int_0^l \Delta ds = \frac{1}{2}\int_0^l \left(\frac{dy}{dx}\right)^2 \cdot dx,$$

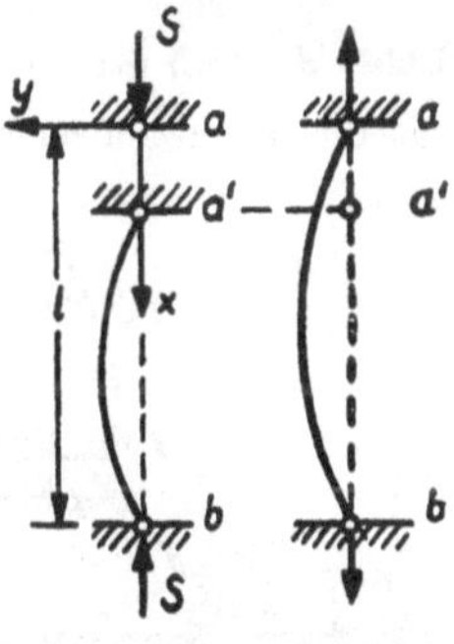

Bild 46. Ableitung der Knickformel nach Timoschenko

und somit die gesuchte Arbeit

(142) $$A_1 = S \cdot \overline{\Delta s} = \frac{S}{2}\int_0^l \left(\frac{dy}{dx}\right)^2 \cdot dx.$$

Wie groß muß nun die Zunahme A_2 der potentiellen Energie sein infolge der Ausbiegung? Nach Gl. (3) ist für $M = S \cdot y$ und $\frac{d\varphi}{dx} = \frac{1}{\varrho} = \frac{M}{E \cdot J}$ die Arbeit

(143) $$A^2 = \frac{1}{2}\int_0^l M \cdot d\varphi = \frac{1}{2}\int_0^l \frac{M^2 \cdot dx}{E \cdot J} = \frac{S^2}{2EJ}\int_0^l y^2 dx.$$

Nimmt man für die Biegelinie wieder die Sinusfunktion an, also $y = f \cdot \sin\frac{\pi \cdot x}{l}$, so ist $\frac{dy}{dx} = f\frac{\pi}{l} \cdot \cos\frac{\pi \cdot x}{l}$ und nach Gl. (142) und (143)

$$A_1 = \frac{S}{2}\frac{f^2 \cdot \pi^2}{l^2}\int_0^l \cos^2\frac{\pi \cdot x}{l}\,dx = \frac{S}{2}\frac{f^2 \cdot \pi^2}{l^2}\frac{l}{2}, \tag{144}$$

$$A_2 = \frac{S^2 \cdot f^2}{2 \cdot E \cdot J}\int_0^l \sin^2\frac{\pi \cdot x}{l}\,dx = \frac{S^2 \cdot f^2}{2 \cdot E \cdot J}\frac{l}{2}. \tag{145}$$

Dabei läßt sich der Wert dieser bekannten Fourierschen Integrale aus Bild 48 zu $\frac{l}{2}$ ablesen, wenn man als Koordinaten $z = \sin^2\frac{\pi \cdot x}{l}$

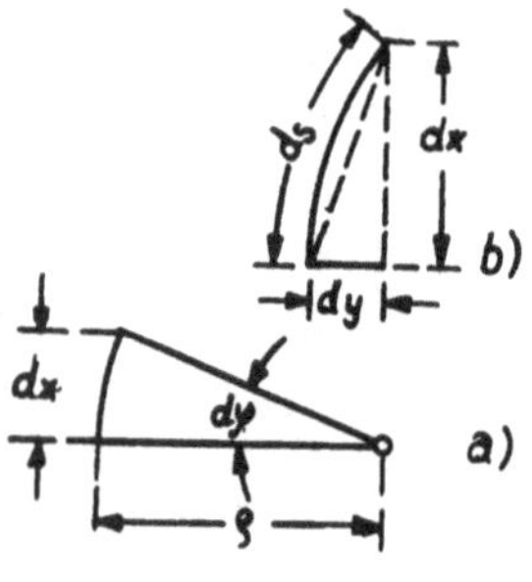

Bild 47

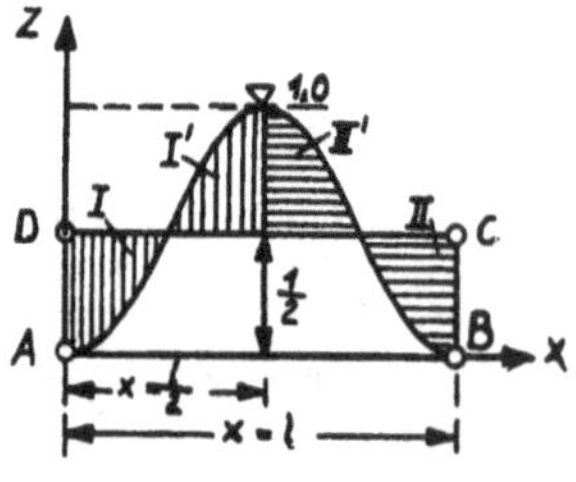

Bild 48. Fouriersches Integral

und x aufträgt, also für $x = 0$, $z = 0$, für $x = \frac{l}{2}$, $z = \sin^2\frac{\pi}{2} = 1$, für $x = l$, $z = \sin^2\pi = 0$. Da sich die Flächenstücke I und I' sowie II und II' aufheben, erhält man den Integralwert als Fläche $ABCD = l \cdot \frac{1}{2}$ und das Gleiche, wenn $z = \cos^2\frac{\pi \cdot x}{l}$ aufgetragen wird.

Nach Kap. I A, 9 kennzeichnet der Größtwert von A die labile und der Kleinstwert die stabile Gleichgewichtslage. Man unterscheidet nunmehr folgende Fälle:

1. Fall: Ist $A_1 > A_2$, so wird bei der Ausbiegung des Stabes (A_2) weniger Energie verbraucht (2. Zustand), als zur Erhaltung der geraden Stabform (A_1) aufgewendet werden müßte (1. Zustand). Beim Übergang zur virtuellen benachbarten Form, also von der geraden Stabform (1. Zustand) zur ausgebogenen (2. Zustand) nimmt somit die Energie ab (Bild 47). Demnach hat die gerade Form den Wert A_{max} und ist labil.

2. Fall: Ist $A_1 < A_2$, so nimmt umgekehrt beim Übergang von der geraden (A_1) in die gebogene Form (A_2) der Wert A zu. Die gerade Form entspricht dann dem Minimum, somit herrscht stabiles Gleichgewicht.

3. Fall: Erreicht die Last S gerade einen solchen Wert, daß $A_1 = A_2$ wird, so befindet sich der Stab an der Schwelle des labilen Gleichgewichtes. Daraus erhält man mit Gl. (144) u. (145)

$$\frac{S \cdot \pi^2 \cdot f^2}{l^2} = \frac{S^2 \cdot f^2}{E \cdot J} \text{ und } S = S_k = \frac{\pi^2 \cdot E \cdot J}{l^2},$$

also die gleiche Knicklast wie Euler[1]).

3. Die 4 Euler-Fälle der Knickung

Bisher wurde nur der Grundfall 2 des oben und unten gelenkig gelagerten Stabes, mit frei in der Achse geführten Stabenden, betrachtet. Dieser Fall ist der gewöhnliche Knickfall mit der „freien Knicklänge" gleich der Stablänge s und ist als Fall 2 der 4 Euler-Fälle bekannt. Nach Bild 49 erhält man im ersten Fall des unten eingespannten und oben frei beweglichen Stabes $s = \frac{l}{2}$ oder $l = 2 \cdot s$, so daß die Knicklast nur $\frac{1}{4}$ der des Normalfalles beträgt. Fall 3 zeigt den unten eingespannten und oben frei in der Achse geführten (gelenkig gelagerten) Stab. Für ihn ist die freie Knicklänge $l = \frac{s}{\sqrt{2}}$, womit die doppelte Knicklast des Normalfalles erreicht wird. Schließlich zeigt Fall 4 den oben und unten eingespannten Stab, für den $l = \frac{s}{2}$ wird und die Knicklast die 4-fache des Normalfalles erreicht. Die Aufstellung der sogen. 4 Euler-Fälle in dieser Form erfolgte von Lagrange.

4. Die Gültigkeit der Euler-Formel und die Euler-Hyperbel

Die Knickformel von Euler kann nur soweit Gültigkeit haben wie ihre Ausgangsgleichung (35), d. h. innerhalb des

[1]) Hierzu s. auch: M. J. Gercke: Die Verallgemeinerung der Eulerschen Knickformel. Der Bauingenieur 27 (1952), H. 12, S. 433.

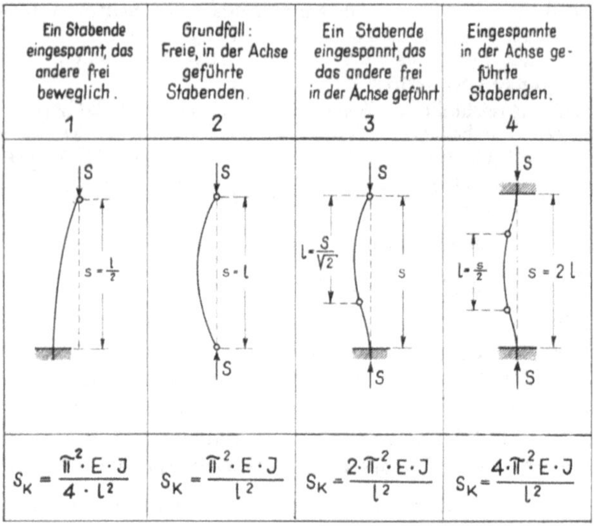

Bild 49. Die 4 Euler-Fälle der Knickung

Hookeschen Elastizitätsgesetzes, also unterhalb der Proportionalitätsgrenze P mit σ_P. In der betrachteten Knickformel kommen keine Spannungen vor. Will man diese darstellen, so teilt man beide Seiten durch F und erhält die Knickspannung σ_{k_i} nach Gl. (141)

$$\sigma_{k_i} = \frac{S_k}{F} = \frac{\pi^2 \cdot E \cdot \frac{J}{F}}{l^2} = \frac{\pi^2 \cdot E \cdot i^2}{l^2} = \frac{\pi^2 \cdot E}{\lambda^2}, \tag{146}$$

wenn man nach Gl. (98, Bd. I) $J/F = i^2$ und die Schlankheit $\lambda = \frac{l}{i}$ setzt. Somit ergibt sich eine Beziehung zwischen der Knickspannung σ_{k_i} und der Schlankheit λ, die für Baustahl mit $E = 2100000$ kg/cm² lautet

$$\sigma_{k_i} \cdot \lambda^2 = \pi^2 \cdot E = 2073 \cdot 10^4 \text{ kg/cm}^2 = \text{const}$$

oder

(147) $$\sigma_{k_i} = 2073 \left(\frac{\lambda}{100}\right)^2.$$

Trägt man $\sigma_{k_i} = P_{k_i}/F$ als Ordinaten und $\lambda = l/i$ als Abszissen auf, so erhält man die Euler-Hyperbel (Bild 50).

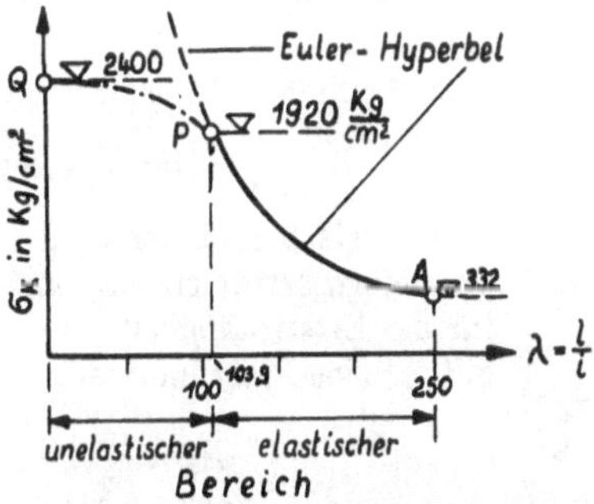

Bild 50. Euler-Hyperbel und elastischer und unelastischer Bereich des Knickens

Ihr Geltungsbereich endet an der Spannung der Proportionalitätsgrenze $\sigma_P = 0{,}8\,\sigma_S$. Damit ergibt sich für Baustahl St. 37 mit $\sigma_P = 0{,}8 \cdot 2400 = 1920$ kg/cm² die Grenze der Schlankheit aus Gl. (147) zu

(148) $$\lambda_P = \sqrt{\frac{2073 \cdot 10^4}{1920}} = 103{,}9\,.$$

Man unterscheidet damit bezüglich der Schlankheit der Druckstäbe zwischen einem elastischen Bereich mit $\lambda > 103{,}9$, in welchem die Euler-Gleichung Gültigkeit hat und einem unelastischen Bereich mit $\lambda < 103{,}9$, in welchem die Euler-Gleichung nicht gilt. Man nennt diese 2 Bereiche auch den Bereich schlanker Stäbe ($\lambda = 250$ bis 103,9) und den Bereich gedrungener Stäbe ($\lambda < 103{,}9$).

5. Die allgemeine Knickformel im unelastischen Bereich und der Knickmodul T

Mit dem Überschreiten der Proportionalitätsgrenze tritt für St. 37 bei $\lambda = 103{,}9$ die Euler-Hyperbel aus dem elastischen Bereiche heraus (Bild 50). Damit gilt die Gleichung der Knicklast (141) nicht mehr. Es kann jedoch für den unelastischen Bereich eine sehr ähnliche Gleichung aufgestellt werden. Diese Theorie wurde von Engesser[1]) gegeben und von Kármán[2]) ergänzt.

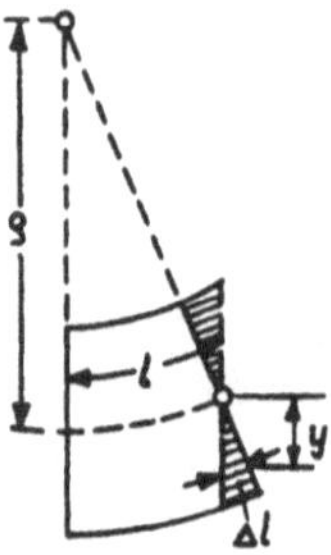

Bild 51

Im elastischen Bereich gilt mit Gl. (5, Bd. I)

$$E = \frac{\sigma}{\varepsilon} = \tan\alpha = \text{const}\,.$$

Im unelastischen Bereich gehört zu jedem Spannungswert σ ein bestimmter Wert E_σ für das Elastizitätsmaß. In diesem Bereich gilt für eine Faser im Abstand y

$$E_\sigma = \frac{\sigma_y}{\varepsilon_y}\,. \tag{149}$$

Auch in diesem Fall muß die Mittelkraft der von Biegung allein herrührenden Spannung σ_y verschwinden und ihr Moment gleich dem der äußeren Kräfte M sein:

$$\int \sigma_y\, dF = 0 \text{ und } \int \sigma_y \cdot y \cdot dF = 0\,.$$

Mit Navier (s. Bd. I, S. 80) ist nach Bild 51 $\Delta l/l = \varepsilon = y/\varrho$, so daß die Spannungen in einem Abstand y im elastischen und unelastischen Bereich lauten

$$\sigma_y = E \cdot \frac{y}{\varrho}\,, \text{ und } \sigma_y = E_\sigma \cdot \frac{y}{\varrho}\,. \tag{150}$$

Damit gehen die Gleichgewichtsbedingungen über in

---

[1]) Engesser, F.: Z. Arch. Ing.-Wes. 1889, S. 455, Z. V. D. I. 1898, S. 927.
[2]) v. Kármán, Th.: Forschungsheft 81 des V. D. I. 1910.

$$(151)\quad \begin{cases} \int\limits_0^A E_\sigma \dfrac{(y \cdot dF)}{\varrho} + \int\limits_0^C E \dfrac{(y \cdot dF)}{\varrho} = 0 \\ \int\limits_0^A E_\sigma \dfrac{(y^2 \cdot dF)}{\varrho} + \int\limits_0^C E \dfrac{(y^2 \cdot dF)}{\varrho} = M. \end{cases}$$

Folgende vereinfachende Annahme wird getroffen: Für entsprechend kleine Durchbiegungen kann man E_σ bei der Integration als konstant ansehen. Dann wird, wenn man die Summen der 4 Klammerausdrücke der (Gl. 151) mit S_A, S_C, J_A und J_C bezeichnet

$$(152\text{a})\qquad E_\sigma \cdot S_A + E \cdot S_C = 0 \quad \text{und}$$

$$(152\text{b})\qquad E_\sigma \cdot J_A + E \cdot J_C = M \cdot \varrho\,.$$

Für die durch Gl. (152a) bestimmte Nullinie sind sodann die Werte J_A und J_C zu berechnen. Die Differentialgleichung der elastischen Linie als Ausgangsgleichung geht damit über in:

$$(153)\qquad \frac{1}{\varrho} = \frac{d^2 y}{dx^2} = -\frac{P \cdot y}{E_\sigma \cdot J_A + E \cdot J_C}\,.$$

An die Stelle von $E \cdot J$ in der Ausgangsgleichung tritt hier der Ausdruck

$$(154)\qquad T \cdot J = E_\sigma \cdot J_A + E \cdot J_C\,,$$

der in der Form

$$(155)\qquad T = \frac{E_\sigma \cdot J_A + E \cdot J_C}{J}$$

als der sogenannte Knickmodul bezeichnet wird. Darin bedeuten (s. Bild 52)

E_σ = Elastizitätsmaß zu einer bestimmten Spannung im unelastischen Bereich gehörend (als Tangente aus der Spannungs-Dehnungs-Linie entnehmbar),

J_A = Trägheitsmoment der Fläche unter der Nullinie bezogen auf die untere Randfaser.

J_C = Trägheitsmoment der Fläche über der Nullinie bezogen auf die Nullinie.

J = Trägheitsmoment des Gesamtquerschnittes bezogen auf die Nullinie.

Statt des Knickmoduls nach Gl. (155) kann man auch den sogenannten Knickbeiwert k verwenden in der Form

$$k = \frac{T}{E} = \frac{E_\sigma}{E} \cdot \frac{J_A}{J} + \frac{J_C}{J}. \tag{156}$$

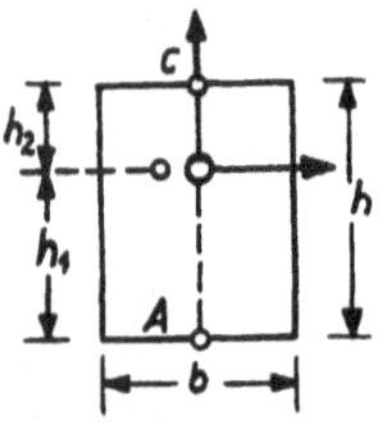

Bild 52

Die allgemeine Knickformel im unelastischen Bereich lautet dann

$$S_k = \frac{\pi^2 \cdot T \cdot J}{l^2} = \frac{\pi^2 \cdot E \cdot J \cdot k}{l^2}. \tag{157}$$

Die Gleichung für die Knickspannung im unelastischen Bereich wird damit

$$\sigma_k = \frac{\pi^2 \cdot T}{\lambda^2} = \frac{\pi^2 \cdot E \cdot k}{\lambda^2}. \tag{158}$$

Im elastischen Bereich würde mit $E_\sigma = E$ und $\dfrac{J_A + J_C}{J} = 1$ die Gl. (157) in die Euler-Gleichung (141) übergehen. Für den Rechteckquerschnitt ergibt sich mit Bild 52

$$J_A = \frac{b \cdot h_1^3}{3} \text{ und } J_C = \frac{b \cdot h_2^3}{3}.$$

Aus Gl. (152) folgt

$$-E_\sigma \cdot h_1^2 + E \cdot h_2^2 = 0 \text{ und} \tag{159a}$$

$$\left(E_\sigma \cdot h_1^3 + E \cdot h_2^3\right) \frac{b}{3} M \cdot \varrho, \tag{159b}$$

also $$\frac{h_2}{h_1} = \frac{\sqrt{E_\sigma}}{\sqrt{E}} \text{ und } h = h_1 + h_2 = h_1\left(1 + \sqrt{\frac{E_\sigma}{E}}\right)$$

oder $$h_1 = h \cdot \frac{\sqrt{E}}{\sqrt{E} + \sqrt{E_\sigma}}, \quad h_2 = h \cdot \frac{\sqrt{E_\sigma}}{\sqrt{E} + \sqrt{E_\sigma}},$$

und mit Gl. (159b) ergibt sich

$$M \cdot \varrho = \frac{b \cdot h^3}{3} \cdot \frac{E_\sigma \sqrt{E^3} + E \sqrt{E_\sigma^3}}{(\sqrt{E} + \sqrt{E_\sigma})^3} =$$

$$= \frac{b \cdot h^3}{12} \cdot \frac{4 \cdot E \cdot E_\sigma}{(\sqrt{E} + \sqrt{E_\sigma})^2} = J \cdot T$$

oder

$$\frac{1}{\varrho} = \frac{M}{J \cdot T} \text{ und } P_k = \frac{\pi^2 \cdot T \cdot J}{l^2}.$$

Damit ergibt sich für den Rechteckquerschnitt mit $J = b \cdot h^3/12$ der Knickmodul zu

$$T = \frac{4 \cdot E \cdot E_\sigma}{(\sqrt{E} + \sqrt{E_\sigma})^2} \tag{160}$$

und nach Gl. (156) der Knickbeiwert zu

$$k = \frac{T}{E} = \frac{4 \cdot \frac{E_\sigma}{E}}{\left(1 - \sqrt{\frac{E_\sigma}{E}}\right)^2}. \tag{161}$$

Der Knickmodul T ersetzt im unelastischen Bereich also den konstanten E-Wert der Euler-Gleichung. Er hängt hauptsächlich von dem mit der Spannung σ veränderlichen Elastizitätsmaß $E\sigma$ ab und in viel geringerem Maße von der Form des Querschnittes. Auf Grund von Vergleichsrechnungen mit Rechteck-, Doppel-T und Winkelquerschnitten schlug W. Gehler[1]) die einfachere und genügend genaue Gleichung vor:

$$S_k = \frac{\pi \cdot E \cdot J}{l^2} \left(\frac{E_\sigma}{E}\right)^{0,6}. \tag{162}$$

6. Knickversuche und frühere Knickformeln

a) Die Versuche von L. v. Tetmayer[2]) führten zu einer Gleichung der Knickspannungen im unelastischen Bereich,

[1]) Schrifttum (4), S. 223.
[2]) „Die Gesetze der Knickung ...", 3. Aufl. Leipzig u. Wien 1903.

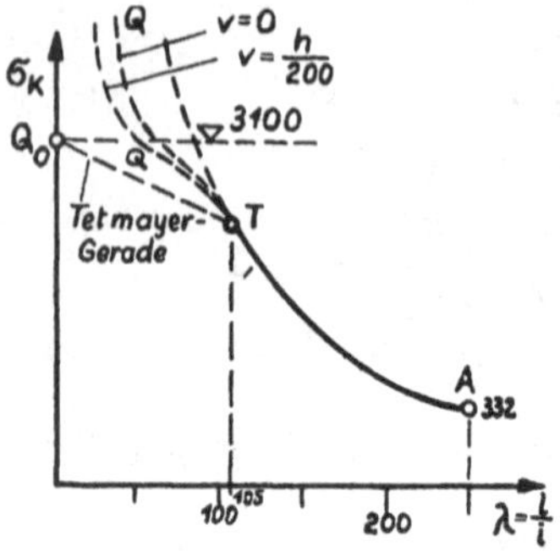

Bild 53. Tetmayer-Gerade

zur sogenannten Tetmayer-Geraden (Bild 53). Diese lautete z. B. für normalen Flußstahl mit $K_d = 3{,}8\ \text{t/cm}^2$

(163) $\sigma_k = 3{,}1 - 0{,}0114 \cdot \lambda$

und gilt für $\lambda < 105$. Für Nadelholz mit $K_d = 0{,}28$ und $E = 100\ \text{t/cm}^2$ galt

(164) $\sigma_k = 0{,}293 - 0{,}00194 \cdot \lambda$

für den Bereich $\lambda < 100$. Tetmayer führte zur Berechnung im unelastischen Bereich die sog. „Vermittlungszahl" ein, das Verhältnis der zulässigen Knickspannung zur zulässigen Druckspannung:

(165) $$\frac{\sigma_{k\,\text{zul}}}{\sigma_{d\,\text{zul}}} = \frac{\sigma_k}{K_d} = \alpha\,.$$

Tafel 20 gibt die Werte für normalen Flußstahl und Holz für verschiedene α-Werte.

Tafel 20. Vermittlungszahlen nach Tetmayer

$\lambda = \frac{l}{i}$	10	20	40	60	80	100	110
normaler Flußstahl	0.786	0.756	0.696	0.636	0.576	0.516	0.462
Holz	0.976	0.908	0.769	0.630	0.482	0.385	0.291

Die Berechnung erfolgte so, daß der erforderliche Querschnitt eines Druckstabes im unelastischen Bereich aus $F = P/\sigma_{k\,\text{zul}}$ errechnet wurde. Man gewann $\sigma_{k\,\text{zul}}$ aus Gl. (163) bzw. (165) und den Vermittlungszahlen unter Abschätzung eines λ-Wertes. Erweist sich der geschätzte λ-Wert durch das erhaltene Resultat nicht als zutreffend, so muß die Rechnung wiederholt werden.

b) Th. v. Kámán[1]) bestätigte 1910 durch seine Versuche mit kleinen Modellstäben die allgemeine Knickformel von Engesser im unelastischen Bereich. Zwischen der Proportionalitäts- und Quetschgrenze bildete sich der Ast TQ_0 oder infolge Verfestigung TQ' aus. Bei außermittigem Angriff mit $e = h/100$ verschob sich die $\sigma_k - \lambda$-Linie nach der Tetmayer-Geraden zu (Bild 53).

c) Der Deutsche Eisenbau-Verband[2]) führte 1921—1924 mustergültige Versuche im Materialprüfungsamt Berlin-Dahlem durch mit möglichst reibungsloser Schneidenlagerung. Sie brachten die wertvollen durch H. Zimmermann veröffentlichten Aufschlüsse über die Bedeutung der Fehlerhebel und der Anfangskrümmungen. Die Art des Verlaufes der bis zur Herausgabe der Knickvorschriften (DIN 4114, 1952) üblichen $\sigma_k - \lambda$-Linie (QTA in Bild 53) wurde im wesentlichen bestätigt.

d) Versuche in der Schweiz[3]), ausgeführt von M. Roš, bestätigten die Berechtigung der heute angenommenen praktischen σ_{k_r}-λ-Linie.

e) Versuche mit Stahlstützen mit ausbetoniertem Betonkern[4]) wurden ebenfalls in Berlin-Dahlem ausgeführt. Es handelte sich um zweiteilige Stützen aus [14, ausbetoniert mit Beton von $W_{b28} = 227$ bis 293 kg/cm². Als Ergebnis wurde gefunden, daß die Knicklast der ausbetonierten Säulen i. M. das 1,36-fache derjenigen der Stahlprofile allein betrugen.

f) Knickversuche mit Stahlbetonsäulen wurden 1912 in Wien und 1913 in Stuttgart ausgeführt mit der Schlankheit $\lambda = h_s/d = 28$. Daraus konnten die Knickzahlen für $\lambda = 40$ (max. Schlankheit bei Stahlbeton) nur geschätzt werden und schwanken zwischen 2 und 4. Im Jahre 1940 wurden in Dresden von W. Gehler sehr wertvolle Versuche mit Stahlbeton-Säulen der Schlankheit 10, 15, 20, 25, 30, 40 ausgeführt, die zu neuen Knickzahlen führten (s. Abschn. 15).

Versuche mit außermittig belasteten kurzen Stahlbetonsäulen mit verschiedenen Querschnitten und Bewehrungen wurden 1952 in Amerika ausgeführt[5]).

---

[1]) Forschungsheft 81 des Vereins Deutscher Ingenieure, 1910.

[2]) W. Rein, Über Knickversuche, Der Bauingenieur 1923, S. 537, und 1925, S. 982.

[3]) M. Roš und J. Brunner, Die Knicklast von an beiden Enden gelenkig gelagerten Stäben aus Konstruktionsstahl, Zürich 1926 und Schlußbericht I. V. B. H. Wien 1928 und Paris 1932. S. auch S. 93.

[4]) K. Memmler, Tragfähigkeit von Stahlstützen mit Betonkern bei mittigem Kraftangriff, Der Stahlbau 1934, H. 7 u. 8.

[5]) Beton- und Stahlbetonbau 48 (1953) H. 5, S. 127. Journal A.C.J. Okt. 1952.

g) Über Knickversuche mit Holzstützen geben die zahlreiche Holzbau-Literatur und neuere Veröffentlichungen Auskunft[1]).

h) Frühere Knickformeln wie diejenigen von Navier, Schwarz und Rankine oder die Ostenfeld-Parabel haben keine praktische Bedeutung mehr. Sehr praktisch waren die Gehlerschen Gebrauchsformeln[2]), die eine unmittelbare Bemessung im unelastischen Bereich ermöglichten. Sie hatten auch Eingang in die Bestimmungen der Deutschen Reichsbahn gefunden (BE. 1936). Sie lauteten

$$F_{erf} = \frac{S}{1,4} + 0,577 \cdot k \cdot s_k^2 \quad \text{für Stahl St. 37 und} \tag{166}$$

$$F_{erf} = \frac{S}{2,1} + 0,718 \cdot k \cdot s_k^2 \quad \text{für St. 52.} \tag{167}$$

Sie entsprechen dem damaligen Sicherheitsgrad $\nu = 3,5$ und den damaligen ω-Zahlen und haben daher heute in dieser Form keine Gültigkeit mehr.

7. Die technische Berechnung der Knickung und das ω-Verfahren

Die aus Theorien und Versuchen gewonnenen Erkenntnisse finden ihren praktischen Sinn und ihre Anwendung im Bauen, wo die Knickprobleme neben der Biegung (Balken und Stütze) die bedeutendste Rolle spielen. Für die verschiedenen Baustoffe muß der Konstrukteur die entsprechenden und jeweils neuesten DIN-Vorschriften[3]) beachten, die ihm bindende Festigkeitswerte nennen, aber auch Richtlinien und Gebrauchsformeln bieten. Es hat keinen Sinn, die Zahlenrechnungen mit vielen Dezimalstellen zu übertreiben, da alle Festlegungen

[1]) O. Graf: Untersuchungen über den Knickwiderstand von einteiligen Stützen aus Holz. Der Bauingenieur 27 (1951), S. 47, 78 u. 169 Über Versuche mit zweiteiligen geleimten Holzstützen und Knickversuche mit zusammengesetzten Holzdruckstäben s. „Fortschritte und Forschungen im Bauwesen“ Reihe D, Heft 9. Franck'sche Verlagsbuchhandlung Stuttgart, 1953.

[2]) W. Gehler: Vorschlag einer Gebrauchsformel für Knickung, Die Baunormung: Beiblatt des Bauingenieur vom 15. Nov. 1923 und 15. März 1924.

[3]) Für den Stahlbau: DIN 4114 (Stabilitätsfälle) Blatt 1 von 1952 und Blatt 2 von 1953. Für den Holzbau: Allgemein: DIN 1052 von 1947, für Brücken: Din 1074 von 1941. Für den Stahlbetonbau: Allgemein: DIN 1045 (1943), für Brücken: DIN 1075 (1951).

über das Verhalten der Baustoffe, Knickzahlen und Sicherheitswerte mehr wiegen, als eine zweite Dezimalstelle. Bei allen technischen Berechnungen muß unterschieden werden zwischen Bemessung und Spannungsnachweis. Für das Knicken dient als Spannungsnachweis das ω-Verfahren, das erstmalig bei der österreichischen Bauverwaltung verwendet wurde und seit 1925 in die BE. eingegangen ist, deren neueste Ausgabe (1951) für Stabilitätsfälle auf die neue DIN 4114 (1952) verweist.

Mit Hilfe des ω-Verfahrens wird durch Beifügung des ω-Wertes der Spannungsnachweis für den Druckstab auf die einfache, vom Zugstab her bekannte Form (Gl. (2), Bd. I) zurückgeführt. Beim einteiligen Druckstab muß

$$\omega \cdot \frac{S}{F} \geqq \sigma_{zul} \tag{168}$$

sein. Darin bedeuten

S = die größte Stabkraft einschl. der Schwingbeiwerte,
F = der unverschwächte Stabquerschnitt,
ω = die vom Schlankheitsgrad $\lambda = s_k/i$ abhängige Knickzahl.

Für λ sind die Werte für x- und y-Achse in Betracht zu ziehen und der größere in die Rechnung einzusetzen. Die ω-Werte sind für Baustahl St. 37 und St. 52 in den Tafeln 21 und 22 gegeben. Sie bedeuten einen Verhältniswert zwischen der zulässigen Spannung für Zug und jener für den Druck bei Knickgefahr ($\lambda > 20$). Demnach ist ω gekennzeichnet durch

$$\omega = \frac{\sigma_{zul}}{\sigma_{d_{zul}}}. \tag{169}$$

Die Anwendung der Gl. (168) soll nicht zur Gedankenlosigkeit werden und mit einer gedachten Lastvergrößerung $\omega \cdot S$ zu unklaren Vorstellungen führen. Man halte sich deshalb die Gl. (168) in der Form vor Augen

$$F = \frac{S}{\sigma_{d_{zul}}} = \frac{S}{\frac{\sigma_{zul}}{\omega}}. \tag{170}$$

Tafel 21

Knickzahlen ω für St 00.12, Handelsbaustahl und St 37.12

λ	0	1	2	3	4	5	6	7	8	9	λ
20	1.04	1.04	1.04	1.05	1.05	1.06	1.06	1.07	1.07	1.08	20
30	1.08	1.09	1.09	1.10	1.10	1.11	1.11	1.12	1.13	1.13	30
40	1.14	1.14	1.15	1.16	1.16	1.17	1.18	1.19	1.19	1.20	40
50	1.21	1.22	1.23	1.23	1.24	1.25	1.26	1.27	1.28	1.29	50
60	1.30	1.31	1.32	1.33	1.34	1.35	1.36	1.37	1.39	1.40	60
70	1.41	1.42	1.44	1.45	1.46	1.48	1.49	1.50	1.52	1.53	70
80	1.55	1.56	1.58	1.59	1.61	1.62	1.64	1.66	1.68	1.69	80
90	1.71	1.73	1.74	1.76	1.78	1.80	1.82	1.84	1.86	1.88	90
100	1.90	1.92	1.94	1.96	1.98	2.00	2.02	2.05	2.07	2.09	100
110	2.11	2.14	2.16	2.18	2.21	2.23	2.27	2.31	2.35	2.39	110
120	2.43	2.47	2.51	2.55	2.60	2.64	2.68	2.72	2.77	2.81	120
130	2.85	2.90	2.94	2.99	3.03	3.08	3.12	3.17	3.22	3.26	130
140	3.31	3.36	3.41	3.45	3.50	3.55	3.60	3.65	3.70	3.75	140
150	3.80	3.85	3.90	3.95	4.00	4.06	4.11	4.16	4.22	4.27	150
160	4.32	4.38	4.43	4.49	4.54	4.60	4.65	4.71	4.77	4.82	160
170	4.88	4.94	5.00	5.05	5.11	5.17	5.23	5.29	5.35	5.41	170
180	5.47	5.53	5.59	5.66	5.72	5.78	5.84	5.91	5.97	6.03	180
190	6.10	6.16	6.23	6.29	6.36	6.42	6.49	6.55	6.62	6.69	190
200	6.75	6.82	6.89	6.96	7.03	7.10	7.17	7.24	7.31	7.38	200
210	7.45	7.52	7.59	7.66	7.73	7.81	7.88	7.95	8.03	8.10	210
220	8.17	8.25	8.32	8.40	8.47	8.55	8.63	8.70	8.78	8.86	220
230	8.93	9.01	9.09	9.17	9.25	9.33	9.41	9.49	9.57	9.65	230
240	9.73	9.81	9.89	9.97	10.05	10.14	10.22	10.30	10.39	10.47	240
250	10.55										

Für die Lasten S in der Gl. (168) unterscheidet man heute 3 Knicklasten:

$S_{k_i} = P_{k_i} =$ „Eulersche Knicklast". Sie ist die Last an der Stabilitätsgrenze unter Voraussetzung des Hookeschen Gesetzes, einer ideal geraden Stabachse, ideal mittigen Kraftangriffspunktes und ideal isotropen Werkstoffes.

$S_k = P_k =$ „Engessersche Knicklast". Sie ist die Last an der Stabilitätsgrenze unter Verzicht auf unbeschränkt gültiges Hookesches Gesetz, aber mit Gültigkeit der anderen idealisierenden Voraussetzungen.

$S_{k_r} = P_{k_r} =$ „Traglast". Sie ist die größte im Gleichgewicht tragbare Last unter Verzicht auf das Hookesche Gesetz und die idealisierenden Voraussetzungen. Sie entspricht dem Stab mit Fehlerhebeln.

Wird bei der Bemessung eines Druckstabes von der Traglast ausgegangen, so muß der Doppelnachweis erbracht werden:

$$P \gtreqless \frac{P_{k_r}}{\nu_{k_r}} \quad \text{und} \quad P \gtreqless \frac{P_{k_i}}{\nu_{k_i}} \tag{171}$$

Die Knicklänge s_k entspricht nur beim Eulerfall 2 (Bild 49, hier l genannt) der wirklichen Netzlänge s des Stabes. Für die anderen Fälle der Stablagerung wird eine gedachte Knicklänge $s_k = \beta \cdot s$ eingeführt. Ihre verschiedenen Werte sind in Bild 49 angeführt. In der Baupraxis ist Grundfall 2 der normale Fall des Druckstabes. Die geringe Einspannung durch Knotenbleche wird i. a. vernachlässigt. Die Hauptsache ist, daß die seitliche Unverschieblichkeit der Stabenden gewährleistet ist. Ist dies nicht erfüllt, so kann β erheblich größer werden als 1. In Tafel 21 und 22 sind die Schlankheitswerte λ angegeben von 20 bis 250. Im Stahlhochbau ist 250 die höchste zulässige Schlankheit eines Druckstabes. Im Stahl-Brückenbau darf $\lambda = 150$ nicht überschritten werden. Für λ-Werte unter 20 ist $\omega = 1$, d. h. $\sigma_{d_{zul}} = \sigma_{zul}$.

Tafel 22

Knickzahlen ω für St 52

λ	0	1	2	3	4	5	6	7	8	9	λ
20	1.06	1.06	1.07	1.07	1.08	1.08	1.09	1.09	1.10	1.11	20
30	1.11	1.12	1.12	1.13	1.14	1.15	1.15	1.16	1.17	1.18	30
40	1.19	1.19	1.20	1.21	1.22	1.23	1.24	1.25	1.26	1.27	40
50	1.28	1.30	1.31	1.32	1.33	1.35	1.36	1.37	1.39	1.40	50
60	1.41	1.43	1.44	1.46	1.48	1.49	1.51	1.53	1.54	1.56	60
70	1.58	1.60	1.62	1.64	1.66	1.68	1.70	1.72	1.74	1.77	70
80	1.79	1.81	1.83	1.86	1.88	1.91	1.93	1.95	1.98	2.01	80
90	2.05	2.10	2.14	2.19	2.24	2.29	2.33	2.38	2.43	2.48	90
100	2.53	2.58	2.64	2.69	2.74	2.79	2.85	2.90	2.95	3.01	100
110	3.06	3.12	3.18	3.23	3.29	3.35	3.41	3.47	3.53	3.59	110
120	3.65	3.71	3.77	3.83	3.89	3.96	4.02	4.09	4.15	4.22	120
130	4.28	4.35	4.41	4.48	4.55	4.62	4.69	4.75	4.82	4.89	130
140	4.96	5.04	5.11	5.18	5.25	5.33	5.40	5.47	5.55	5.62	140
150	5.70	5.78	5.85	5.93	6.01	6.09	6.16	6.24	6.32	6.40	150
160	6.48	6.57	6.65	6.73	6.81	6.90	6.98	7.06	7.15	7.23	160
170	7.32	7.41	7.49	7.58	7.67	7.76	7.85	7.94	8.03	8.12	170
180	8.21	8.30	8.39	8.48	8.58	8.67	8.76	8.86	8.95	9.05	180
190	9.14	9.24	9.34	9.44	9.53	9.63	9.73	9.83	9.93	10.03	190
200	10.13	10.23	10.34	10.44	10.54	10.65	10.75	10.85	10.96	11.06	200
210	11.17	11.28	11.38	11.49	11.60	11.71	11.82	11.93	12.04	12.15	210
220	12.26	12.37	12.48	12.60	12.71	12.82	12.94	13.05	13.17	13.28	220
230	13.40	13.52	13.63	13.75	13.87	13.99	14.11	14.23	14.35	14.47	230
240	14.59	14.71	14.83	14.96	15.08	15.20	15.33	15.45	15.58	15.71	240
250	15.83										

10. Beispiel. Eine Säule aus St. 37 vom Profil BP 30 ist bei $s_k = 8{,}00$ m Knicklänge mit 105 t belastet. Der Spannungsnachweis ist zu führen.

Die Profilwerte sind: $F = 154\ \mathrm{cm}^2$, $i_x = 12{,}9$ cm, $i_y = 7{,}65$ cm. Damit besteht die größte Knickgefahr in der y-Achse. Für sie ist $\lambda_y = \frac{s_k}{i_y} = \frac{8{,}00}{0{,}0765} = 104{,}5$. Nach Tafel 21 findet man für $\lambda = 105\ \omega = 2{,}00$. Damit wird nach Gl. (168)

$$\sigma_y = \frac{\omega \cdot S}{F} = \frac{2{,}00 \cdot 105000}{154} = 1364\ \mathrm{kg/cm}^2 < 1400\ \mathrm{kg/cm}^2.$$

8. Die Knicksicherheit und die σ_k-λ-Linie

Da das Knicken ein Stabilitätsproblem ist, würde es eigentlich genügen, wenn man eine Sicherheit etwas größer als 1 wählte. Doch würde dies Unsicherheiten wegen Ungleichförmigkeit des Baustoffes, der Ausführung, Lagerung usw., in sich tragen. In den Eisenbetonbestimmungen 1916 verband man z. B. die Euler-Formel mit einer Sicherheit $\nu = 10$. Tetmayer setzte durch $n = \frac{1}{\alpha}$ mit seiner „Vermittlungszahl" (s. Abschn. 6) Sicherheitswerte ein, die für verschiedene Schlankheitsgrade verschieden waren. Dabei war n das Verhältnis einer zulässigen Druckspannung zu einer kleineren zulässigen Knickspannung nach Gl. (165). Die Knickzahl wird heute definiert nach Gl. (169). Sie wurden in DIN 4114 (1952) neu festgelegt. Aus ihnen ergibt sich mit der zulässigen Spannung für Zug σ_{zul} die bei Knickung zulässige Druckspannung aus

(172) $$\sigma_{d_{\mathrm{zul}}} = \frac{\sigma_{\mathrm{zul}}}{\omega}.$$

Die Knickspannungen ergeben sich durch Multiplikation dieser zulässigen Druckspannung für Knickung mit der Knicksicherheit in der Form

(173) $$\sigma_k = \sigma_{d_{\mathrm{zul}}} \cdot \nu_k.$$

Die $\sigma_k - \lambda$-Linien sind demnach affin zu der $\sigma_{d_{zul}} - \lambda$-Linie. Man unterscheidet zu den in Abschnitt 7 erwähnten verschiedenen Knicklasten auch 3 Arten von Knickspannungen und Knicksicherheiten:

σ_{k_i} = die ideelle Knickspannung nach Euler aus Gl. (147). Sie ist entsprechend der Knicklast S_{k_i} an das Hookesche Gesetz geknüpft und an die genannten Idealisierungen. Demgemäß muß die Knicksicherheit hier am größten sein. Sie ist festgesetzt zu $\nu_{k_i} = 2{,}5$[1]).

σ_k = die Engessersche Knickspannung. Sie gilt unter Verzicht auf das Hookesche Gesetz. Ihr gehört die Engessersche Knicksicherheit ν_k an. Sie schließt am Übergang vom elastischen zum unelastischen Bereich an die Werte ν_{k_i} an und fällt bis zu $\lambda = 0$ auf $\sigma_S/\sigma_{zul} = 2400/1400 = 1{,}71$. Ihr Verlauf ergibt sich aus $\sigma_k/\sigma_{d_{zul}}$ und ist in Bild 46 dargestellt.

σ_{k_r} = die Tragspannung. Sie ist diejenige, bei welcher auf das Hookesche Gesetz und die idealisierenden Voraussetzungen geometrischer Art verzichtet wird. Demgemäß kann die Tragsicherheitszahl die kleinste der 3 genannten Knicksicherheiten sein. Sie ist für Belastungsfall 1 für alle Schlankheiten λ gleich groß $\nu_{k_r} = 1{,}71$[2]) und 1,5 für Belastungsfall 2. Es ist damit im Fall 1 die Sicherheit eines mittig gedrückten Stabes hinsichtlich der Erreichung seiner Traggrenze ebenso groß, wie die Sicherheit eines Zugstabes hinsichtlich der Erreichung der Fließgrenze.

---

[1]) Für „Belastungsfall 1", d. h. nur Hauptkräfte (s. Din 1050), für „Belastungsfall 2", d. h. Haupt- und Zusatzkräfte kann sie abgemindert werden auf $\nu_{k_i} = 2{,}19$.

[2]) Sind bei der Traglast alle ungünstig wirkenden Einflüsse gleichzeitig wirkend angenommen, so kann die Sicherheit auch im Belastungsfall 1 ausnahmsweise auf 1,5 ermäßigt werden (DIN 4114, Bl. 2, 7, 22).

Jedoch müssen bei der Berechnung der Tragspannungen trotz des Verlassens der idealen Stab- und Materialeigenschaften noch einige vereinfachende Annahmen getroffen werden. Diese sind:

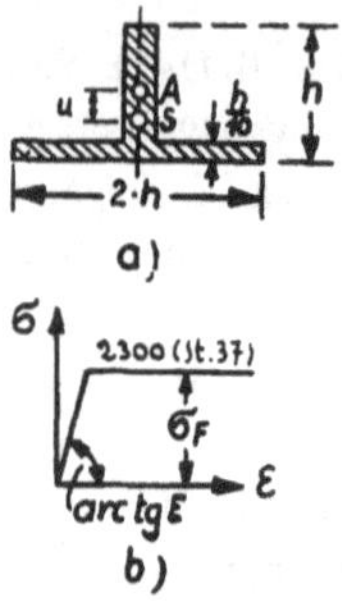

Bild 54

a) Annahme eines Tragquerschnittes in der Form nach Bild 54a, weil bei ihm die eingezeichnete Lage der Exzentrizität des Kraftangriffspunktes (u) ungünstig für die Tragkraft ist.

b) Annahme eines Fehlerhebels für den „unvermeidlichen außermittigen Kraftangriff", der gesetzt wird zu

$$(174) \qquad u = \frac{i}{20} - \frac{s}{500},$$

d. h. die willkürliche Annahme, daß u mit dem Trägheitsradius und der Netzlänge s des Stabes wächst.

c) Annahme des sogenannten ideal-plastischen Verhaltens des Baustoffes nach Bild 54b, d. h. Proportionalitätsgrenze ist gleich Fließgrenze für unbegrenztes Fließen.

Mit diesen Annahmen können die Ordinaten der $\sigma_{k_r} - \lambda$-Linie errechnet werden aus der Gl.

$$(175) \qquad \lambda^2 = \frac{\pi^2 \cdot E}{\sigma_{k_r}} \left[1 - \frac{m \cdot \sigma_{k_r}}{\sigma_F - \sigma_{k_r}} + 0{,}25 \left(\frac{m \cdot \sigma_{k_r}}{\sigma_F - \sigma_{k_r}}\right)^2 - 0{,}005 \left(\frac{m \cdot \sigma_{k_r}}{\sigma_F - \sigma_{k_r}}\right)^3\right].$$

Darin bedeuten σ_F die Fließgrenze (für St. 37 in diesem Falle 2300 kg/cm² angenommen) und

$$m = 2{,}317\left(0{,}05 - \frac{\lambda}{500}\right).$$

Sind die Tragspannungen σ_{k_r} berechnet, so kann man nach

Gl. (173) die Knicksicherheit ν errechnen, oder, ist ν bekannt die Ordinaten der $\sigma_{d_{\text{zul}}} - \lambda$-Linie (Bild 56).

Betrachtet man für den elastischen Bereich der Knickung die Spannungs-Dehnungs-Linie nach Bild 55, so erhält man das Druck-Stauchungs-Gesetz ($\sigma - \varepsilon$-Gesetz) in der Form

(176)
$$\frac{\sigma - \sigma_P}{\sigma_F - \sigma_P} = \tan \frac{\varepsilon \cdot E - \sigma_P}{\sigma_F - \sigma_P}\,.$$

Darin sind $E = 2100000\ \text{kg/cm}^2 = \text{const.}$ und $\sigma_P = 0{,}8\,\sigma_F$[1]. Im unelastischen Bereich ergibt sich für jedes σ_k ein verschiedener und sogenannter „Belastungsmodul"

$$E_\sigma = d\sigma / d\varepsilon,$$

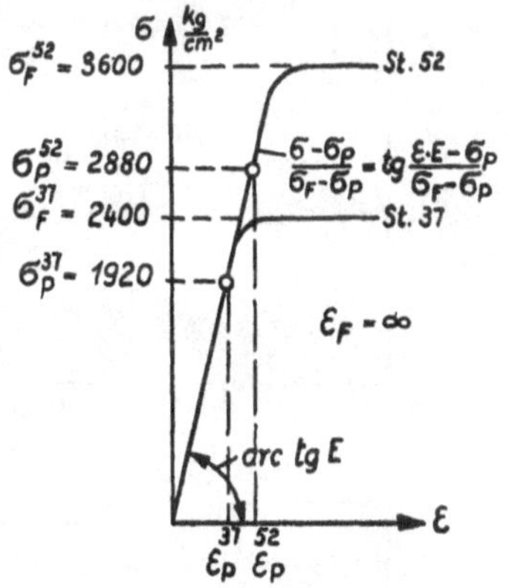

Bild 55. Spannungs-Dehnungs-Linie

der für den Rechteckquerschnitt nach Gl. (160) als Engesserscher Knickmodul bekannt ist und umgeformt lautet

(177)
$$\frac{1}{k} = \frac{E}{T} = \frac{(\sqrt{E_\sigma} + \sqrt{E})^2}{4 \cdot E_\sigma} = \left(\frac{1}{2} + \frac{1}{2}\sqrt{\frac{E}{E_\sigma}}\right)^2.$$

Mit dem Ausdruck

(178)
$$E_\sigma = E\left[1 - \left(\frac{\sigma - \sigma_P}{\sigma_F - \sigma_P}\right)^2\right]$$

aus dem $\sigma - \varepsilon$-Gesetz und mit der Beziehung $\frac{1}{k} = \frac{\sigma_{ki}}{\sigma_k}$ und $\sigma_k = \frac{\pi^2 \cdot E}{\lambda^2} \cdot k$ Gl. (158) erhält man die Gleichung der $\sigma_k - \lambda$-Linie zu

[1]) Nach Dresdner Versuchen (s. IV BH 1928, Wien, S. 223). Nach Schweizer Versuchen (s. Fußnote 2, S. 84) ergab sich $\sigma_P : \sigma_S = 1900 : 2700 = 0{,}7$.

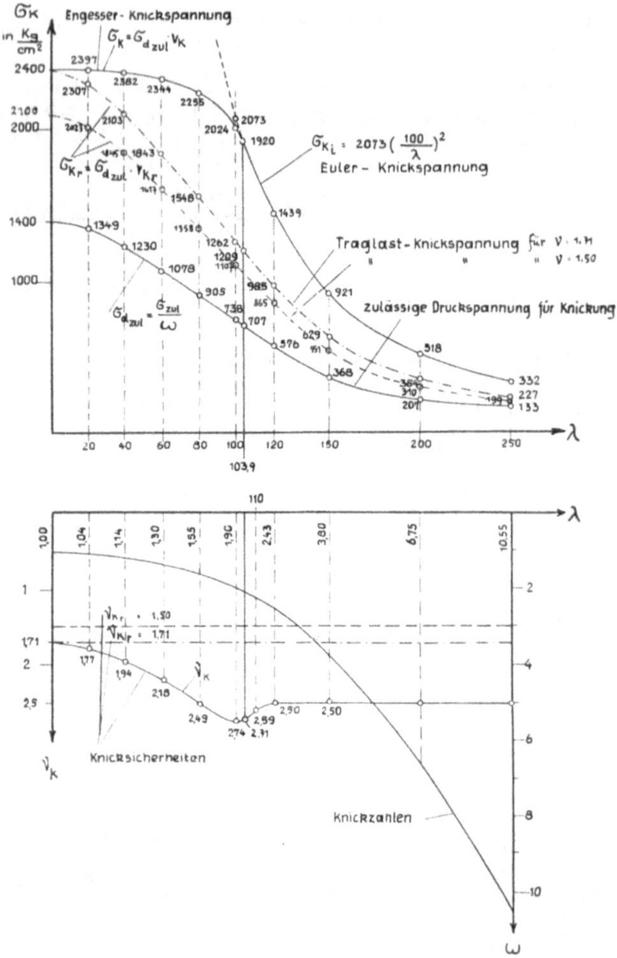

Bild 56. Zusammenhänge der σ_k — λ-Linien mit der $\sigma_{d\,zul}$ — λ-Linie, den ω-Werten und den Knicksicherheitszahlen ν für Baustahl St. 37 bei Belastungsfall 1

$$(179)\quad \frac{1}{\lambda} = \frac{1}{\pi}\sqrt{\frac{\sigma_k}{E}}\left[0{,}5 + \frac{0{,}1\cdot\sigma_F}{\sqrt{(0{,}2\,\sigma_F)^2 - (\sigma_k - 0{,}8\,\sigma_F)^2}}\right].$$

Bild 56 stellt die Ergebnisse dar für Baustahl St. 37 und die Knicksicherheiten für Belastungsfall 1. Ab $\lambda = 103{,}9$ schließen sich an die Euler-Knickspannungen σ_{k_i} die Engesser-Knickspannungen σ_k im unelastischen Bereich an. Für $\nu = 1{,}71$ beginnt die Linie der Traglast-Knickspannungen σ_{k_r} ebenfalls im Punkte $\sigma_F = 2400\ \text{kg/cm}^2$, für $\nu_{k_r} = 1{,}5$ bei $1400\cdot 1{,}5 = 2100\ \text{kg/cm}^2$. Die $\sigma_{d_{\text{zul}}} - \lambda$-Linie, gewonnen aus $\sigma_{\text{zul}}/\omega$ gilt für beide Knickspannungslinien und ist mit ihnen verbunden durch die Knicksicherheitszahlen. Für St. 52 liegt die Grenze zwischen elastischem und unelastischem Bereich bei $\lambda = 84{,}83$ und $\sigma_{\text{zul}} = 2100$ und $\sigma_F = 3600\ \text{kg/cm}^2$.

9. Das Traglastverfahren

Das Rechnen mit Traglasten und Tragspannungen wird sich in Zukunft immer mehr durchsetzen, da es dem ω-Verfahren die größere Wirklichkeitsnähe voraushat. Es wird z. B. in der Schweiz schon verwendet. Das Traglastverfahren setzt bekannte oder angenommene Außermittigkeiten des Kraftangriffes voraus, wie sie in Wirklichkeit auch auftreten. Diese bezeichnet man mit a, ihr Verhältnis zur Kernweite des Querschnittes mit

$$(180)\qquad m = \frac{a}{k} = \frac{a\cdot F}{W}\,.$$

Zeichnet man zu den Größen von m zwischen 0,01 und 4 die Tragspannungen auf, so erhält man die Kurvenscharen der Bilder 57 und 58. Die Kurven nach Roš und Brunner (Bild 57a) wurden durch Versuche gewonnen. Die Kurven nach Jäger (Bild 58) sind aus der von Jäger für I-Querschnitte aufgestellten Gleichung

$$(181)\quad \lambda^2 = \frac{\pi^2\cdot E}{\sigma_{kr}}\left[1 - \frac{m\cdot\sigma_{kr}}{\sigma_F - \sigma_{kr}} + 0{,}082\left(\frac{m\cdot\sigma_{kr}}{\sigma_F - \sigma_{kr}}\right)^2\right]$$

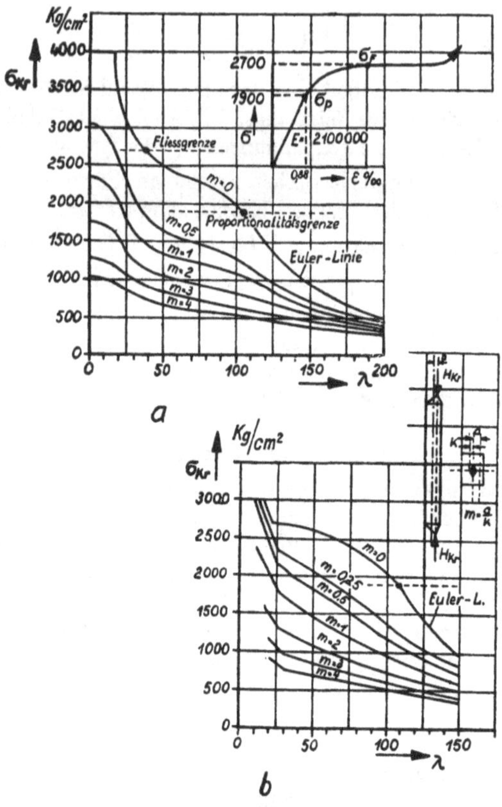

Bild 57. Tragspannungen für Rechteckquerschnitte a) nach Roš und Brunner, b) nach Chwalla

gewonnen worden. Aus dieser Gleichung ist auch die im Abschnitt 8 angegebene Gl. (175) entwickelt worden. Eine für alle Querschnitte geltende Gleichung der Tragspannungen wurde von N. Dimitrov abgeleitet:

$$\sigma_{kr} = \frac{2\pi^2 \cdot E}{\lambda^2 \left[\underbrace{1 + \frac{\pi^2 E}{\sigma_F \lambda^2}(1+m)}_{A} + \sqrt{A^2 - 4(1-0{,}273\,\mathrm{m})\frac{\pi^2 E}{\sigma_F \cdot \lambda^2}}\right]} \tag{182}$$

Die danach berechneten Kurvenscharen (Bild 59) zeigen gute Übereinstimmung mit den aus Versuchen und früheren Gleichungen gewonnenen Werten.

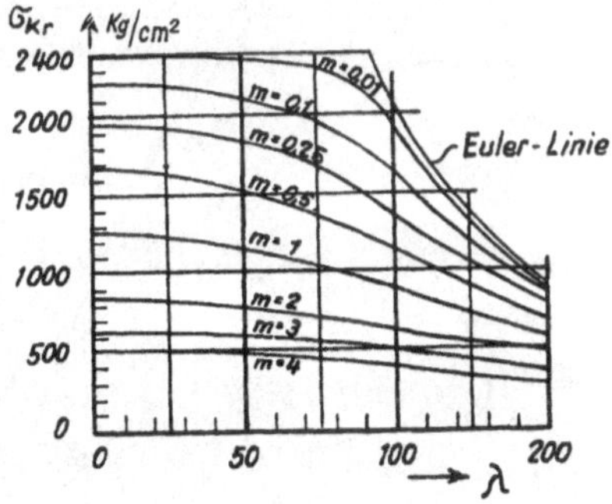

Bild 58
Tragspannungen für I-Querschnitte nach Jäger

Vergleicht man Bild 56 mit der Kurve der Tragspannungen nach Bild 59, so erkennt man, daß für σ_{k_r} mit $\nu = 1{,}5$ die

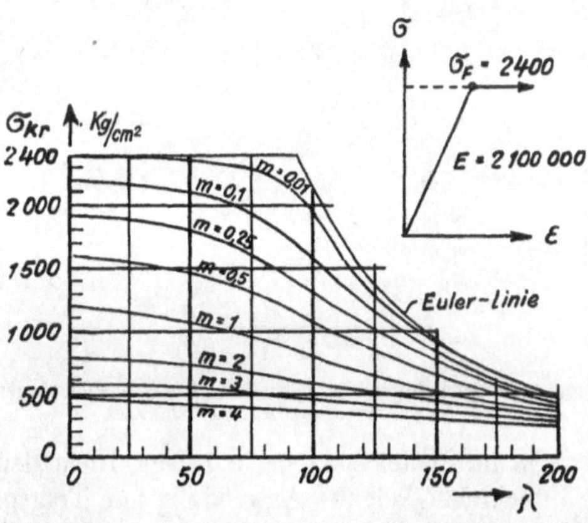

Bild 59. Tragspannungen für alle Querschnitte nach Dimitrov

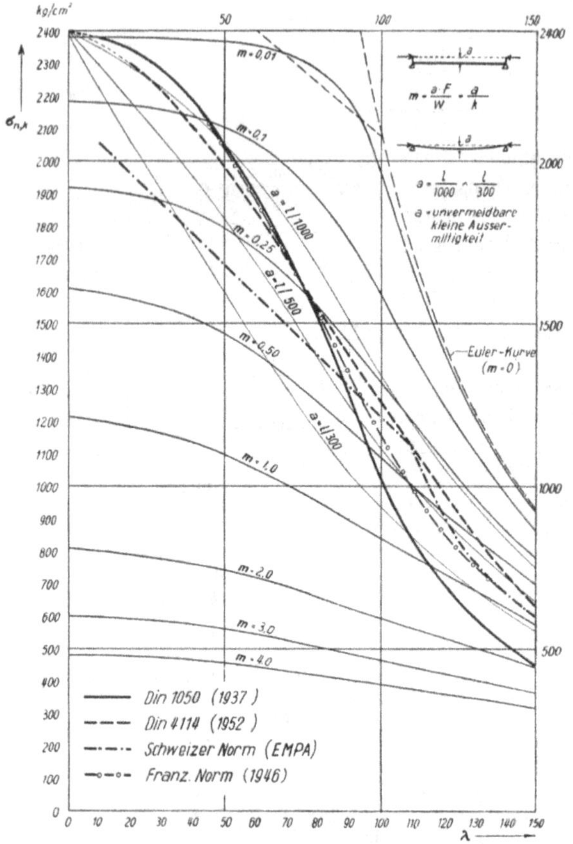

Bild 60. Tragspannungen des mittig gedrückten Querschnittes für St. 37 mit Vergleichskurven für Außermittigkeiten

Größe von m im Mittel etwa bei 0,5 liegt. Noch deutlicher wird die Zweckmäßigkeit der Anwendung von Tragspannungen, wenn man die Außermittigkeit des Kraftangriffes als

Bruchteil der Knicklänge des Druckstabes angibt. Aus Bild 60 erkennt man, daß für die gezeichnete Tragspannungskurve die Außermittigkeit a zwischen $\frac{1}{1000}$ und $\frac{1}{300}$ der Knicklänge l liegt. Damit kann man durch Vergleich der Kurven der Bilder 56 und 59 den Wert ω auch als eine unbeabsichtigte Außermittigkeit deuten. Neuerdings wurden die Traglastbetrachtungen auch auf Stahlbeton-Säulen angewendet (vgl. Abschnitt 16d).

10. Der Einfluß der Querkräfte beim Knickvorgang

Ähnlich wie bei der Biegung ist der Einfluß der Querkräfte beim einteiligen Knickstab gering. Für den Eulerfall 2 (Bild 49) berechnet sich unter Berücksichtigung der durch die Querkräfte verursachten Schubspannungen und Formänderungen die Knicklast zu[1])

$$S = \frac{S_k}{1 + \frac{\varkappa \cdot \pi^2 \cdot E \cdot J}{l^2 \cdot G \cdot F}}. \tag{183}$$

Darin ist $S_k = \frac{\pi^2 \cdot E \cdot J}{l^2}$ die Knicklast bei Vernachlässigung der Schubspannungen. Setzt man $\pi^2 = 10$ und $G = 0{,}4\,E$, so ergibt sich

$$S = \frac{S_k}{1 + \frac{25 \cdot \varkappa \cdot J}{l^2 \cdot F}}. \tag{184}$$

Der Einfluß der Querkraft auf die Größe der Knicklast ist danach kleiner als 1% und wird in der Regel vernachlässigt.

Bei mehrteiligen Knickstäben beanspruchen die Querkräfte die Verbindungsglieder der Stäbe. Aus ihnen werden Größe, Abstand und Anschlüsse der Bindebleche oder Vergitterungen berechnet (s. Abschn. 12).

11. Biegedrillknickung

Die Biegedrillknickung ist die allgemeinste Form der Knickung gerader, planmäßig mittig gedrückter Stäbe von gleichbleibendem Querschnitt. Sie wird von Bedeutung bei

[1]) s. Schrifttum (11). S. 333.

allen dünnen, offenen, unsymmetrischen und einfachsymmetrischen Querschnitten. Bei einfachsymmetrischen Querschnitten (Bild 43), für die Schubmittelpunkt und Schwerpunkt nicht zusammenfallen, ist Biegeknickung und Biegedrillknickung, nicht aber Drillknickung möglich. Die Knicksicherheit dieser Stäbe darf ebenfalls nach dem ω-Verfahren nachgewiesen werden, wenn für λ der ideelle Schlankheitsgrad

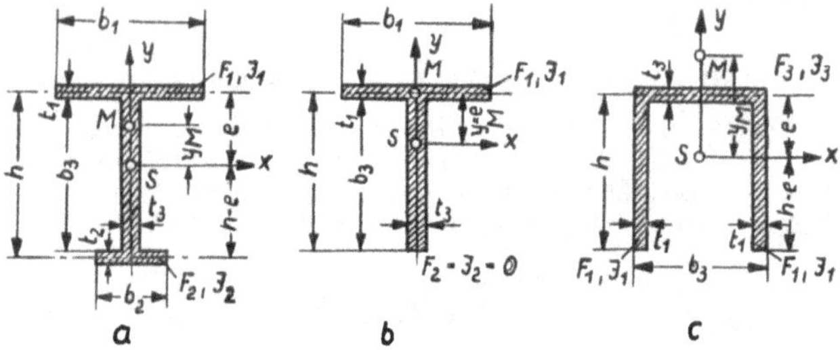

Bild 61. Querschnitte für Biegedrillknickung

λ_{v_i} eingeführt wird. Für einfachsymmetrische Querschnitte mit der y-Achse als Symmetrieachse ist nach DIN 4114, Bl. 2

$$\lambda_{v_i} = \frac{\beta \cdot s}{i_y} \sqrt{\frac{c^2 + i_M^2}{2 \cdot c^2} \left\{1 + \sqrt{\frac{4 \cdot c^2 \left[i_p^2 + 0{,}093\,(\beta^2/\beta_0^2 - 1)\, y_M^2\right]}{(c^2 + i_M^2)^2}}\right\}} \tag{185}$$

Darin bedeuten:

$i_p = \sqrt{i_x^2 + i_y^2}$ = der auf den Schwerpunkt bezogene polare Trägheitsradius in cm,

y_M = die auf den Schwerpunkt bezogene Ordinate des Schubmittelpunktes in cm,

$i_M = \sqrt{i_p^2 + y_M^2}$ = der auf den Schubmittelpunkt bezogene polare Trägheitsradius in cm,

$c = \sqrt{\dfrac{(\beta \cdot s)^2 / (\beta_0 \cdot s_0)^2\, C_M + 0{,}039\, (\beta \cdot s)^2\, J_D}{J_y}}$ = der Drehradius des Querschnittes in cm,

J_D = der Drillwiderstand des Querschnittes in cm^4,

C_M = der auf den Schubmittelpunkt bezogene Wölbwiderstand in cm^6,

s = die Netzlänge des Stabes in cm,

s_0 = der für die Verdrehung maßgebende Abstand der Stabanschlüsse (Nietgruppen oder Schweißstellen) an den beiden Stabenden in cm,

β = der Einspannungswert für die Biegung,

β_0 = der Kennwert für die Verwölbung. Es bedeuten $\beta = \beta_0 = 1$ die sogenannte „Gabellagerung", d. h. die Endstirnflächen können sich in ihrer Ebene nicht verschieben, dagegen wohl in der x- und y-Stabachse. Volle Einspannung der Stabenden bedeutet $\beta = \beta_0 = 0{,}5$. Die Werte elastischer Einspannung liegen also zwischen 0,5 und 1. Es wird meist angenommen: β zwischen 0,5 und 1 und $\beta_0 = 0{,}5$.

Für die Querschnitte nach Bild 61a und b gelten für y_M, C_M und J_D folgende Formeln:

$$y_M = \frac{1}{J_y}\left[e \cdot J_1 - (h - e)\, J_2\right], \qquad C_M = \frac{J_1 \cdot J_2 \cdot h^2}{J_1 + J_2},$$

$$J_D = \frac{1}{3}\left(b_1 \cdot t_1^3 + b_2 \cdot t_2^3 + b_3 \cdot t_3^3\right).$$

Für die Querschnitte nach Bild 61c gelten:

$$y_M = e + \frac{J_1}{J_y} \cdot h, \qquad C_M = \frac{h^2}{3} \cdot \frac{J_1^2 + 2 \cdot J_1 \cdot J_3}{J_y},$$

$$J_D = \frac{1}{3}\left(2 \cdot b_1 \cdot t_1^3 + b_3 \cdot t_3^3\right).$$

Diese Formeln sind Näherungswerte und beruhen auf Ableitungen von R. Kappus u. a.[1]). Genaue Formeln des Drehknickens (Sammelausdruck für Biegedrillknicken und Drillknicken) mit Berücksichtigung des Verformungseinflusses sind neuerdings vom gleichen Autor angegeben worden[2]).

12. Die Knickfestigkeit von mehrteiligen Stäben

a) Stabarten und Spannungsnachweis

Über die Knickfestigkeit von mehrteiligen Stäben ist zahlreiche Literatur vorhanden[3]), doch sind die darin gegebenen praktischen Anwendungsformeln durch die neuesten DIN-Vorschriften (z. B. neue ω-Werte) überholt. Engesser, Krohn und Müller-Breslau[4]) haben die Ableitung der Bemessungsformeln gegeben und Krohn insbesondere eine einfache Berechnung für die Bindebleche und Vergitterungen der Stäbe.

Für diese Stäbe, die aus zwei oder mehr Einzelstäben zusammengesetzt werden, unterscheidet man heute 3 Gruppen:

Gruppe I: Mehrteilige Druckstäbe mit einer Stoffachse (Bild 62),

Gruppe II: Zweiteilige Druckstäbe aus über Eck gestellten Winkeln (Bild 63),

Gruppe III: Mehrteilige Druckstäbe, deren Querschnitt keine Stoffachse hat (Bild 64).

---

[1]) R. Kappus, Drillknicken zentrisch gedrückter Stäbe mit offenem Profil im elastischen Bereich. Luftf.Forsch. Bd. 14 (1937), S. 444. R. Heilig, Torsions- und Biegeschwingungen von dünnwandigen Trägern mit beliebiger offener Profilform und Vorlasten. Ing.-Archiv 19 (1951), S. 231. F. W. Bornscheuer, Systematische Darstellung des Biege- und Verdrehungsvorganges unter besonderer Berücksichtigung der Wölbkrafttorsion. Stahlbau 21 (1952), S. 1.

[2]) R. Kappus, Zentrisches und exzentrisches Drehknicken von Stäben mit offenem Profil, Stahlbau 22 (1953), H. 1, S. 6.

[3]) R. Mayer, Die Knickfestigkeit, J. Springer, Berlin 1921.

[4]) F. Engesser, Zentralbl. d. Bauverw. 1891, S. 483, 1909, S. 133. Müller, Breslau, Eisenbau 1911, S. 443 u. 483. R. Krohn, Zentralbl. d. Bauverw. 1908, S. 559.

Der Spannungsnachweis dieser Stäbe für Knickung um die Stoffachse erfolgt nach der Gl. (168) für den einteiligen Druckstab, wobei F den ungeschwächten Querschnitt des Gesamtstabes bedeutet. Für die Knickung um die stoffreie Achse y wird der mehrteilige Stab ebenfalls nach der Gl. (168) des

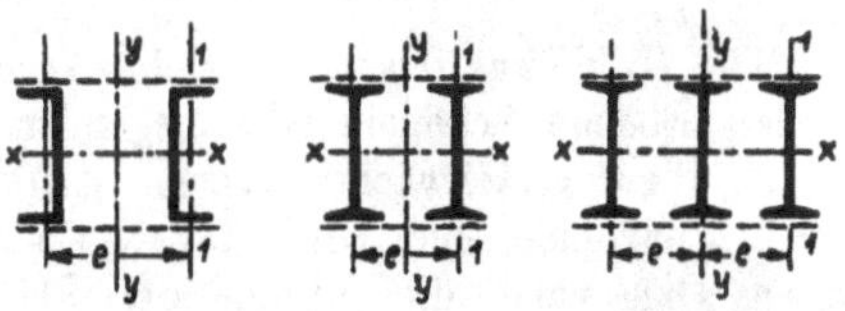

Bild 62. Querschnitte der Stabgruppe I der mehrteiligen Druckstäbe

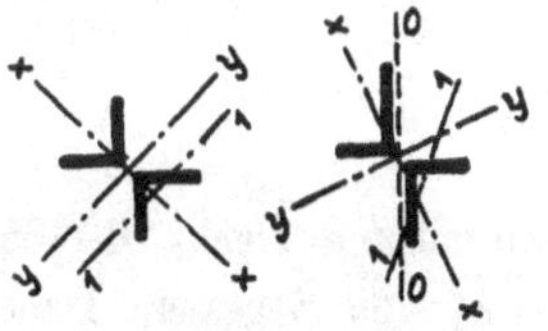

Bild 63
Querschnitte der Stabgruppe II der mehrteiligen Druckstäbe

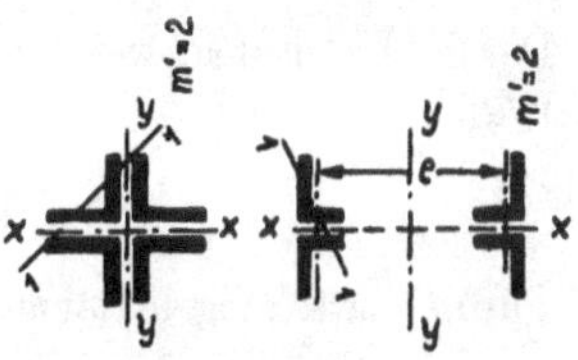

Bild 64
Querschnitte der Stabgruppe III der mehrteiligen Druckstäbe

einteiligen Druckstabes berechnet unter Einführung der „ideellen Schlankheit“

$$\lambda y_i = \sqrt{\lambda_y^2 + \frac{m}{2}\,\lambda_1^2} \tag{186}$$

und der dazugehörigen Knickzahl ω_{y_i}. Darin bedeuten

$\lambda_y = \frac{s_{ky}}{i_y}$ = der Schlankheitsgrad des Gesamtstabes um die y-Achse,

m = Zahl der Einzelstäbe,

$\lambda_1 = \frac{s_1}{i_1}$ = Schlankheit des Einzelteilstabes bei Rahmenstäben (Bild 65b). Darin ist s_1 die größte Feldweite des Stabes und i_1 der auf die y-Achse des Einzelstabes bezogene Trägheitsradius (in Bild 62 bis 65 Achse 1—1).

$\lambda_1 = \pi \sqrt{\frac{F}{z \cdot F_D} \cdot \frac{d^3}{s_1 \cdot e^2}}$ = Hilfsgröße für die Berechnung der Gitterstäbe (Bild 65a). Darin ist z die Anzahl der in parallelen Ebenen nebeneinander liegenden Querverbände, F_D die unverschwächte Querschnittsfläche einer einzelnen Diagonale eines Gitterstabes, wofür bei gekreuzten Diagonalen die Summe der Fläche einzusetzen ist, d = die Netzlänge einer Diagonalen in cm und e = der Abstand der Einzelstabachsen voneinander.

Der Spannungsnachweis um die y-Achse wird erbracht nach der Gl.

(187) $$\omega_{y_i} \cdot \frac{S}{F} \leqq \sigma_{zul} .$$

Für den zweiteiligen Rahmenstab mit $m = 2$ geht Gl. (186) über in die Formel $\lambda_{y_i} = \sqrt{\lambda_y^2 - \lambda_1^2}$ von Engesser. Dabei müssen die Feldweiten s_1 (Bild 65) und die Trägheitsradien i_1 der Einzelstäbe bezogen auf die y-Achse in einem bestimmten Verhältnis stehen. Für Brücken- und Kranbau gilt nach DIN 4114

(188) $$\frac{s_1}{i_1} \leqq \frac{\lambda x}{2} \geqq 50 .$$

Für den Stahlhochbau gilt

(189) $$\frac{s_1}{i_1} \leqq \frac{\lambda x}{2} \left(4 - 3 \frac{\omega y_i \cdot S}{F \cdot \sigma_{zul}}\right) \geqq 50 .$$

Für alle drei genannten Stabgruppen gelten für den Spannungsnachweis grundsätzlich die Gleichungen (168) und (187). Für Gruppe II ist nur der Nachweis für die Knickung um die

Stoffachse zu bringen. Für Gruppe III müssen für beide Achsen die ideellen Schlankheitsgrade eingesetzt werden:

(190) $$\lambda_{y_i} = \sqrt{\lambda_y^2 + \frac{m}{2}\lambda_{1_y}^2}, \qquad \lambda_{x_i} = \sqrt{\lambda_x^2 + \frac{m'}{2}\lambda_{1_x}^2}.$$

Soll bei einem zweiteiligen Druckstab die Knicksicherheit in beiden Achsen gleich sein, so gilt

$$\lambda_{y_i} = \sqrt{\lambda_y^2 + \lambda_1^2} = \lambda_x.$$

Für die Bemessung ist die Stoffachse maßgebend, wenn

$\lambda_x \geqq \sqrt{\lambda_y^2 + \lambda_1^2}$ oder $\lambda_1 \leqq \sqrt{\lambda_x^2 - \lambda_y^2}$ ist.

Schreibt man dies in der Form

$$\lambda_1 \leqq \lambda_x \sqrt{1 - \left(\frac{\lambda_y}{\lambda_x}\right)^2}$$

so folgt mit $\frac{J_y}{J_x} = \frac{F \cdot i_y^2}{F \cdot i_x^2}$, $i_y^2 = \frac{s_{ky}^2}{\lambda_y^2}$ und $i_x^2 = \frac{s_{kx}^2}{\lambda_x^2}$

$$\frac{J_y}{J_x} = \frac{s_{ky}^2 \cdot \lambda_x^2}{\lambda_y^2 \cdot s_{kx}^2} = \left(\frac{s_{ky}}{s_{kx}}\right)^2 \frac{\lambda_x^2}{\lambda_y^2} \text{ und}$$

(191) $$\lambda_1 \leqq \lambda_x \sqrt{1 - \left(\frac{s_{ky}}{s_{kx}}\right)^2 \cdot \frac{J_x}{J_y}}.$$

Daraus kann der größte Abstand der Bindebleche ermittelt werden, wenn J_x, J_y, J_1 gegeben sind und wenn $\lambda_x > \lambda_y$ ist:

(192) $$s_{k_1} = i_1 \cdot \lambda_x \sqrt{1 - \left(\frac{s_{ky}}{s_{kx}}\right)^2 \cdot \frac{J_x}{J_y}}.$$

Sind die Knicklängen s_{k_x}, s_{k_y}, s_1 und die Trägheitsmomente J_x und J_1 bekannt, dann ergibt sich das erforderliche Trägheitsmoment J_y des Gesamtstabes um die stoffreie Achse $y - y$ zu

(193) $$J_y \geqq \left(\frac{s_{ky}}{s_{kx}}\right)^2 \frac{\lambda_x^2}{\lambda_x^2 - \lambda_1^2} \cdot J_x .$$

Der Mittelabstand der beiden Profileisen e_y gemessen von den Schwerachsen y (bzw. 1 — 1) der Einzelstäbe errechnet sich damit aus

(194) $$e_y = 2\sqrt{\frac{J_y - 2 \cdot J_1}{F}} .$$

Darin ist J_y das Trägheitsmoment des Gesamtquerschnittes um die stoffreie Achse nach Gl. (193), F die Fläche des Gesamtquerschnittes ohne Nietlochabzug und J_1 das kleinste Trägheitsmoment des Einzelstabes (J_{y_1}).

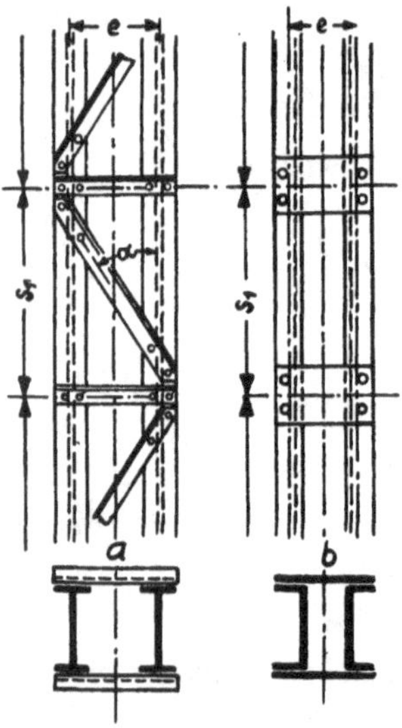

Bild 65
Gitter- und Rahmenstab

b) Der Querverband. Der Art der Verbände nach unterscheidet man Gitterstäbe und Rahmenstäbe (Bild 65). Die Wahl hängt von der Entfernung e der Einzelstäbe voneinander ab. Bei kleinen Abständen nimmt man Bindebleche nach Bild 65 b, bei großen Abständen diagonale Gitterstäbe, meist unter 45° geneigt. Der mehrteilige Stab wird von Querkräften in dem Augenblick beansprucht, wenn Verbiegungen auftreten. Ihnen haben die Querverbände einen ausreichenden elastischen Widerstand entgegenzusetzen, damit sie nicht vor dem Bruch der Längsstäbe zerstört werden. Nach Prandtl[1]) und Timo-

[1]) Z. V. D. I. 1907, S. 1867.

schenko[1]) erhält in diesem Fall die Gl. (184) die Form

$$S = \frac{S_k \cdot S_d}{S_k + S_d}, \tag{195}$$

worin S_k wieder die Eulersche Knicklast bedeutet und $S_d = 4 \cdot E \cdot F_D \cdot \sin^2 \alpha \cos \alpha$ bedeuten. F_D ist der durch Nietlöcher geschwächte Querschnitt einer Gitterstrebe und α der Winkel zwischen Gurt und Wandstrebe (Bild 65a).

Die für die Berechnung von Gitterstäben einzusetzende Querkraft ist nach Vianello[2]) bei 4-facher Sicherheit für den Knoten eines Gitterstabes in der Entfernung z vom Ende

$$Q_z = \frac{F}{88}\left(\frac{s_k - z}{s_k}\right). \tag{196}$$

Engesser setzte für die Querkraft am Fußende eines mehrteiligen Knickstabes unter Annahme einer Cosinuslinie als Knicklinie

$$Q = S\frac{\pi}{s_k} \cdot y, \tag{197}$$

worin die Ausbiegung angenähert aus $y = \frac{e \cdot F_1 (K_d - \sigma_s)}{S}$ berechnet wurde. Darin bedeuten F_1 den Querschnitt eines Teilgurtstabes und K_d die Druckfestigkeit des Baustoffes. Bis zur Herausgabe der DIN 4114 rechnete man meist nach dem Verfahren von Krohn[3]) und setzte für die Querkraft $Q =$ rd. $\frac{F_1}{14}$. Oder man benutzte die Angaben der BE. (1936), welche Q in % von $\frac{F \cdot \sigma_{zul}}{\omega}$ setzte in Abhängigkeit von der Schlankheit, was bei St. 37 im ungünstigsten Fall $Q = \frac{F \cdot \sigma_{zul}}{95}$ ergab[4]). Den Verlauf von Q zeigt Bild 66.

---

[1]) Zeitschr. für Mathem. u. Physik 1910, 58. Band, Heft 4.
[2]) Der Eisenbau, 1905, S. 81 und 434.
[3]) s. Schrifttum (4) II. Bd., S. 211.
[4]) E. Chwalla, Vorschlag u. Erläuterungen zur Neufassung des Abschn. A Ic des Din E 4114 (1940) S. 16.

Nach DIN 4114, Bl. 1 (1952) 8. 31 müssen heute die Querverbindungen sowie ihre Anschlüsse im Brücken- und Kranbau berechnet werden für eine Querkraft

(198) $$Q_i = \frac{F \cdot \sigma_{zul}}{80},$$

die als ideelle Stabquerkraft bezeichnet wird. Für den Stahl-Hochbau gilt

(199) $$Q_i = \frac{\omega_{yi} \cdot S}{80}.$$

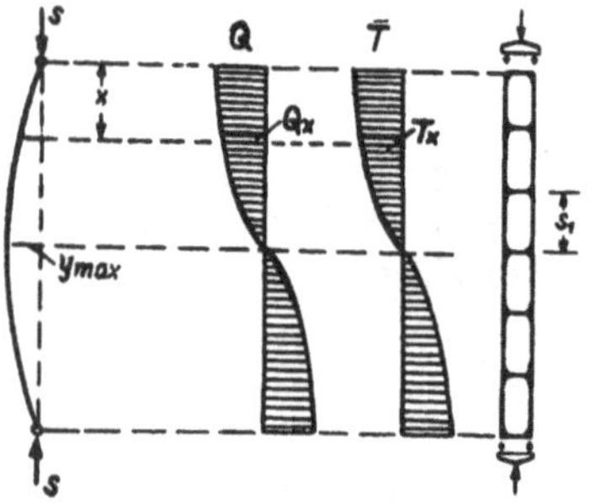

Bild 66. Verlauf von Querkraft und Schubkraft beim zweiteiligen Rahmenstab

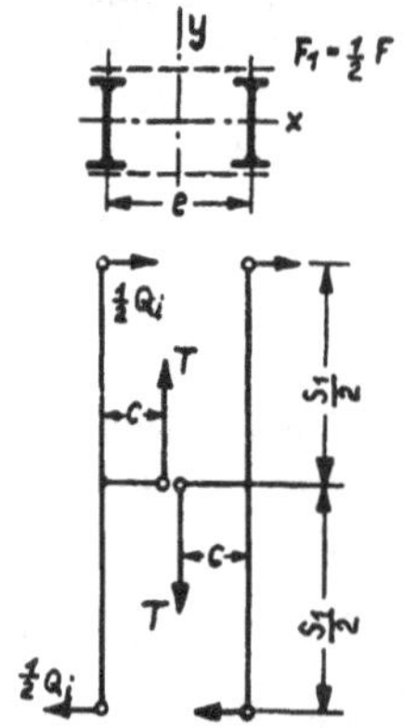

Bild 67. Ideelle Stabquerkraft und Schubkraft beim zweiteiligen Druckstab

Diese Querkraft wirkt in der Mitte der Einzelfelder des mehrteiligen Druckstabes (Bild 67). In zweiteiligen Gitterstäben mit einteiligen Wandstreben ist damit die Strebenkraft

(200) $$D = \frac{Q_i}{\sin \alpha}.$$

Werden z-fache Wandstäbe in parallelen Ebenen nebeneinander angeordnet, so ist D noch durch z zu dividieren. Auch bei Rahmenstäben kann die Querverbindung durch Bindebleche einfach oder z-fach sein. Die ideelle Stabquerkraft erzeugt die Schubkraft T, die in Stabmitte wirkt und in bezug auf die Anschlußpunkte den Hebelsarm $c = \frac{e}{2}$ hat (Bild 67). Ihre Größe beträgt

(201) $$T = \frac{Q_i \cdot s_1}{e}.$$

Das Biegemoment des Bindebleches istd amit in der Mitte Null und an den Anschlußpunkten am größten mit

(202) $$M = T \cdot \frac{e}{2} = \frac{Q_i \cdot s_1}{2},$$

wobei angenommen wird, daß die Nietreihen nahezu mit der Schwerlinie der Einzelstäbe zusammenfallen. Ist dies nicht der Fall, so muß eingesetzt werden $e' = a + 2 \cdot w$, worin a der Lichtabstand der Einzelstäbe und w das Wurzelmaß der Nietlöcher sind. Wird der Abstand e der zwei Einzelstäbe größer als $20 \cdot i_1$, so werden die Verhältnisse für die Bindebleche ungünstiger und die ideelle Stabquerkraft muß vergrößert werden um

(203) $$5\left(\frac{e}{i_1} - 20\right)\%.$$

Bei dreiteiligen Druckstäben wirkt auf jeden Einzelstab $\frac{Q_i}{3}$, die Schubkraft wird damit

(204) $$T = \frac{Q_i \cdot s_1}{2 \cdot e}.$$

und wirkt im Abstand $c = \frac{2}{3} e$ von außen.

Das mit Gl. (202) angeschriebene Moment gilt für die ganze Querverbindung in einem Stabquerschnitt, muß also bei zwei parallelen Bindeblechen für die Berechnung der Stärke eines Bindebleches durch 2 dividiert werden. Für die Anordnung der Bindebleche gilt:

a) ihre Lichtabstände müssen gleich groß sein,
b) die Zahl der Felder, in welche der Stab unterteilt wird, muß mindestens 3 sein, so daß mindestens in den Drittelspunkten eines mehrteiligen Druckstabes Bindebleche sitzen,

c) jeder Anschluß soll mindestens mit 2 Niete oder gleichwertigen Schweißverbindungen erfolgen. Bei Profilstäben mit $h > 22$ nimmt man 3 Niete je Anschluß,

d) auch an den Stabenden müssen Bindebleche mit stets 3 Nieten oder gleichwertiger Schweißverbindung angeordnet werden.

11. Beispiel. Eine aus 2 [Eisen 30 (St. 37) bestehende Säule (Bild 68) ist bei 7,00 m Knicklänge mit 122 t belastet. Der Spannungsnachweis ist zu führen und die Bindebleche mit Abstand von $s_1 = 120$ cm und ihre Anschlüsse sind zu berechnen. Die Profilwerte sind:

$F = 118\ \text{cm}^2$, $i_y = 15{,}5$ (bei $a = 25$ cm), $w = 5{,}5$ cm
$i_x = 11{,}7$ cm, $i_1 = 2{,}9$ cm, $e_1 = 2{,}7$ cm.

Für die x-Achse gilt: $\lambda_x = \frac{s_{kx}}{i_x} = \frac{700}{11{,}7} = 60$, $\omega_x = 1{,}3$.
Nach Gl. (168) wird

$$\sigma_x = \frac{\omega_x \cdot S}{F} = \frac{1{,}3 \cdot 122000}{118} = 1345 < 1400\ \text{kg/cm}^2.$$

Für das Ausknicken um die y-Achse ist:

$$\lambda_y = \frac{s_{ky}}{i_y} = \frac{700}{15{,}5} = 45, \quad \lambda_1 = \frac{s_1}{i_1} = \frac{120}{2{,}9} = 41{,}4\ .$$

Damit wird der ideelle Schlankheitsgrad nach Gl. (186)

$$\lambda_{y_i} = \sqrt{\lambda_y^2 + \frac{m}{2}\lambda_1^2} = \sqrt{45^2 + \frac{2}{2}\,41{,}4^2} = 61, \quad \omega_{y_i} = 1{,}31$$

$$\text{und } \sigma_y = \frac{\omega_{yi} \cdot S}{F} = \frac{1{,}31 \cdot 122000}{118} = 1360 < 1400\ \text{kg/cm}^2\,.$$

Der größte Abstand der Bindebleche darf nach Gl. (188) sein $s_1 = 50 \cdot i_1 = 50 \cdot 2{,}9 = 145\ \text{cm} > 120$ cm. Die ideelle Stabquerkraft wird nach Gl. (199)

$$Q_i = \frac{\omega_{yi} \cdot S}{80} = \frac{1{,}31 \cdot 122}{80} = 2{,}00\ \text{t}\,.$$

Damit berechnet sich die Schubkraft nach Gl. (201)

$$T = \frac{Q_i \cdot s_1}{a + 2w} =$$

$$= \frac{2{,}00 \cdot 120}{25{,}00 + 2 \cdot 5{,}5} = 6{,}67 \text{ t},$$

wobei der wahre Abstand der Nietreihen eingesetzt wurde, da Wurzelmaß w und Schwerpunktsabstand e_1 zu verschieden sind. Da 2 Bindebleche gegenüber angeordnet werden, entfällt auf jedes die Schubkraft $T_1 = \frac{T}{2} = \frac{1}{2}\, 6{,}67 = 3{,}33$ t. Bei dem verwendeten U-Profil mit $h > 22$ cm führt man deu Anschluß mit 3 Niete aus. Für das Stegblech wird $b/d = 220/10$ mm und für den Nietdurchmesser 23 mm gewählt. Damit wird das Widerstandsmoment eines Bindebleches unter Abzug der Nietlöcher

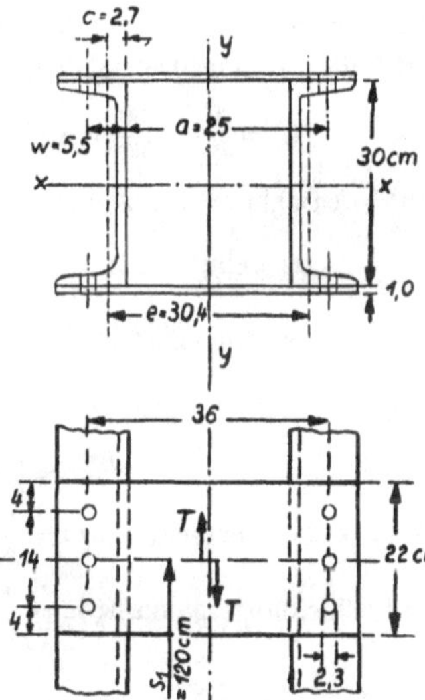

Bild 68. Zweiteiliger Rahmenstab

$$J_b = \frac{1{,}0 \cdot 22{,}0^3}{12} - \left(3\,\frac{1{,}0 \cdot 2{,}3^3}{12} + 2 \cdot 1{,}0 \cdot 2{,}3 \cdot 7{,}0^2\right) =$$

$$= 888 - 228 = 660 \text{cm}^4, \quad W_b = \frac{660}{11} = 60 \text{ cm}^3 .$$

Der Nietquerschnitt ist $F_N = \frac{\pi \cdot 2{,}3^2}{4} = 4{,}15$ cm², die Nietlochleibungsfläche ist $F_L = 2{,}3 \cdot 1{,}0 = 2{,}3$ cm². Das größte Biegemoment der Bindebleche ist nach Gl. (202)

$$M = \frac{T \cdot e}{2} = \frac{6{,}67 \cdot 36}{2} = 120 \text{ tcm},$$

also für ein Bindeblech $M_1 = 1/2 \cdot 120 = 60{,}0$ tcm. Damit wird die Biegebeanspruchung

$$\sigma = \frac{M_1}{W_b} = \frac{60}{60} = 1{,}00 \text{ t/cm}^2 < 1{,}4 \text{ t/cm}^2 .$$

Auf 1 Anschlußniet außen wirken die Kräfte

$$\text{aus Schubkraft:} \quad T_N = \frac{T_1}{3} = \frac{3{,}33}{3} = 1{,}11 \text{ t} ,$$

$$\text{aus Moment:} \quad N_{M_1} = \frac{M_1}{a_N} = \frac{60}{14} = 4{,}30 \text{ t} .$$

Damit wird die resultierende Kraft auf 1 Außenniet

$$N_{\max} = \sqrt{T_N^2 + N_{M_1}^2} = \sqrt{1{,}11^2 + 4{,}30^2} = 4{,}44 \text{ t} .$$

Dann ist die Scherspannung $\tau = \frac{4{,}44}{4{,}15} = 1{,}07 \text{ t/cm}^2 < \sigma_{zul}$ und die Lochleibungsspannung $\sigma_L = \frac{4{,}44}{2{,}3} = 1{,}93 \text{ t/cm}^2 < 2{,}8 \text{ t/cm}^2$.

13. Der außermittig gedrückte Stab

a) Einteilige Knickstäbe. Wurde bisher der mittig gedrückte Stab auch als mit unvermeidlichen Fehlerhebeln behaftet gedacht, so hat der planmäßig außermittig gedrückte Stab einen „planmäßigen Hebel", der zu gleichzeitiger Beanspruchung auf Biegung und Druck führt. Dieselbe Beanspruchungsart entsteht, wenn ein planmäßig mittig gedrückter Stab durch ein von der Druckkraft unabhängiges Moment belastet wird. Man unterscheidet dabei, für die Lage des Kraftangriffspunktes A auf einer Hauptachse, 3 Fälle der Stabquerschnitte uud Kraftangriffspunkte (Bild 69):1) Biegezug- und Biegedruckrand sind vom Schwerpunkt gleich weit entfernt (symmetrische Querschnitte), 2) Der Biegezugrand ist näher am Schwerpunkt als der Biegedruckrand, 3) Der Biegezugrand ist weiter entfernt vom Schwerpunkt als der Biegedruckrand.

Der Spannungsnachweis wird für Fall 1) und 2) erbracht durch

$$\omega \frac{S}{F} + 0{,}9 \frac{M}{W_d} \leqq \sigma_{\text{zul}}, \tag{205}$$

und für den Fall 3) durch den Doppelnachweis

$$\begin{cases} \omega \dfrac{S}{F} + 0{,}9 \dfrac{M}{W_d} \leqq \sigma_{\text{zul}} \\ \omega \dfrac{S}{F} + \dfrac{300 - 2 \cdot \lambda}{1000} \cdot \dfrac{M}{W_z} \leqq \sigma_{\text{zul}}. \end{cases} \tag{206}$$

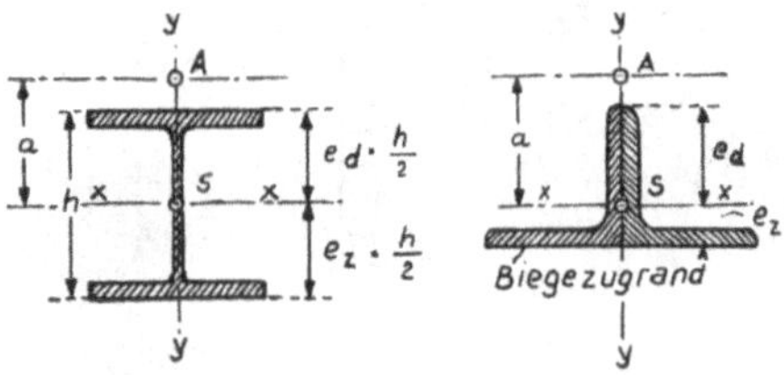

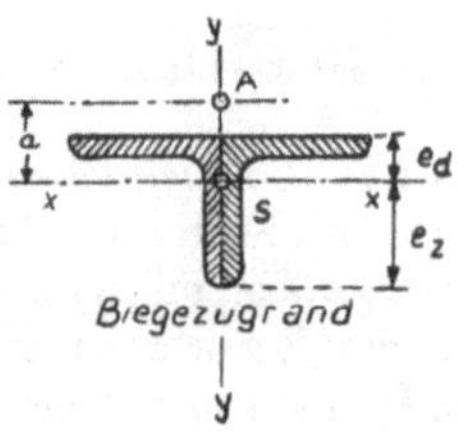

Bild 69
Die 3 Fälle von Querschnittsform und Lage des Kraftangriffspunktes für den außermittig belasteten Stab

Darin bedeuten F der ungeschwächte Stabquerschnitt und W_d und W_z die Widerstandsmomente des ungeschwächten Querschnittes auf den Biegedruck- bzw. Biegezugrand. Dabei ist die Knickuntersuchung in der Momentenebene (welche Hauptebene sein muß) durchzuführen. Wirkt das Moment nicht ständig ein, so muß für Druck allein auch die Knickung in der anderen Hauptebene untersucht werden.

Ist das Biegemoment M veränderlich über die Stablänge, so ist der größte Wert von M einzusetzen (Bild 70a). Tritt das größte Moment am Stabende auf, und sind beide Stabenden unverschieblich festgehalten, so darf das arithmetische Mittel beider Momente genommen werden, aber nicht weniger als $1/2\, M_{\max}$ (Bild 70b und c). Belastungsfälle nach Bild 70a

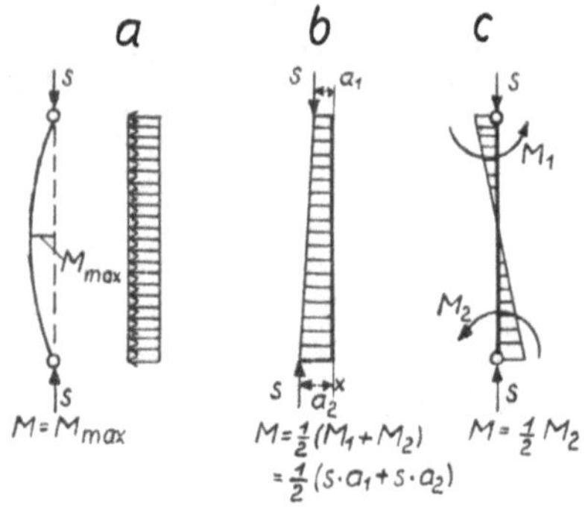

Bild 70. Art und einzusetzende Größe der Momente bei Druck und Biegung

können z. B. in Druckstäben durch zusätzliche Belastung aus Wind oder bei Schräglage durch Eigengewicht entstehen. Bei Stahlschrägstäben mit horizontalem $l_H \leqq 6{,}00$ m braucht der Einfluß des Eigengewichtes nicht mehr berücksichtigt zu werden. Derselbe spielt vielmehr bei den schweren Stahlbetonstreben in schräger oder horizontaler Lage eine Rolle.

Sind Biegemomente in 2 Achsen vorhanden, oder liegt der Kraftangriffspunkt nicht auf einer Hauptachse des Stabquerschnittes, so lautet die Gl. (205) für den Spannungsnachweis

$$(207) \qquad \omega \frac{S}{F} + 0{,}9 \frac{M_x}{W_x} + \left(\frac{M_y}{W_y}\right) \leqq \sigma_{zul}$$

und Gl. (206) sinngemäß. Dabei ist die auf die Minimumachse

bezogene Knickzahl ω einzusetzen. Bei Profilen mit geringem Drillwiderstand kann eine Untersuchung auf Biegedrillknickung bei außermittigem Kraftangriff erforderlich werden. Berechnungsformeln für diesen selteneren Fall s. DIN 4114, Bl. 2 (1953) S. 16.

12. Beispiel. Eine Kranstütze aus NP 34 (St. 37) von $s_k = 2{,}5$ m Knicklänge hat eine mittige Last von $P = 56$ t zu tragen und zeitweilig ein Moment $M = 6{,}8$ mt um die x-Achse aufzunehmen. Der Spannungsnachweis ist zu führen.

Die Profilwerte sind: $F = 86{,}8\ \text{cm}^2$, $W_x = 923\ \text{cm}^3$
$i_x = 13{,}5$ cm, $i_y = 2{,}8$ cm.

Für die x-Achse wird bei Biegung und Druck nach Gl. (205)

mit $$\lambda_x = \frac{250}{13{,}5} = 18{,}5, \text{ d. h. } \omega_x = 1\,,$$

$$\sigma_x = \frac{56000}{86{,}8} + 0{,}9\,\frac{680000}{923} = 645 + 663 = 1308\ \text{kg/cm}^2 < \sigma_{\text{zul}}$$

Wirkt die Druckkraft allein, so kann die Knickung auch nach der y-Achse erfolgen. Dann ist

$$\lambda_y = \frac{250}{2{,}8} = 90 \text{ und } \omega_y = 1{,}71 \text{ und}$$

$$\sigma_y = \frac{1{,}71 \cdot 56000}{86{,}8} = 1100\ \text{kg/cm}^2 < \sigma_{\text{zul}}\,.$$

b) Mehrteilige Druckstäbe sollen möglichst nicht außermittig belastet werden. Ist dies dennoch der Fall, so kann die Berechnung nach Abschn. 12 durchgeführt werden mit der der ideellen Schlankheit λ_{y_i} der stoffreien Achse zugehörigen Knickzahl ω_{y_i}.

c) Kritik der Bemessungsformel. Die Bemessungsformeln entstehen aus den Bemühungen, die Ergebnisse wissenschaftlicher Forschungen dem Bauwesen nutzbar zu machen. Sie sollen möglichst einfach sein und wirtschaftliche Ergebnisse liefern. In diesem Sinne ist die Gleichung (205) für außermittigen Kraftangriff nur eine Näherungslösung. Sie befriedigt in wirtschaftlicher Hinsicht nicht ganz, da sie im Bereich $\lambda < 100$ zu große Werte liefert. Im Bereich $\lambda > 100$ entstehen leicht zu kleine, d. h. nicht „auf der sicheren Seite" liegenden Werte. Wohl ist nun die Wissenschaft in der Lage, genaue Formeln aufzustellen und die Vornormen zu DIN 4114 und ihre Erläuterungen[1]) enthalten sehr viele wertvolle Studien und Hinweise. Es heißt dort an einer Stelle: „Oft bleiben die Ergebnisse tiefgründiger Studien aber deshalb auf einen kleinen Kreis von Wissenschaftlern beschränkt, weil es nicht gelingt, sie einfach und anschaulich darzustellen" (Gehler), und an anderer Stelle: „Überblicken wir alle diese Formeln, so können wir folgendes feststellen: Sind die Formeln einfach gebaut und leicht zu handhaben, dann läßt ihre Annäherung an die strengen Lösungsergebnisse viel zu wünschen übrig, ist jedoch die Annäherung eine gute, dann ist der Aufbau der Formel verhältnismäßig verwickelt und die Handhabung schwerfällig" (Chwalla).

So entschloß man sich für den außermittigen Kraftangriff die einfache Näherungslösung

$$\frac{\omega \cdot S}{F} + \xi \cdot \frac{M}{W} \leqq \sigma_{\text{zul}} \tag{208}$$

beizubehalten, die schon Ellerbeck 1932 vorgeschlagen hatte und in welcher neuerdings lediglich der Wert ξ von 1 auf 0,9 verändert wurde. Man hat also dabei aus den oben erwähnten Gründen auf die Nutzbarmachung neuerer Forschungsergebnisse verzichtet. Stellt man die Forderung, daß die linke Seite der Gl. (208) nicht nur für den Grenzfall des mittig beanspruchten Knickstabes, also für $M = 0$, in $\omega \cdot S/F$ übergeht, sondern auch für den anderen Grenzfall des reinen Biegestabes, also für $S = 0$, in M/W, so müßte ein Korrekturglied, das zur Verbesserung der Näherungsformel hinzugefügt werden sollte, die Form haben $\xi = \frac{S}{F} \cdot \frac{M}{W} \cdot f(x)$, wenn $f(x)$ eine gewisse Funktion der Stabschlankheit $\lambda = l/i$ bedeutet. Diese Forderung des stetigen Überganges in den beiden Grenzfällen ist durch ein einfaches Korrekturglied allerdings nicht zu erfüllen. W. Gehler schlug für das Korrekturglied den von der Schlankheit λ abhängigen Ausdruck $\xi = \left(1 + \frac{1}{3} \cdot \frac{\lambda - 100}{100}\right)$ vor[2]), den er durch die Verwendung des allgemeinen $\alpha \cdot \omega$-Verfahrens, des Additions-

---

[1]) Schrifttum (3) und (5).

[2]) W. Gehler: Vorschlag und Kritik einer Bemessungsformel bei außermittig beanspruchten Knickstäben. Der Stahlbau 1940, H. 12/13, S. 57.

gesetzes der Druckstäbe und der „Grundlösung" von K. Jäger[1]) gewann. Allerdings müssen dabei 2 Querschnittsarten unterschieden werden: a) Regelquerschnitte mit Schwerpunktsabständen vom Rande gleich oder größer als die halbe Profilhöhe und b) Ausnahmequerschnitte mit $e < h/2$. Das genannte Korrekturglied könnte dann nur für die erste Querschnittsgruppe gelten. Die damit nach Gl. (208) errechneten Werte haben nur etwa die halbe Abweichung von der exakten Lösung, wie nach der Gl. (205) berechneten. Dazu ist noch zu sagen, daß die verschiedentlich stark abweichende Lage der Fließgrenze[2]) wohl bei der Auswertung von Versuchsergebnissen berücksichtigt werden kann, nicht aber bei der Bemessung von Bauteilen. Daher muß der Sicherheitsgrad immer reichlich gewählt werden. Daher sagte schon Hartmann[3]): „Es hat offenbar keinen Zweck, die Genauigkeit der Rechnung auf die Spitze zu treiben und hier genauere Verfahren als die „Grundlösung" anzuwenden". Dazu kommt noch, daß das wirkliche Verhalten des Baustoffes offenbar von dem angenommenen idealplastischen Verhalten abweicht und bei I-Trägern auch das Ebenbleiben der Querschnitte (Navier) in Frage gestellt ist[4]). In diesem Zusammenhang sei auch auf die Schubverteilungszahl $\varkappa$ (s. Kap. I, B, 5) hingewiesen, die als Kennziffer der Querschnittsform auch als Maßstab für das Nicht-Ebenbleiben der Querschnitte angesehen werden kann. Während sie beim Rechteckquerschnitt 1,2 beträgt, steigt sie bei I-Trägern bis auf 2,4. Es zeigt sich auch eine starke Abhängigkeit des Fließbeginns von der verschiedenen Breite einzelner Profilteile (z. B. des Flansches und des Steges beim I-Träger), was auch die neuzeitliche werkstoff-mechanische Behandlung der Festigkeitsprobleme[5]) veranschaulicht, die besonders für die räumlichen Spannungszustände der Maschinenteile von grundlegender Bedeutung ist.

Man erkennt also, daß das Problem der einfachen rechnerischen Behandlung schwer zugänglich ist, weil im Fall der Außermittigkeit

---

[1]) K. Jäger (Jezek): Die Festigkeit von Druckstäben, Verlag J. Springer, Wien 1937, S. 93, 148, 193, 202.

[2]) Allein aus einer Charge kann bei St. 37 die Fließgrenze um 10% schwanken. Fällt die Fließgrenze z. B. um 8%, so steigt die Durchbiegung um 12%. S. auch: Gründing, Der Stahlbau 1936, S. 17.

[3]) F. Hartmann: Knickung, Kippung, Beulung, Leipzig und Wien 1937.

[4]) Die genauen Züricher Versuche von Stüssi und Kollbrunner (Beitrag zum Traglastverfahren, Bautechnik 1935, S. 264) haben ergeben: „Bei I-Trägern darf nicht von dem Spannungs-Dehnungsdiagramm für reinen Zug und Druck auf die Formänderung bei Biegung geschlossen werden (Abweichung 18%), da die Querschnitte im plastischen Bereich nicht eben bleiben".

[5]) W. Kuntze, Der Stahlbau 1933, S. 49 und 1935, S. 9. W. Kuntze, Fließbedingung bei ungleicher Spannungsverteilung. Der Bauingenieur 26 (1951), H. 12, S. 357. (Bei ungleicher Spannungsverteilung liegt die Fließgrenze schon unter kleinerer Spannungssumme.) J. Fritzsche, Der Stahlbau 1930, S. 94.

$m = a/k$ die Veränderlichen der Aufbage und die erforderlichen Idealisierungen um zwei wachsen, nämlich um die Exzentrizität und die Querschnittsform des Knickstabes. Aus diesen Gründen wurde bisher auch die Gl. (205) in den neuen DIN-Vorschriften 4114 (1952/53) beibehalten.

14. Die plastische Knickung

Bei neueren Versuchen mit Werkstoffen ohne ausgeprägte Fließgrenze fand man spürbare und systematische Abweichungen von der Theorie Engesser-v. Kármán. Es scheint, daß diese klassische Theorie in diesem Falle, soweit es sich um Knickung im Verfestigungsbereich handelt, einer Vervollständigung bedarf und daß der Begriff der Stabilitätsgrenze im plastischen Bereich neu definiert werden muß. F. R. Shanley glaubt bewiesen zu haben, daß die klassische Theorie nicht die niedrigste Last liefert, unter welcher ein Stab plastisch ausknicken kann. Dies wurde der „Shanley-Effekt" genannt und bedeutet, daß der anfänglich gerade Stab in gewissen Fällen unter einer wesentlich kleineren Knickspannung $\sigma'_k = E'\left(\frac{\pi}{\lambda}\right)^2$ plastisch ausknicken kann, wenn gleichzeitig mit dem Eintreten der Ausbiegung eine entsprechende Laststeigerung stattfindet[1]).

Soweit die Richtigkeit und die Auswirkungen dieses „Shanley-Effektes" heute schon zu übersehen sind, scheint jedoch keine Notwendigkeit vorzuliegen, die Knickvorschriften zu ändern. Die Knickzahlen selbst werden vom „Shanley-Effekt" nicht berührt.

Eine theoretische Erklärung für den „Shanley-Effekt" kann mit Hilfe der Theorie II. Ordnung gegeben werden[2]).

15. Die Bemessung von stählernen Druckstäben

Unter Bemessung versteht man für den Fall des Knickstabes die Auffindung der erforderlichen Abmessungen des Stabquerschnittes für die gegebenen äußeren Kräfte und die Knicklänge. Dies kann erfolgen durch Schätzung der Abmes-

[1]) F. R. Shanley, Journ. Aeron. Sci. 14 (1947), S. 261. F. Schleicher, Zur Theorie der plastischen Knickung. Der Bauingenieur 26 (1951), S. 139 und 197. W. Cornelius, Zuschrift dazu. Der Bauingenieur 26 (1951) S. 255. U. Müllersdorf, Zur Theorie der plastischen Knickung. Der Bauingenieur 27 (1952). S. 57. E. Chwalla, Über die Behandlung der Stabilitätsfragen in den deutschen und österreichischen Stahlbaunormen. Der Stahlbau 22 (1953), H. 4, S. 79.

[2]) Pflüger, Ing.-Archiv 1952, S. 291.

sungen oder der Knickzahl, durch Benutzung von Tragfähigkeitstafeln für Knickstäbe[1]) (z. B. Tafel 26), oder durch sogenannte Gebrauchsformeln. In allen Fällen ist jedoch der Spannungsnachweis nach dem ω-Verfahren zu erbringen.

Für Bemessungsformeln unterscheidet man:

a) Im elastischen Bereich gilt die Euler-Formel Gl. (141). Setzt man in derselben die Knicksicherheit $\nu_{k_i} = 2{,}5$ (s. Abschn. 3) ein, so erhält man aufgelöst nach J

$$(209) \qquad J_{\text{erf}} = \frac{2{,}5 \cdot S \cdot l^2}{\pi^2 \cdot E} = \frac{2{,}5 \cdot 10^7}{\pi^2 \cdot 210000} \cdot S \cdot l^2 = 1{,}21 \cdot S \cdot l^2 ,$$

wobei S in t, l in m eingesetzt wird, während sich J_{erf} in cm^4 ergibt. Sie gilt für Stahl St. 37 und 52, streng genommen aber nur im Bereich zwischen $\lambda = 250$ und 120 (Bild 56).

b) Im unelastischen Bereich kann die Eulergleichung nicht mehr zu Grunde gelegt werden. Geht man von dem Wert $\sigma_{d_{\text{zul}}}$ der Gl. (170) aus, so ist der erforderliche Stabquerschnitt

$$F_{\text{erf}} = \frac{S}{\sigma_{d_{\text{zul}}}} .$$

Nimmt man die $\sigma_{d_{\text{zul}}} - \lambda$-Linie im unelastischen Bereich (Bild 56) als Parabel an, so gilt für St. 37 mit $\sigma_{\text{zul}} = 1400$ kg/cm²

$$\lambda^2 = 2p\,(1400 - \sigma_{d_{\text{zul}}}) ,$$

und daraus mit $\sigma_{d_{\text{zul}}} = 1400 - \dfrac{\lambda^2}{2 \cdot p}$.

Für die Grenze der Bereiche $\lambda = 103{,}9$ ergibt sich $\sigma_{d_{\text{zul}}} =$ 707 kg/cm² und somit

$$\frac{1}{2 \cdot p} = \frac{1400 - 707}{103{,}9^2} = 0{,}0642 .$$

---

[1]) Man beachte, daß alle vor 1952 aufgestellten Tafeln infolge Änderung der ω-Werte unbrauchbar geworden sind.

Damit wird

$$\sigma_{d_{zul}} = 1400 - 0{,}0642\,\lambda^2$$

und
$$F_{erf} = \frac{S}{\sigma_{d_{zul}}} = \frac{S}{1400} + \frac{0{,}0642}{1400}\lambda^2 .$$

Mit $\lambda = \frac{s_k}{i} = \frac{s_k}{\sqrt{\frac{J}{F_{erf}}}}$ wird $F_{erf} = \frac{S}{1400} + \frac{0{,}46}{10^4}\frac{F_{erf}^2}{J}\cdot s_k^2$.

Nennt man darin $\frac{F_{erf}^2}{J} = \frac{F_{erf}}{i^3} = Z$ den Querschnittswert (früher auch Profilwert genannt), so ergeben sich für St. 37

(210) $$F_{erf} = \frac{S}{1{,}4} + 0{,}46 \cdot Z \cdot s_k^2$$

und für St. 52 sinngemäß

(211) $$F_{erf} = \frac{S}{2{,}1} + 0{,}67 \cdot Z\, s_k^2$$

die sogenannten Gehlerschen Gebrauchsformeln. Darin sind einzusetzen S in t, s_k in m und es ergibt sich der Stabquerschnitt F_{erf} in cm². Die Gl. (210) und (211) entsprechen, bezogen auf die neue DIN 4114 (1952) den in Abschn. 6 genannten früheren Formeln. Der Querschnittswert Z hat die willkommene Eigenschaft, daß er für geometrisch vollkommen gleichartige Querschnitte ein Festwert ist und für die Walzprofile nur wenig schwankt. Er kann aus Tafel 23 entnommen werden.

Die Gl. (210) in der allgemeinen Form

(212) $$F_{erf} = F_D + \Delta F = \frac{S}{\sigma_{zul}} + \xi \cdot Z \cdot l^2$$

kann nach dem Additionsgesetz der Druckstäbe (s. Abschn. 17) gedeutet werden als Summe der Anteile eines reinen Druckquerschnittes und eines zusätzlichen Knickquerschnittes. Dabei ist das 2. Glied bemerkenswerterweise, abgesehen von einem Zahlenwert ξ, nur von den Stababmessungen abhängig. Bezeichnet man die Kernweite mit w und $F/y_1 = Y$ als die „Querschnittsstrecke", so ergibt sich mit dem Satz von der mittleren Proportionalen (s. Band I, S. 116) folgende geometrische Deutung des Querschnittswertes Z

$$(213)\qquad Z = \frac{F}{i^2} = \frac{F^2}{J} = \frac{F}{y_1} \cdot \frac{1}{w} = \frac{Y}{w} = \tan\zeta\,.$$

Verwandelt man den Rechteckquerschnitt des Bildes 71 mit der Höhe h und der Breite b in einen flächengleichen der Höhe $y_1 = h/2$ und der Breite $Y = F/y_1 = 2b$, so hat man damit die Größe der sogenannten Querschnittsstrecke. Projiziert man dann den Kernpunkt A nach B, so ist $B - C = w = h/6$ die Kernweite und

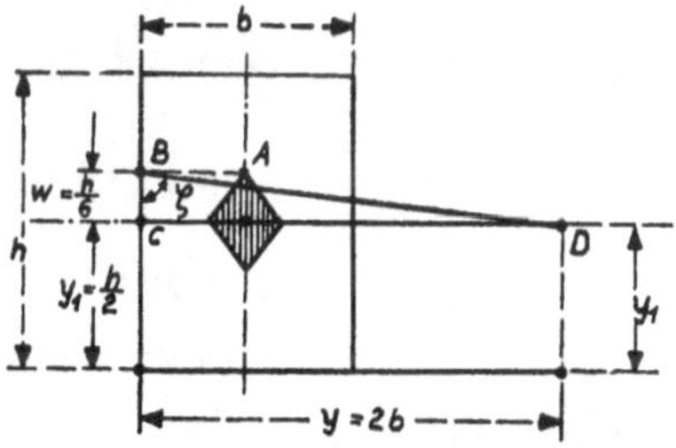

Bild 71. Darstellung der Querschnittszahl $Z = Y/w$ beim Rechteck

$$\tan\zeta = \frac{Y}{w} = Z = \frac{2 \cdot b}{\frac{h}{6}} = 12\,\frac{b}{h}\,.$$

Die Probe ergibt: $Z = \frac{F}{i^2} = \frac{b \cdot h}{\frac{h^2}{12}} = 12\,\frac{b}{h}$, also dasselbe Ergebnis. Diese geometrische Konstruktion der Querschnittszahl und die Werte der Tafel 24 lassen die Möglichkeiten einer wirtschaftlichen Querschnittsgestaltung erkennen. Wird Y klein und w groß, so wird Z klein und damit der zweite Anteil der Gl. (212). Die beiden Mittel für diese Verkleinerung sind:

a) Wahl eines dünnwandigen Profiles oder eines Hohlquerschnittes, b) Spreizung der Querschnittsteile. Schneidet man das volle Rechteckprofil des Bildes 72 zu einem Hohlquerschnitt aus, so sinkt Z von 18 auf 3,1, womit der zusätzliche Knickquerschnitt vermindert wird. Noch wirkungsvoller ist die zweite Maßnahme der Spreizung. Teilt man den Rechteckquerschnitt des Bildes 73 in 2 flächengleiche Teile mit dem Abstand $a = b$, so sinkt die Querschnittszahl Z von 90 auf 0,53. Diese zweite Maßnahme darf man in der Praxis jedoch nur soweit treiben, daß noch eine hinreichend sichere Bindung der einzelnen Querschnittsteile erfolgen kann (s. Abschn. 12).

Tafel 23. Querschnittswerte Z für häufig vorkommende Profile

Querschnittsform		k
	Rechteck	$12\,\frac{b}{h}$
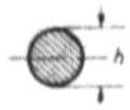	Kreis	4π = rd. 12,6
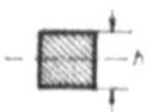	Quadrat	12
	I { < 20	i. M. 9,5
	I { > 20	rd. $7 + \frac{h_{cm}}{8}$
	ungleichschenklig 1:1½	$88\,\frac{s}{h}$ = i. M. 8,4
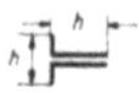	ungleichschenklig 1:2	$95\,\frac{s}{h}$ = i. M. 7,8
	breitflanschig	i. M. 7,5
	⊏ 20 bis 30	i. M. 7,0
	breitflanschig	i. M. 6,2
	gleichschenklig	$40\,\frac{s}{h}$ = rd. 6,2
	gleichschenklig	$50\,s_{cm}$ = i. M. 5
	ungleichschenklig 1:1½	$51\,\frac{s}{h}$ = i. M. 5,0
	hochstegig	i. M. 5,0
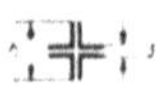	gleichschenklig	$43\,\frac{s}{h}$ = rd. 4,3

Noch: Tafel 23

Querschnittsform		k
	gleichschenklig	$42\frac{s}{h} =$ rd. 4,2
	I P { 14 bis 18 20 bis 34 36 bis 65	3,9 bis 3,6 i. M. 3,1 rd. $0{,}1 h_{cm} - 0{,}2$
	ungleichschenklig $1:1\frac{1}{2}$	$32\frac{s}{h} =$ i. M. 3,0
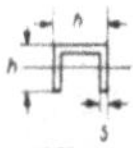	Hutform	$28\frac{s}{h} =$ rd. 2,8
	Kreisring	$28\frac{s}{h} =$ i. M. 2,8
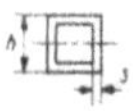	Hohlquadrat	$26\frac{s}{h} =$ i. M. 2,6
	⊥-Form	$20\frac{s}{h} =$ i. M. 2,0
	⊐ 20 bis 30 (für $J_x = J_y$)	i. M. 1,0
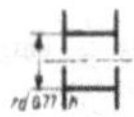	I { 8 bis 18 20 bis 60 (für $J_x = J_y$)	i. M. 1,2 i. M. 1,0
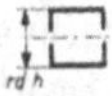	⊔ 20 bis 30	rd. $\frac{15}{h_{cm}} + 0{,}24$ = i. M. 1,0
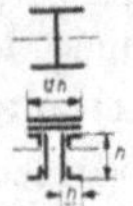	I P { 14 bis 40 40 bis 65	rd. $1{,}65 - 0{,}025\, h_{cm}$ rd. $\frac{28}{h_{cm}}$
		rd. $40\frac{s}{h} =$ i. M. 1

c) Zur Bemessung in beiden Bereichen geben die Richtlinien der DIN 4114 (Bl. 2 von 1953, S. 8) ein Verfahren an, daß auf Grund einer „Stabkennzahl" ζ den ω-Wert auffindet und damit aus Gl. (168) der erforderliche Stabquerschnitt

$$F_{\text{erf}} = \omega \cdot \frac{S}{\sigma_{\text{zul}}} \tag{214}$$

ermittelt werden kann.

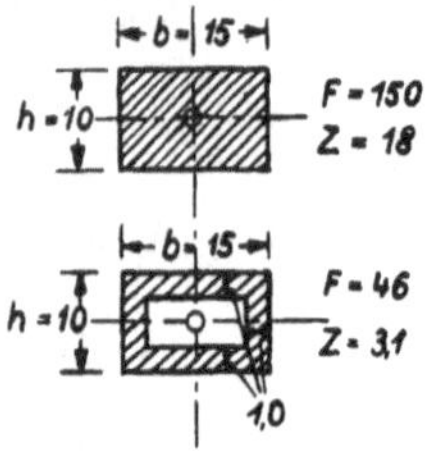

Bild 72. Verringerung von Z durch Hohlquerschnitt

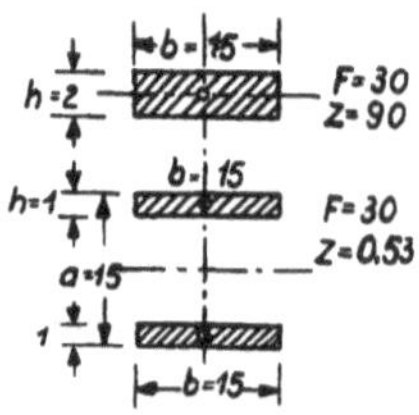

Bild 73. Verringerung von Z durch Spreizung

Die Stabkennzahl ist

$$\zeta = \sqrt{\frac{Z \cdot s_k^2 \cdot \sigma_{\text{zul}}}{S}}, \tag{215}$$

worin die gegebenen Werte dimensionsgerecht eingesetzt werden und Z der Querschnittswert der Tafel 23 ist. Für ζ wird der zugehörige λ-Wert aus Tafel 24 entnommen.

Alle Bemessungsformeln setzen gleichbleibenden Stabquerschnitt und gleichbleibende Normalkraft voraus. Bei veränderlichem Trägheitsmoment wird zweckmäßig ein Ersatzmoment verwendet[1]). Bei beliebig, aber stetig veränderlichem Trägheitsmoment kann nach Deutsch[2]) in die Gleichung der Knicklast ein Faktor eingeführt werden, so daß Gl. (141) lautet

[1]) DIN 4114, Bl. 2 (1953), Ri 7. 6 und N. Dimitrov, Ermittlung konstanter Ersatzträgheitsmomente für Druckstäbe mit veränderlichen Querschnitten. Der Bauingenieur 1953, H. 6, S. 208.

[2]) E. Deutsch, Einfache Berechnung der Knicklast mit beliebig stetig veränderlichem Trägheitsmoment. Der Stahlbau 22 (1953), H. 10, S. 224.

Tafel 24. ζ-Werte für das Stabkennzahl-Verfahren

ζ	St 00, Handelsbaustahl und St 37		St 52	
	ω	λ	ω	λ
21	1,04	20,6	1,06	20,4
25	1,05	24,4	1,08	24,1
30	1,07	29,0	1,10	28,6
35	1,10	33,4	1,13	32,9
40	1,12	37,8	1,16	37,1
45	1,15	42,0	1,19	41,2
50	1,18	46,0	1,23	45,1
55	1,21	50,0	1,27	48,8
60	1,24	53,8	1,31	52,5
65	1,27	57,6	1,35	55,9
70	1,31	61,2	1,40	59,2
75	1,35	64,6	1,45	62,4
80	1,38	68,1	1,50	65,4
85	1,42	71,3	1,55	68,3
90	1,46	74,4	1,60	71,1
95	1,51	77,4	1,65	73,8
100	1,55	80,3	1,71	70,5
105	1,59	83,2	1,77	79,0
110	1,64	85,9	1,82	81,5
115	1,68	88,6	1,88	83,9
120	1,73	91,3	1,94	86,2
125	1,77	93,8	2,00	88,4
130	1,82	96,3	2,07	90,4
135	1,87	98,7		
140	1,92	101,1		
145	1,97	103,4		
150	2,02	105,6	$\frac{\zeta}{62{,}83}$	$7{,}93\sqrt{\zeta}$
160	2,12	110,0		
170	2,22	114,1		
180	2,34	117,6		
> 180	$\frac{\zeta}{76{,}95}$	$8{,}77\sqrt{\zeta}$		

$$P_k = \mu \frac{E \cdot J_{\min}}{s^2} \cdot \alpha \,. \tag{216}$$

Der Wert μ ist abhängig von dem Verhältnis $n = \frac{J_{\max}}{J_{\min}} > 1{,}0$. Damit kann die günstigste Anordnung der Trägheitsmomente leicht überblickt werden (Tafel 25). Der Wert α ist die „Eulerzahl" für konstantes Trägheitsmoment.

Ist die Druckkraft auf die Stablänge veränderlich, so darf unter gewissen Bedingungen mit dem gleichen Rechnungs-

Tafel 25. Die Knicklasten der 4 Euler-Fälle bei stetig veränderlichen Trägheitsmomenten

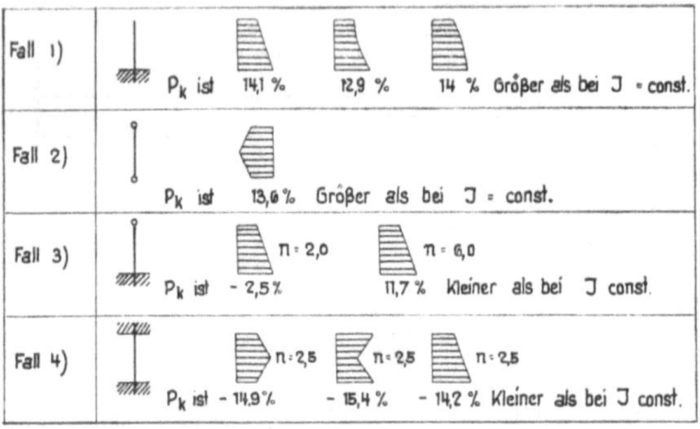

gang aber veränderten Knicklängen s_k gerechnet werden (DIN 4114, Bl. 2, Ri 7. 7).

13. Beispiel. Für den im 10. Beispiel gezeigten Druckstab aus BP 30, belastet mit 105 t bei 8,00 m Knicklänge, ist das erforderliche J zu bestimmen.

Der kleinste Trägheitsradius ist $i_y = 7{,}65$ und damit die größte Schlankheit $\lambda_y = \frac{800}{7{,}65} = 104{,}5$. Es gilt also die Bemessungsformel im elastischen Bereich Gl. (209). Damit wird

$$J_{\text{erf}} = 1{,}21 \cdot S \cdot l^2 = 1{,}21 \cdot 105 \cdot 64 = 8130 \text{ cm}^4 .$$

Dem entspricht als nächstes Profil BP 30 mit $J_y = 9007$ cm^4. Man erkennt, daß die kleine Ungenauigkeit der Gl. (209) für den Bereich zwischen $\lambda = 103{,}9$ und 120, in welchem ν_{k_i} etwas größer ist als 2,5, keine Rolle spielt, da infolge der festliegenden Profilwerte der Stab der errechneten Zahl nie genau angepaßt werden kann. Für BP 28 gilt z. B. $J_y = 7324$ cm^4.

14. Beispiel. Für die im 11. Beispiel gezeigte Stütze für $S = 122$ t aus 2 U 30 bei $s_k = 7{,}00$ m ist die erforderliche Fläche zu berechnen.

Die Schlankheiten sind $\lambda_x = 60$ und $\lambda_{y_i} = 61$, also gilt der unelastische Bereich.

Nach Gl. (210) ist $F_{\text{erf}} = \frac{S}{\sigma_{\text{zul}}} + 0{,}46\, Z \cdot l^2 = \frac{122}{1{,}4} + 0{,}46 \cdot 1{,}0 \cdot 7{,}0^2 = 110\ \text{cm}^2$.

Der Querschnittswert Z ist aus Tafel 23 entnommen. Die beiden U 30 haben $F = 118\ \text{cm}^2$, das nächst niedrigere Profil U 28 hat nur $107\ \text{cm}^2$.

15. Beispiel. Zum 13. Beispiel ist das Verfahren der Stabkennzahl anzuwenden.

Für die Stabkennzahl ergibt sich mit $Z = 3{,}1$

$$\zeta = \sqrt{\frac{Z \cdot s_k^2 \cdot \sigma_{\text{zul}}}{S}} = \sqrt{\frac{3{,}1 \cdot 640000 \cdot 1400}{105000}} = 162$$

und dafür aus Tafel 24 $\omega = 2{,}12$. Aus Gl. (214) wird

$$F_{\text{erf}} = 2{,}12\, \frac{105}{1{,}4} = 159\ \text{cm}^2\,.$$

Das verwendete Profil hat $F = 154\ \text{cm}^2$ und der Spannungsnachweis im 10. Beispiel zeigt, daß diese Fläche ausreicht.

16. Beispiel. Zum 14. Beispiel ist das Verfahren der Stabkennzahl anzuwenden.

Es wird $\zeta = \sqrt{\frac{1{,}0 \cdot 490000 \cdot 1400}{122000}} = 75$ und nach Tafel 24 $\omega = 1{,}35$. Nach Gl. (214) ist $F_{\text{erf}} = 1{,}35\, \frac{122}{1{,}4} = 118\ \text{cm}^2$, was den beiden U 30 entspricht.

16. Die Bemessung von hölzernen Druckstäben

Einen breiten Raum im Bauwesen nehmen die Holzsäulen, insbesonders im Gerüstbau, ein. Im Normalfall der oben und unten durch Verbände in beiden Richtungen gehaltenen Säule wird die Systemlinie als Knicklänge eingesetzt (Eulerfall 2). Für andere Fälle der Lagerung sind die Bild 49 entsprechenden Knicklängen einzusetzen.

Tafel 26. Zulässige Tragkraft von Säulen aus Breitflanschträgern ($\sigma_e = 1400$ kg/cm²)

Profilwerte			Knicklänge s_k in m								
h (cm)	F(cm²)	i_{min} (cm)	4,00	5,00	6,00	7,00	8,00	9,00	10,00	11,00	12,00
20	82,7	5,08	76	62	49	36	27	22	17	15	12
22	91.1	5,59	89	75	62	48	37	29	24	19	17
24	111	6,11	115	98	84	70	53	42	34	28	24
26	121	6,61	129	114	98	85	68	54	44	36	30
28	144	7,14	160	143	125	108	93	75	61	50	42
30	154	7,65	175	160	142	124	109	92	74	62	52
32	171	7,60	195	176	156	137	120	102	81	67	57
34	174	7,55	198	179	159	139	121	102	82	68	57
36	192	7,51	218	196	173	153	132	110	90	74	62
38	194	7,46	219	198	175	153	132	110	90	74	62
40	209	7,49	238	214	189	166	143	120	98	80	68
45	232	7,38	262	234	208	180	157	129	105	86	72
50	255	7,28	285	255	226	196	169	140	113	93	77
55	263	7,17	292	261	228	198	172	140	113	93	77
60	289	7,07	318	285	250	215	186	149	120	99	83
65	297	6,97	327	289	254	219	186	148	120	99	83
70	324	6,88	354	313	273	234	200	157	128	105	88
80	342	6,70	368	324	280	239	200	158	128	105	88
90	381	6,53	407	356	308	260	212	166	135	111	93
100	400	6,37	421	368	314	265	212	167	135	111	94

$\lambda > 150$

a) Einteilige Stäbe mit mittigem Kraftangriff. Der Nachweis der Standsicherheit wird auch für Holzsäulen nach der Gl. (168) des ω-Verfahrens erbracht, wofür die ω-Werte aus Tafel 29 und die zulässigen Spannungen für Holz bei Druck in Faserrichtung aus DIN 1052 entnommen werden. Für das normalerweise verwendete Holz der Güteklasse II beträgt $\sigma_{d_{zul}}$ z. B. 85/cm² bei Nadelholz. Die Schlankheit λ von Holzsäulen muß kleiner oder gleich 150 sein, die höheren Werte bis 250 gelten nur für „fliegende Bauten" nach DIN 4112. Zur Bemessung von einteiligen Holzsäulen benutzt man am einfachsten Tafeln, in welchen zu verschiedenen Durchmessern und Knicklängen die Traglast angegeben ist (s. z. B. Tafel 31 und 32). Zweckmäßig ist auch das Bemessungsverfahren nach Löser[1]): Man errechnet aus den gegebenen Werten s_k, $\sigma_{d_{zul}}$

Tafel 27. Bemessungstafeln für runde Holzsäulen

$$i = \frac{d}{4}, \; \lambda = \frac{s_k}{i} = 1 \cdot \varrho, \; c = \frac{\omega \cdot \lambda^2}{4 \cdot \pi}.$$

λ	ω	ϱ	ε	λ	ω	ϱ	ε
4	1.03	1	1.31	104	3.29	26	2 833
8	1.06	2	5.38	108	3.58	27	3 326
12	1.09	3	12.4	112	3.89	28	3 887
16	1.12	4	22.8	116	4.22	29	4 520
20	1.15	5	35.6	120	4.55	30	5 214
24	1.19	6	54.5	124	4.92	31	6 022
28	1.23	7	76.7	128	5.29	32	6 902
32	1.27	8	104	132	5.69	33	7 884
36	1.32	9	136	136	6.10	34	8 975
40	1.36	10	173	140	6.51	35	10 153
44	1.42	11	218	144	6.96	36	11 494
48	1.47	12	270	148	7.42	37	12 978
52	1.53	13	330	152	7.90	38	14 528
56	1.60	14	400	156	8.41	39	16 270
60	1.67	15	478	160	8.91	40	18 151
64	1.75	16	570	164	9.46	41	20 251
68	1.83	17	673	168	10.01	42	22 491
72	1.92	18	794	172	10.59	43	24 935
76	2.03	19	934	176	11.20	44	27 598
80	2.14	20	1090	180	11.80	45	30 424
84	2.28	21	1282	184	12.45	46	33 547
88	2.42	22	1496	188	13.10	47	36 856
92	2.60	23	1751	192	13.79	48	40 447
96	2.80	24	2053	196	14.50	49	44 322
100	3.00	25	2387	200	15.21	50	48 415

[1]) Der Bauingenieur 1938, S. 661, Beton u. Eisen 1939, H. 16.

Tafel 28. Bemessungstafel für quadratische Holzsäulen

$$i = \frac{d}{\sqrt{12}}, \lambda = \varrho \cdot \sqrt{12}, \varepsilon = \frac{\omega \cdot \lambda^2}{12}.$$

λ	ω	ϱ	ε	λ	ω	ϱ	ε
4	1.03	1.15	1.37	104	3.29	30.0	2 967
8	1.06	2.31	5.63	108	3.58	31.2	3 483
12	1.09	3.46	13.0	112	3.89	32.3	4 060
16	1.12	4.62	23.9	116	4.22	33.5	4 733
20	1.15	5.77	38.3	120	4.55	34.6	5 460
24	1.20	6.92	57.1	124	4.92	35.8	6 306
28	1.23	8.08	80.3	128	5.29	36.9	7 228
32	1.27	9.23	108	132	5.69	38.1	8 256
36	1.32	10.4	142	136	6.10	39.2	9 399
40	1.36	11.5	181	140	6.51	40.4	10 632
44	1.42	12.7	228	144	6.97	41.5	12 036
48	1.47	13.8	283	148	7.42	42.7	13 590
52	1.53	15.0	346	152	7.90	43.8	15 214
56	1.60	16.2	419	156	8.41	45.0	17 047
60	1.67	17.3	501	160	8.91	46.2	19 008
64	1.75	18.5	597	164	9.46	47.3	21 207
68	1.83	19.6	705	168	10.01	48.5	23 553
72	1.92	20.8	831	172	10.59	49.6	26 112
76	2.03	21.9	978	176	11.20	50.8	28 901
80	2.14	23.1	1141	180	11.80	51.9	31 860
84	2.28	24.2	1343	184	12.45	53.1	35 130
88	2.43	25.4	1567	188	13.10	54.2	38 596
92	2.60	26.5	1834	192	13.79	55.4	42 357
96	2.80	27.7	2150	195	14.50	56.4	46 414
100	3.00	28.8	2500	200	15.21	57.7	50 700

und S den Leitwert $\varepsilon = \frac{s_k^2 \cdot \sigma_{d_{zul}}}{S}$, entnimmt aus den Tafeln 27 und 28 den Hilfswert ϱ und errechnet die Stabdicke aus $d = \frac{s_k}{\varrho}$.

17. Beispiel. Eine Säule aus Rundholz soll bei $s_k = 6{,}00$ m eine Last von 12,5 t tragen. Der Querschnitt ist zu bemessen und der Spannungsnachweis zu führen.

Nimmt man Nadelholz der Güteklasse II mit $\sigma_{d_{zul}} = 85\ \text{kg/cm}^2$, so ergibt sich nach $\varepsilon = \frac{360000 \cdot 85}{12500} = 2450$ und nach Tafel 27 $\varrho = 24{,}15$ (durch Interpolation). Dann ist der Stabdurchmesser $d = \frac{600}{25{,}14} = 23{,}9 \cong 24$ cm.

Der Spannungsnachweis ist mit $F = 452\ \text{cm}^2$, $i = \frac{d}{4} = 6$, $\lambda = \frac{600}{6} = 100$ und $\omega = 3{,}00$ (nach Tafel 29) nach Gl. (168)

$$\frac{\omega \cdot S}{F} = \frac{3{,}00 \cdot 125000}{452} = 83 < 85\ \text{kg/cm}^2 .$$

Nach Tafel 31 ist die Tragfähigkeit der Säule von ∅ 24 cm bei Knicklänge 6,00 m $S = 12{,}8$ t.

b) Mehrteilige Druckstäbe mit mittigem Kraftangriff. Hölzerne Druckstäbe aus n gleichen Einzelteilen, können bei Ausknicken um die Stoffachse wie einteilige Stäbe der Gesamtbreite $n \cdot d$ nach Gl. (168) berechnet werden. Für das Knicken um die y-Achse

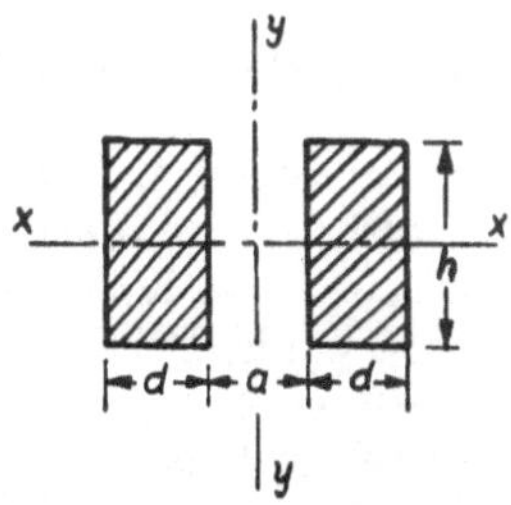

Bild 74
Zweiteiliger hölzerner Druckstab

Tafel 29. Knickzahlen ω für Holzsäulen

λ	Knickzahlen ω 0	1	2	3	4	5	6	7	8	9	λ
0	1.00	1.01	1.01	1.02	1.03	1.03	1.04	1.05	1.06	1.06	0
10	1.07	1.08	1.09	1.09	1.10	1.11	1.12	1.13	1.14	1.15	10
20	1.15	1.16	1.17	1.18	1.19	1.20	1.21	1.22	1.23	1.24	20
30	1.25	1.26	1.27	1.28	1.29	1.30	1.32	1.33	1.34	1.35	30
40	1.36	1.38	1.39	1.40	1.42	1.43	1.44	1.46	1.47	1.49	40
50	1.50	1.52	1.53	1.55	1.56	1.58	1.60	1.61	1.63	1.65	50
60	1.67	1.69	1.70	1.72	1.74	1.76	1.79	1.81	1.83	1.85	60
70	1.87	1.90	1.92	1.95	1.97	2.00	2.03	2.05	2.08	2.11	70
80	2.14	2.17	2.21	2.24	2.27	2.31	2.34	2.38	2.42	2.46	80
90	2.50	2.54	2.58	2.63	2.68	2.73	2.78	2.83	2.88	2.94	90
100	3.00	3.07	3.14	3.21	3.28	3.35	3.43	3.50	3.57	3.65	100
110	3.73	3.81	3.89	3.97	4.05	4.13	4.21	4.29	4.38	4.46	110
120	4.55	4.64	4.73	4.82	4.91	5.00	5.09	5.19	5.28	5.38	120
130	5.48	5.57	5.67	5.77	5.88	5.98	6.08	6.19	6.29	6.40	130
140	6.51	6.62	6.73	6.84	6.95	7.07	7.18	7.30	7.41	7.53	140
150	7.65	7.77	7.90	8.02	8.14	8.27	8.39	8.52	8.65	8.78	150
160	8.91	9.04	9.18	9.31	9.45	9.58	9.72	9.86	10.00	10.15	160
170	10.29	10.43	10.58	10.73	10.88	11.03	11.18	11.33	11.48	11.64	170
180	11.80	11.95	12.11	12.27	12.44	12.60	12.76	12.93	13.09	13.26	180
190	13.43	13.61	13.78	13.95	14.12	14.30	14.48	14.66	14.84	15.03	190
200	15.20	15.38	15.57	15.76	15.95	16.14	16.33	16.52	16.71	16.91	200
210	17.11	17.31	17.51	17.71	17.92	18.12	18.33	18.53	18.74	18.95	210
220	19.17	19.38	19.60	19.81	20.03	20.25	20.47	20.69	20.92	21.14	220
230	21.37	21.60	21.83	22.06	22.30	22.53	22.77	23.01	23.25	23.49	230
240	23.73	23.98	24.22	24.47	24.72	24.97	25.22	25.48	25.73	25.99	240
250	26.25	-	-	-	-	-	-	-	-	-	250

kann, im Gegensatz zum Stahlbau, nicht mit einem vollen Zusammenwirken aller Einzelstäbe gerechnet werden.

Nach DIN 1052 (1947) darf nur mit einem wirksamen Trägheitsmoment J_w, aus welchem i_y und λ_y bestimmt werden, in der y-Achse von der Größe

$$J_w = J_0 + \frac{J - J_0}{4} = \frac{3}{4} J_0 + \frac{1}{4} J \tag{217}$$

gerechnet werden. Darin bedeuten J das Trägheitsmoment des mehrteiligen Druckstabes um die y-Achse, J_0 jenes des Vollstabes, der durch Zusammenrücken der Einzelstäbe entstehen würde. Dabei dürfen die Spreizungen a nicht größer werden als $2 \cdot d$ (bzw. $a > 2 \cdot d$ nicht in Rechnung gestellt werden) und das Trägheitsmoment des Einzelstabes muß mindestens sein

$$J_1 = \frac{10 \cdot S \cdot s_k^2}{n} . \tag{218}$$

Diese mehrteiligen Druckstäbe müssen an ihren Enden und mindestens in den Drittelspunkten durch Bindehölzer und Bolzen (bei Nagelbauweise durch entsprechende Nagelung) verbunden werden (s. Din 1052, § 12c).

Der maßgebende Trägheitsradius ist $i_y = \sqrt{\frac{J_w}{F}}$. Schreibt man ihn in der Form

$$i_y = k_n \cdot d , \tag{219}$$

so kann man mit Hilfe der Tafel 30 mit den k_n-Werten zwei- bis vierteiliger Druckstäbe i_y ihne Benutzung der Gl. (217) unmittelbar anschreiben[1]).

18. Beispiel. Eine 3-teilige hölzerne Druckstrebe nach Bild 75 ist bei $s_k = 6{,}00$ m mit $S = 14{,}5$ t belastet. Der Spannungsnachweis ist zu führen.

[1]) Die Bautechnik 1939, H. 20, S. 282. Ausführliche Bemessungstafeln für Holzbauten S. Gattnar, Verlag Ernst u. Sohn, Berlin 1949.

Für die x-Achse wird mit $F = 600\ \text{cm}^2$ und $J_x = \frac{3 \cdot 10 \cdot 20^3}{12} = 20000\ \text{cm}^4$

$$i_x = \sqrt{\frac{20000}{600}} = 5{,}77 \text{ und } \lambda_x = \frac{600}{5{,}77} = 104\ \text{cm}\,.$$

Dafür findet man in Tafel 29 $\omega = 3{,}28$ und die Spannung nach Gl. (168)

$$\sigma_x = \frac{3{,}28 \cdot 145000}{600} =$$

$$= 79{,}2 < 85\ \text{kg/cm}^2\,.$$

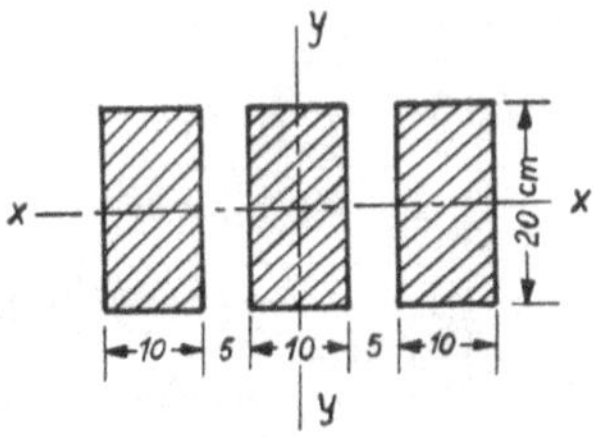

Bild 75. Dreiteiliger hölzerner Druckstab

In der y-Achse ist mit $z = \frac{a}{d} = 0{,}5$ nach Gl. (219) und

Tafel 30. Die k_n-Werte zur Bestimmung von i_y bei 2- bis 4-teiligen hölzernen Druckstäben

	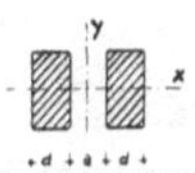	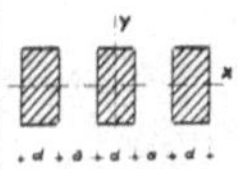	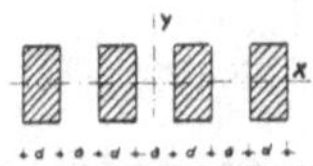
$z = a : d$	$k_2 = \sqrt{\frac{16 + 6z + 3z^2}{48}}$	$k_3 = \sqrt{\frac{9 + 4z + 2z^2}{12}}$	$k_4 = \sqrt{\frac{64 + 30z + 15z^2}{48}}$
0,0	0,577	0,866	1,155
0,1	0,589	0,886	1,183
0,2	0,601	0,907	1,213
0,3	0,614	0,930	1,245
0,4	0,627	0,954	1,287
0,5	0,641	0,979	1,313
0,6	0,656	1,005	1,349
0,7	0,672	1,032	1,387
0,8	0,688	1,060	1,426
0,9	0,705	1,089	1,466
1,0	0,722	1,118	1,507
1,1	0,739	1,148	1,549
1,2	0,757	1,179	1,592
1,3	0,776	1,210	1,635
1,4	0,794	1,242	1,680
1,5	0,813	1,275	1,725
1,6	0,833	1,308	1,770
1,7	0,852	1,341	1,816
1,8	0,872	1,375	1,863
1,9	0,892	1,409	1,910
2,0	0,913	1,443	1,958
2,1 / 2,2 / 2,3 / 2,4	Werte wie für (a:d) = 2,0, sonst Nachrechnung		

Tafel 31. Zulässige Tragkraft runder Holzsäulen

$\left(\text{Güteklasse II mit } \sigma_{d_{zul}} = 85 \frac{\text{kg}}{\text{cm}^2}\right)$

ϕ d in cm	F. cm²	$i = \frac{d}{4}$ cm	Knicklänge s_K in m										
			3,00	3,50	4,00	4,50	5,00	5,50	6,00	6,50	7,00	7,50	8,00
14	154	3,5	5,60	4,35	3,23	2,43	1,91	Bereich mit $\lambda > 150$ nur für					
16	201	4,0	8,55	7,06	5,70	4,30	3,42	2,76	2,23	„fliegende Bauten"			
18	254	4,5	11,9	10,4	8,78	7,20	5,66	4,56	3,74	3,11	nach	Din	4112
20	314	5,0	16,0	14,3	12,5	10,7	8,90	7,15	5,86	4,87	4,10	3,49	
22	380	5,5	20,4	18,6	16,6	14,6	12,7	10,8	8,85	7,37	6,23	5,31	4,56
24	452	6,0	25,7	23,6	21,3	19,3	17,2	14,9	12,8	10,8	8,98	7,70	6,67
26	531	6,5	31,3	28,9	26,6	24,4	22,0	19,5	17,5	15,0	12,6	10,9	9,36
28	616	7,0	37,4	34,9	32,7	30,1	27,6	24,8	22,4	19,9	17,5	14,9	12,9
30	707	7,5	44,2	41,1	38,8	36,0	33,2	30,8	28,1	25,3	22,8	20,0	17,2
32	804	8,0	51,0	48,1	45,5	42,6	39,7	36,9	34,1	32,4	28,2	25,4	22,8
34	908	8,5	59,4	56,0	52,9	49,4	46,8	43,8	40,6	37,6	35,0	31,9	28,8

Tafel 30 $i_y = 0{,}979 \cdot 10 = 9{,}79$. Damit wird $\lambda_y = \frac{600}{9{,}79} = 61$ und nach Tafel 29 $\omega = 1{,}69$. Die Spannung ist dann

$$\sigma_y = \frac{1{,}69 \cdot 145000}{600} = 41 < 85 \text{ kg/cm}^2 .$$

Rechnet man i_y nach Gl. (217), so ergibt sich:

$$J = \frac{1}{12} \cdot 3 \cdot 20 \cdot 10^3 + 2 \cdot 20 \cdot 10 \cdot 15^2 = 95000 \text{ cm}^4$$

Tafel 32. Zulässige Tragkraft quadratischer Holzsäulen

$\left(\text{Güteklasse II mit } \sigma_{d_{\text{zul}}} = 85 \frac{\text{kg}}{\text{cm}^2}\right)$

d in cm	F. cm²	$i = d\sqrt{\frac{1}{12}}$ cm	Knicklänge in m										
			3,00	3,50	4,00	4,50	5,00	5,50	6,00	6,50	7,00	7,50	8,00
14	196	4,04	8,46	7,13	5,67	4,37	3,45	2,74	2,25	Bereich mit λ > 150 nur für „fliegende Bauten"			
16	256	4,62	12,36	10,70	9,15	7,68	6,10	4,87	3,97	3,28	nach Din 4112		
18	324	5,20	16,9	15,2	13,4	11,6	9,90	8,04	6,67	5,50	4,60	3,96	
20	400	5,77	22,2	20,1	18,4	16,4	14,3	12,4	10,4	8,57	7,33	6,20	5,31
22	484	6,35	28,2	26,0	23,9	21,6	19,5	17,3	15,3	13,1	11,0	9,38	8,09
24	576	6,93	35,0	32,7	30,1	27,8	25,5	23,2	20,6	18,3	15,9	13,7	11,9
26	676	7,51	42,2	39,4	37,1	34,4	31,7	29,5	26,9	24,1	21,8	19,1	16,7
28	784	8,08	50,0	47,5	44,6	41,6	39,1	36,4	33,8	31,1	27,9	26,3	22,6
30	900	8,66	58,9	56,2	53,1	50,0	47,0	44,0	41,3	38,3	25,2	32,1	29,6
32	1024	9,24	68,6	65,0	62,2	58,5	55,9	52,1	49,5	46,6	42,8	40,1	36,6
34	1156	9,81	77,9	74,4	71,1	68,2	64,6	61,3	58,1	54,8	51,7	47,9	44,4

$$J_0 = \frac{1}{12} \cdot 20 \cdot 30^3 = 45000 \text{ cm}^4$$

$$J_w = \frac{3}{4} \cdot 45000 + \frac{1}{4} \cdot 95000 = 57600 \text{ cm}^4, \; i_{w_y} = \sqrt{\frac{57600}{600}} = 9{,}8 \text{ cm}.$$

c) **Für einteilige Druckstäbe mit außermittigem Kraftangriff** kann ähnlich wie Gl. (205) der Spannungsnachweis geführt werden nach

$$\frac{\omega \cdot S}{F} + 0{,}85 \frac{M}{W_n} \leqq \sigma_{d_{\text{zul}}} . \tag{220}$$

Dabei ist für ω ohne Rücksicht auf die Richtung der Ausbiegung der größte Wert einzusetzen. M und W_n sind Biegemoment und Widerstandsmoment des unverschwächten Querschnittes bezogen auf die Querschnittsachse.

17. Das Knicken von Stahlbeton-Säulen

a) Grundlagen. Die grundlegenden theoretischen Arbeiten aus neuerer Zeit über das Knicken von mittig und außermittig belasteten Stahlbetonsäulen wurden von Baumann (Schweiz)[1]) ausgeführt, indem er das Verfahren von Roš-Brunner auf Stahlbeton anwendete. Darauf baute Habel[2]) auf, so daß heute fast alle Einzelprobleme ihre exakte Lösung gefunden haben. Einer gewissen Klärung bedarf noch der Einfluß des Kriechens auf die Knicklast außermittig gedrückter Stahlbetonsäulen, da in diesem Falle mit einem Ebenbleiben der Querschnitte nicht mehr zu rechnen ist. Die Rechnung nach Stadium I mit geradliniger Spannungsverteilung könnte nur kleine Außermittigkeiten der Last erfassen und ist kein Stabilitätsproblem mehr, sondern ein nach der Theorie II. Ordnung zu lösendes Spannungsproblem[3]). Eine weitere grundlegende Zusammenfassung der Zusammenhänge zwischen Druck-, Biege- und Knickfestigkeit von Beton und Stahlbeton wurde von Voellmy (Schweiz)[4]) veröffentlicht. Die bisherigen Versuche mit Stahlbetonsäulen wurden in Abschn. 6 erwähnt. Unter ihnen kommen den im Materialprüfungsamt Dresden von W. Gehler ausgeführten Versuchen die größte Bedeutung zu.

b) Die Dresdner Versuche und die ω-Zahlen für Stahlbeton. Der große Wert der Dresdner Knickversuche mit Stahl-

[1]) Die Knickung der Stahlbetonsäulen, EMPA-Bericht Nr. 89, Zürich 1934
[2]) s. Schrifttum (7) und (8).
[3]) s. Fußn. 2.
[4]) Schweizer Bauzeitung 1949, Jg. 67, S. 536.

betonsäulen in den Jahren 1940 und 1942 liegt darin, daß sie erstmalig für den Baustoff Stahlbeton im elastischen Bereich die vom Stahlbau her bekannte σ_k — λ-Linie bestätigten. Für die Schlankheit wird im Stahlbetonbau allgemein das Verhältnis $x = \frac{h_s}{d}$ gesetzt, worin h_s die Stablänge ist (gilt also in dieser Form nur für den Eulerfall 2 mit $s_k = h_s$) und d die kleinste Säulendicke. Geprüft wurden Säulen des Querschnittes 14 × 16 cm mit Bewehrungen von 0,9% und 2,8% bei den Schlankheiten 10, 15, 20, 25, 30 und 40. Die Ergebnisse der Säulen mit 0,9% zeigen Tafel 33 und Bild 76 und 77.

Beim Stahlbeton tritt an Stelle der Fließgrenze σ_F die Würfelfestigkeit W_b. Die ω-Zahl nimmt damit folgende Bedeutung an

$$(221) \qquad \omega = \frac{\sigma_{\text{zul}}}{\sigma_{d_{\text{zul}}}} = \frac{W_b}{\sigma_k} = \frac{F_{\text{erf}}}{F_D}.$$

Damit kommt man zum sogenannten Additionsgesetz für Druckstäbe:

$$(222) \qquad F_{\text{erf}} = F_D + \Delta F_k,$$

welches lautet: Der erforderliche Stabquerschnitt setzt sich zusammen aus dem reinen Druckquerschnitt F_D (der sich bei verschiedenen Baustoffen nur durch die verschiedene zulässige Beanspruchung unterscheidet) und dem zusätzlichen Knickquerschnitt, der bei gleichen Schlankheiten den gleichen Wert hat. Damit kann Gl. (221) geschrieben werden

$$(223) \qquad \omega = \frac{F_D + \Delta F_k}{F_D} = 1 + \frac{\Delta F_k}{F_D} = 1 + \Delta\omega.$$

Die Versuche haben ergeben, daß für Stahlbetonsäulen zwischen dem unelastischen und dem elastischen Bereich noch ein Übergangsbereich liegt, in welchem die Bruchformen weniger ausgeprägt sind. Im elastischen Bereich trat der Bruch der Säulen tatsächlich durch langsames oder plötzliches Ausknicken ein. Man hatte bei diesen Versuchen auf die höchste Genauigkeit der Schneidenlagerung bewußt verzichtet, da man nicht ideelle Werte σ_{k_i}, sondern praktische Traglastspannungen zu erhalten wünschte. Die Anwendungen dieser Spannungen σ_{k_r} sind im Stahlbetonbau wegen der unvermeidlichen Fehler bei der Herstellung auf der Baustelle von noch größerer Bedeutung als im Stahlbau. Bis zum Schlankheitswert $x = 18$ trat Zerstörung nur durch Gleitflächenbildung und

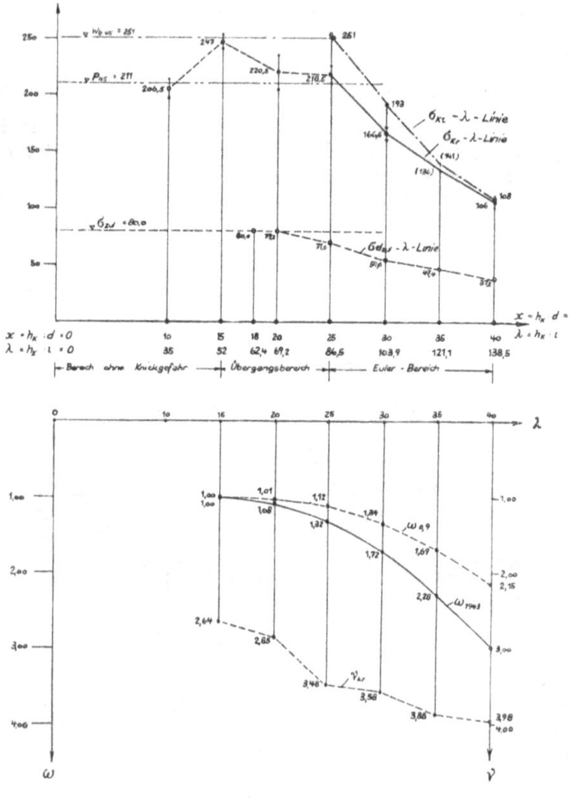

Bild 76. Die σ_{k_r} — λ-Linie, $\sigma_{d_{zul}}$ — λ-Linie der Dresdner Versuche und die ω-Werte bügelbewehrter Stahlbeton-Säulen.

nie durch Knicken ein, weshalb man bis hierher den Druckbereich rechnen könnte. Zu den gefundenen σ_{k_r}-Werten gehören die Knickzahlen $\omega_{0,9}$, wobei der Wert 0,9 den Bewehrungsprozentsatz bedeutet. Aus diesen Zahlen der Dresdner Versuche entstanden mit gewissen Erhöhungen infolge möglicher Streuungen die heutigen in DIN 1045 (1943) festgesetzten ω-Zahlen für Stahlbetonsäulen. Diese sind in Bild 76 als ω_{1943} eingetragen. Die Knicksicherheiten ergeben sich aus $\nu_{k_r} = \sigma_{k_r}/\sigma d_{\text{zul}}$. Ihre Größe ist für den Bereich ohne Knickgefahr 2,64 und steigt bis zu $x = 40$ auf $\nu_{k_r} = 3{,}98$.

Zu den Schlankheiten 25, 30 und 40 ergaben sich die verschiedenen E-Werte zu 166000, 182000 und 206000 kg/cm². Sie streben also dem Wert $E = 210000$ kg/cm² zu, was $n = 10$ entspricht.

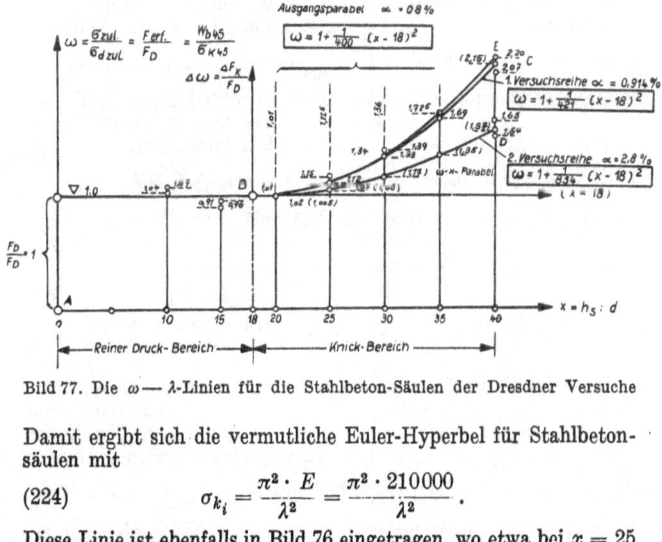

Bild 77. Die ω — λ-Linien für die Stahlbeton-Säulen der Dresdner Versuche

Damit ergibt sich die vermutliche Euler-Hyperbel für Stahlbetonsäulen mit

$$(224)\qquad \sigma_{k_i} = \frac{\pi^2 \cdot E}{\lambda^2} = \frac{\pi^2 \cdot 210000}{\lambda^2}.$$

Diese Linie ist ebenfalls in Bild 76 eingetragen, wo etwa bei $x = 25$ die Würfelfestigkeit $W_{b_{45}}$ erreicht wird.

Die $\sigma_{d_{\text{zul}}}$— λ-Linie ist in Bild 76, wie im Stahlbau ebenfalls, eine doppelt gekrümmte Hyperbel der Form

$$(225)\qquad \sigma_{d_{\text{zul}}} = \frac{A}{1 + B \cdot \lambda + C \cdot \lambda^2} = \frac{\sigma_{\text{zul}}}{1 - B \cdot \lambda + C \cdot \lambda^2}.$$

Mit Gl. (169) $\sigma_{d_{\text{zul}}}/\sigma_{\text{zul}} = \dfrac{1}{\omega}$ erhält man

$$(226)\qquad \omega = 1 + B \cdot \lambda + C \cdot \lambda^2,$$

also die Gleichung einer Parabel. Mit dieser sogenannten Nenner-Transformation (s. Bd. I, S. 16) wird die umständliche $\sigma_k - \lambda$-Hyperbel in die einfache $\omega - \lambda$-Parabel übergeführt. Wendet man dies und die Gl. (222) des Additionsgesetzes für Druckstäbe auf die vorliegenden Versuche an, so kommt man zur Darstellung nach Bild 77. Diese Darstellung ist neben der Ermöglichung des Spannungsnachweises von Druckstäben nach der einfachen Gl. (168) der zweite große Vorteil der Verwendung der Knickzahl ω.

Die Horizontale im Abstand $\omega = 1$ von der λ-Achse trennt den Bereich des Druckquerschnittes F_D vom Bereich des zusätzlichen Knickquerschnittes ΔF_k. Die $\omega - \lambda$-Parabel für die Versuchsreihe 1 hat den Wert $\omega = 1 + \frac{1}{421}(x - 18)^2$. Da die Säulen der 2. Versuchsreihe mit 2,8% Bewehrung wesentlich steifer sind, werden die Ordinaten dieser $\omega - \lambda$-Parabel kleiner. Durch Extrapolation aus diesen beiden Versuchsreihen findet man mit $\omega = 1 + \frac{1}{400}(x - 18)^2$ die sogenannte Ausgangsparabel, welche für den Grenzwert der Bewehrung von 0,8% gilt. Mit dieser Ausgangsgleichung lautet die Gleichung der $\sigma_{k_r} - \lambda$-Linie für Stahlbetonsäulen (mit 0,8% Bewehrung)

$$(227) \qquad \sigma_{kr} = \frac{W_b}{1 + \frac{1}{400}(x - 18)^2} = \frac{400\, W_b}{724 - 36\, x + x^2}.$$

Der Einfluß der Bewehrung kann in verschiedenen $\omega - \lambda$-Parabeln leicht dargestellt werden. Ebenso ermöglicht diese Darstellung die Verbildlichung der Abminderung des spezifischen Knickquerschnittes $\Delta F_k / F_D = \Delta\omega$ mit wachsendem Bewehrungsanteil α durch die gleichseitige Hyperbel $\Delta\omega = \frac{2{,}2}{1 + 100\,\alpha}$. Der Traglastanteil der Bewehrung von Säulen ohne Knickgefahr ist aus Tafel 35 zu ersehen.

c) Die Berechnung von Stahlbetonsäulen. Die normalen Säulen im Stahlbetonbau sind bügelbewehrte Rechtecksäulen, deren kleinste Dicke gleich oder größer als 20 cm sein muß (Bild 78). Die Längsbewehrung *Fe* muß bei Schlankheit $x = 5$ mind. 0,5%, bei $x = 10$ mind. 0,8% und höchstens 6% des erforderlichen Betonquerschnittes F_b betragen. Die zulässige Traglast wird über die Bruchlast berechnet

Tafel 33. Die Ergebnisse der Dresdner Versuche mit Stahlbetonsäulen

Schlankheitsverhältnis $\frac{l}{d}$	Säulenlänge l m	Ist-Fläche F_{ist} cm²	Ermittelte Würfelfestigkeit: W_{b28} kg/cm²	W_{b46} kg/cm²	Prismenfestigkeit P_{28} kg/cm²	P_K kg	$\sigma_K = \frac{P_K}{F_{ist}}$ kg/cm²	Bemerkungen
10	1,40	219,9 220,2	227	239	189	48 400 50 750	220 231	Zerstörung 40 cm ü. Unterk. Säule " 30 cm u. Oberkante "
15	2,10	220,1 219,8	233	252	193	60 660 57 690	276 262	" 30 cm ü. Unterkante " " 30 cm u. Oberkante "
20	2,80	220,2 220,1	237	261	193	49 540 56 210	225 256	" des Säulenfußes " 25 cm ü. Unterkante "
25	3,50	220,0 219,8	244	264	200	50 650 54 360	230 247	Plötzliches Ausknicken in Säulenmitte
30	4,20	220,2 220,0	228	247	213	39 170 40 650	178 185	Desg. Langsam. Auskn. in Säulenmitte
40	5,60	220,1 219,9	222	246	178	24 540 26 280	112 119	Desgl. Desgl.

(228) $P_{zul} = \frac{P_{Bruch}}{\nu}$

Darin ist für Hochbau und Straßenbrücken die Sicher-

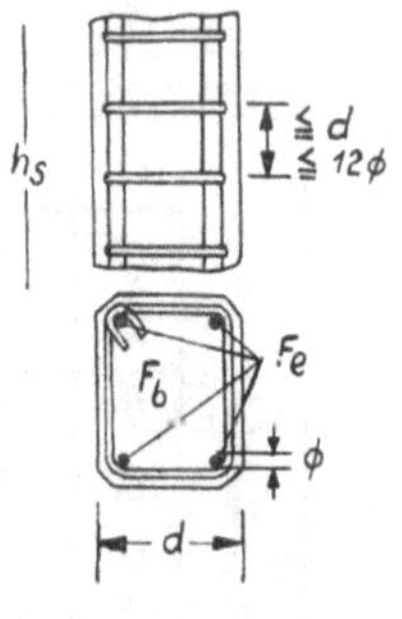

Bild 78. Bügelbewehrte Stahlbeton-Säule

heit $\nu = 3$, für Eisenbahnbrücken 3,5. Die Bruchlast wird errechnet aus

(229) $P_{Bruch} = \frac{K_b \cdot F_b + \sigma_s \cdot F_e}{\omega}$.

Darin sind K_b die Prismenfestigkeit, welche für die Betongüten B 300, 225, 160 beträgt 240, 195, 144 kg/cm², σ_s die Quetschgrenze des Stahles, welche bei Betonstahl I 2400 kg/cm² beträgt. Für ω gelten die Werte in Tafel 34 bis zu $x = 40$. Schlankheiten über 40 bis max. 80 dürfen nur für Fertigteile nach Din 4225 verwendet werden. Für x unter 15 herrscht keine Knickgefahr, d. h. in Gl. (229) wird der Nenner 1. Die Bemessung der Stahlbetonsäulen erfolgt so, daß der Betonquerschnitt geschätzt oder aus Tafeln entnommen wird (s. Tafel 35), dazu der der Schlankheit erforderliche

Tafel 34. Knickzahlen ω für bügelbewehrte Stahlbetonsäulen

a) mit Rechteckquerschnitt				b) mit beliebigem Querschnitt		
	$x = \frac{h_s}{d}$	Knickzahl ω		$\lambda = \frac{h_s}{i}$	Knickzahl ω	
Bereich für Fertigteile nach DIN 4225	15	1.00	Bereich für am Ort hergestellte Stahlbetonsäulen nach DIN 1045	50	1.00	Bereich für Fertigteile nach DIN 4225
	20	1.08		70	1.08	
	25	1.32		85	1.32	
	30	1.72		105	1.72	
	35	2.28		120	2.28	
	40	3.00		140	3.00	
	45	3.88		155	3.84	
	50	4.92		175	5.04	
	55	6.12		190	6.09	
	60	7.48		210	7.65	
	65	9.00		225	8.97	
	70	10.68		245	10.91	
	75	12.52		260	12.50	
	80	14.52		275	14.21	

Bewehrungsprozentsatz bestimmt und schließlich der Traglastnachweis nach Gl. (228) und (229) erbracht wird.

Die Berücksichtigung des Eigengewichtes der Säulen führt streng genommen zum Problem des Knickstabes mit veränderlicher Normalkraft[1]). Vergleichsrechnungen haben jedoch erwiesen, daß das Eigengewicht in bezug auf die Knickgefahr nur bei sehr hohen und schlanken Säulen eine Rolle spielt[2]).

[1]) Vgl. auch DIN 4114, Bl. 2 (1953) Ri 7.7.
[2]) s. Schrifttum (7), S. 160.

Tafel 35. Zulässige Tragkraft quadratischer Stahlbeton-Säulen ohne Knickgefahr (B 300, Stahl I)

▨ d d in cm	s_K ohne Knickgefahr m	$P_{B\,zul}$ t	Minimal-Bewehrung 0,8 %	$P_{S\,zul}$ t	P_{zul} ($\nu = 3$) t
20	3,00	32,0	4 ϕ 12	3,6	35,6
22	3,30	38,7	"	3,6	42,3
24	3,60	46,1	4 ϕ 14	4,9	51,0
26	3,90	54,0	"	4,9	58,9
28	4,20	62,7	4 ϕ 16	6,4	69,1
30	4,50	72,0	"	6,4	78,4
32	4,80	82,0	4 ϕ 18	8,1	90,1
34	5,10	92,5	"	8,1	100,6
36	5,40	103,7	4 ϕ 20	10,0	113,7
38	5,70	115,5	"	10,0	125,5
40	6,00	128,0	4 ϕ 22	12,2	140,2
42	6,30	141,1	"	12,2	153,3
44	6,60	154,9	4 ϕ 24	14,5	169,4
46	6,90	169,2	"	14,5	183,7
48	7,20	184,3	4 ϕ 26	17,0	201,3
50	7,50	200,0	"	17,0	217,0
52	7,80	216,3	8 ϕ 20	20,1	236,4
54	8,10	233,2	"	20,1	253,3
56	8,40	250,9	"	20,1	271,0
58	8,70	269,1	8 ϕ 22	24,3	293,4
60	9,00	288,0	"	24,3	312,3
62	9,30	307,5	8 ϕ 24	29,0	336,5
64	9,60	327,7	"	29,0	356,7
66	9,90	348,5	"	29,0	377,5
68	10,20	369,9	8 ϕ 26	34,0	403,9
70	10,50	392,0	"	34,0	426,0
72	10,80	414,7	"	34,0	448,7
74	11,10	438,0	8 ϕ 28	39,4	477,4
76	11,40	462,0	"	39,4	501,4
78	11,70	486,7	"	39,4	526,1
80	12,00	512,0	10 ϕ 26	42,5	554,5

Es kann in anderen Fällen vernachlässigt werden, bzw. bei schweren gedrungenen Säulen im ganzen der Auflast zugeschlagen werden. Weitere Einzelheiten von Stahlbetonsäulen bzw. von umschnürten Säulen oder solchen mit einbetonierten Profileisen s. Vorschriften DIN 1045, § 27 d.

19. Beispiel. Wieviel trägt eine quadratische Stahlbetonsäule aus Beton B. 300 von 20 cm Seitenlänge und 6,00 m Höhe?

Die Fläche $F_b = 400 \text{cm}^2$, die Schlankheit $x = \frac{600}{20} = 30$, die ω-Zahl nach Tafel 34 $\omega = 1{,}72$. Die Minimalbewehrung ist $F_s = 0{,}8 \cdot 4{,}0 = 3{,}2 \text{ cm}^2$, was 4 ∅ 12 mm ergibt ($4{,}52 \text{cm}^2$). Nach Gl. (228) und (229) wird

$$P_{zul} = \frac{K_b \cdot F_b + \sigma_s \cdot F_s}{\omega} = \frac{240 \cdot 400 + 2400 \cdot 4{,}52}{3 \cdot 1{,}72} = 20{,}7 \text{ t}.$$

Ohne Knickgefahr, d. h. bei nur $15 \cdot 20 = 300$ cm Säulenhöhe wäre die Traglast nach Tafel 35 35,6 t.

d) Weitere Forschungsergebnisse. Die Herabsetzung der ω-Zahlen gegen die Werte vor 1943 ist nicht von allen Seiten gebilligt worden. Insbesondere weist Habel[1]) darauf hin, daß bei schlanken Säulen mit Anfangskrümmungen die Traglast und Tragsicherheit erheblich sinken. Die kleine, mit dem bloßen Auge kaum wahrnehmbare Ausbiegung von $\frac{1}{1000}$ der Höhe vermindert die Tragfähigkeit der Säule schon um 28%. Säulen von $\lambda = 140$ mit einer Ausbiegung von $\frac{1}{500}$ haben nur noch 2,08-fache, solche mit einer Ausbiegung von $\frac{1}{200}$ nur noch 1,13-fache Sicherheit. Derartige Anfangsausbiegungen sowie Angriffsaußermittigkeiten (Fehlerhebel) können aber bei Stahlbetonsäulen durch fehlerhafte Herstellung der Schalung sehr leicht entstehen. Schlanke Säulen sind in dieser Hinsicht viel empfindlicher als gedrungene. Bei ihnen ist daher genaue Ausführung bei der Herstellung (Schalung und Verlegen der Bewehrung) genau so wichtig, wie die einwandfreie Betonherstellung. Der Einfluß der Querschnittsform auf das Knicken ist bei symmetrischen Querschnitten sehr gering, so daß nahezu mit denselben ω-Zahlen wie für Rechteckquerschnitte gerechnet werden kann. Unterschiede zwischen den Tafeln 34a und b entstehen in geringem Maße durch Aufrundungen für gerade x- bzw. λ-Werte, wobei genau wie bisher $\lambda = h_s/i$ ist und $i = \sqrt{\frac{J\min}{F}}$. Bei außermittig gedrückten Säulen ist die Querschnittsform von größerem Einfluß, so daß die σ_{k_t} — λ-Linie des Rechteckquerschnittes nicht unmittelbar, z. B. auf den Kreisquerschnitt, angewendet werden kann[2]). Eine Querschnittsänderung längs der Stabachse wirkt sich dahingehend aus, daß die Knicklast außer von der geraden Stabform

---

[1]) Habel: Die Knicklasten von Stahlbetonsäulen mit veränderlichem Querschnitt, zusätzlicher Querbelastung und von Haus aus schwach gekrümmter Achse. Der Bauingenieur 1949, H. 5, S. 135.

[2]) Habel: Knickberechnung außermittig gedrückter Eisenbetonsäulen mit Kreisquerschnitt, Beton u. Eisen 1939, S. 342.

noch von einer Gleichgewichtslage mit unendlich kleiner seitlichen Ausbiegung abhängig ist.

Der Einfluß der Bewehrung ist schon aus Bild 77 ersichtlich. Die Tragkraft der Säule ist dabei nicht nur von der Bewehrung im mittleren Teil, sondern auch von jener der Stabenden abhängig. Neuere Untersuchungen bestätigen die allgemein übliche Anordnung auch bei mittig belasteten Säulen die Bewehrung über die ganze Säulenhöhe durchzuführen[1]).

18. Weitere Knickprobleme

a) Druckgurte mit federnder Querstützung liegen vor bei Brücken mit tief liegender Fahrbahn ohne oberen Windverband (Bild 79). Für ihre Druckgurte, welche durch Rahmenstäbe federnd gestützt sind, muß die Knicksicherheit in ihrer Ebene und rechtwinklig dazu nachgewiesen werden. Die elastische Nachgiebigkeit dieser Querstützung darf also nicht vernachlässigt werden. Für ihre Berechnung sei auf die zahlreiche Literatur[2]) verwiesen und auf die sehr wertvollen Hinweise bezüglich der Bildung von Näherungslösungen nach Schrifttum (3). Eine solche Näherungslösung wird in DIN 4114 (Bl. 1, 12 u. Bl. 2 Ri 7, 8, 12) angegeben, wo auch Hinweise für genaue Berechnung zu finden sind. Näherungslösungen sind wertvoll, um Probleme und ihre Auswirkungen schnell überblicken zu können, nicht aber dazu bestimmt, sich damit zu begnügen.

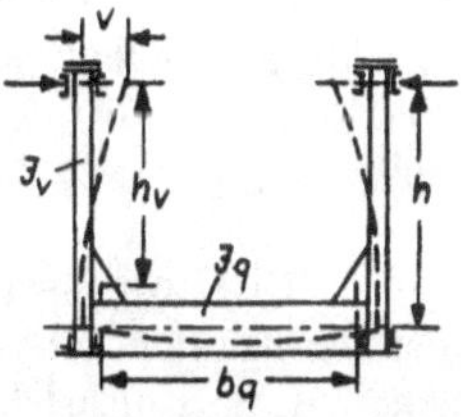

Bild 79. Druckgurt mit federnder Querstützung (Trogbrücke)

---

[1]) Schrifttum (7), S. 159.

[2]) F. Bleich, Eisenbau 10 (1919), S. 117 und Theorie und Berechnung der eisernen Brücken, Berlin 1924. K. Kriso, I. V. B. H. Bd. III S. 271 (Zürich 1935), und Stahlbau 1941, S. 117 und 1942 S. 5 u. 32. F. Hartmann, s. Fußn. 3, S. 133 und Stahlbrücken 1. T., Wien 1946. F. Schwenda, Der Bauingenieur 9 (1928), S. 535. E. Chwalla, Bauingenieur 10 (1929), S. 443, und Stahlbau, 1941, S. 33. J. Brunner, Knickstabilität der Obergurte oben offener Brücken. Schweizer Bauzeitung 67. Jg. (1949), S. 541.

b) Die Knickung von Bogenträgern ist ein wichtiges Kapitel beim Bau von Bogenbrücken. Die allgemeinen Lösungen des ebenen Knickproblemes stammen von Fritz[1]), Nasarow[2]) und von Dischinger[3]), wobei letzterer einen stetig veränderlichen Querschnitt $J_\xi = J_{\text{Sch}}/\cos\varphi_x$ voraussetzte. Versuche von Gaber[4]) ergaben, daß sich Dreigelenkbogen mit großem Pfeilverhältnis hinsichtlich Knickfigur und Knicklast ebenso wie Zweigelenkbogen verhalten. Der ideale kritische Bogenschub H_{k_i} des Zweigelenkbogens stimmt mit der idealen Knicklast S_{k_i} eines geraden, beiderseits gelenkig gelagerten „Ersatzstabes" (Bild 80) überein, der ein durchschnittliches Trägheitsmoment J^*, die Länge $s_{k_x} = \beta \cdot s$ und eine mittlere Druckbelastung hat, d. h.

$$(230)\qquad H_{k_i} = S_{k_i} = \frac{\pi^2 \cdot E \cdot J^*}{s_{k_i}^2} = \left(\frac{\pi \cdot l}{\beta \cdot s}\right)^2 \frac{E \cdot J^*}{2}.$$

Von F. Dischinger wurden 1939 getrennt für Verkehrslast und Eigengewicht folgende Formeln für den Einfluß der Pfeilhöhe auf die Knicksicherheit der Gewölbe bei antimetrischer Knickung angegeben:

Zweigelenk-Bogen

für Verkehrslast p

$$(231)\qquad \nu_a = \frac{9{,}88}{1 + 1{,}743\, s^2 \dfrac{1 + 1{,}917\, s^2}{1 + 1{,}786\, s^2}} \cdot \frac{EJc}{H\left(\dfrac{l}{2}\right)^2}$$

für Eigengewicht g

$$\nu_a = \frac{9{,}88}{1 + 1{,}54\, s^2 \dfrac{1 + 1{,}724\, s^2}{1 + 1{,}571\, s^2}} \cdot \frac{EJc}{H\left(\dfrac{l}{2}\right)^2},$$

[1]) Fritz, B.: Theorie und Berechnung vollwandiger Bogenträger, Diss. T. H. Karlsruhe 1933.

[2]) Bautechnik 1936, S. 114.

[3]) Bauingenieur 1939, S. 290.

[4]) Bautechnik 1934, S. 646.

Eingespannter Bogen
für Verkehrslast p

$$\nu_a = \frac{20{,}192}{1 + 0{,}684\, s^2 \dfrac{1 + 3{,}542\, s^2}{1 + 1{,}125\, s^2}} \cdot \frac{E J c}{H\left(\dfrac{l}{2}\right)^2}$$

für Eigengewicht g

$$\nu_a = \frac{9{,}88}{1 + 0{,}862\, s^2 \dfrac{1 + 1{,}042\, s^2}{1 + 0{,}914\, s^2}} \cdot \frac{E J c}{H\left(\dfrac{l}{2}\right)^2}.$$

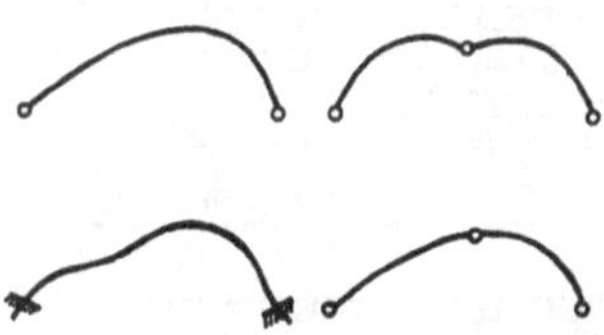

Bild 80
Bogenträger und Ersatzdruckstab

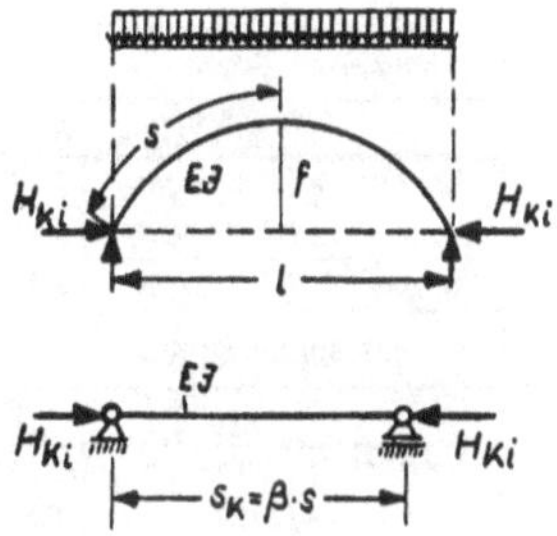

Bild 81
Knicklinien von Bogenträgern

Darin sind die waagerechten Verschiebungskomponenten (Bild 81) berücksichtigt. Diese können von erheblichem Einfluß sein und bewirken ein Absinken des Knickwiderstandes mit anwachsendem Pfeilverhältnis, was auch die Ergebnisse von Stüssi[1]) zeigen. Für die Einflüsse von Eigengewicht und Verkehrslast gemeinsam stellte N. Dimitrov[2]) folgende einfachere Gleichungen für die Knicksicherheit von Bögen auf:

[1]) Schweizer Bauzeitung Bd. 106 (1935), S. 132.
[2]) Beiträge zur Verformungstheorie, Dissertation Karlsruhe 1949.

$$(232)\quad \begin{cases} \text{Zweigelenk-Bogen} & \nu_a = \dfrac{\pi^2}{1 + 1{,}74 s^2} \cdot \dfrac{E J c}{H\left(\dfrac{l}{2}\right)^2} \\[2ex] \text{Eingespannter Bogen} & \nu_a = \dfrac{20{,}189}{1 + 0{,}696\, s^2} \cdot \dfrac{E J c}{H\left(\dfrac{l}{2}\right)^2}. \end{cases}$$

Rechnet man Zahlenwerte für verschiedene Pfeilverhältnisse aus, so zeigen sich nach Tafel 36 gute Übereinstimmungen der Ergebnisse der Gl. (231) und (232).

Tafel 36. Knicksicherheiten für Bogenbrücken nach der Verformungstheorie

Zweigelenk-Bogen							
$s = 2f/l$: bzw. f/l :	0.00 0.00	0.20 0.10	0.40 0.20	0.60 0.30	0.80 0.40	1.00 0.50	
für g ist ν_a [Dischinger]	9.88	9.305	7.898	6.278	4.858	3.754	$\frac{EJc}{H[\frac{l}{2}]^2}$
für p ist ν_a [Dischinger]	9.88	9.235	7.700	6.005	4.577	3.498	
für $g+p$ ist ν_a [Dimitrov]	9.87	9.23	7.73	6.07	4.67	3.60	
Eingespannter Bogen:							
$s = 2f/l$: bzw f/l :	0.00 0.00	0.20 0.10	0.40 0.20	0.60 0.30	0.80 0.40	1.00 0.50	
für g ist ν_a [Dischinger]	20.192	19.596	17.706	15.285	12.779	10.462	$\frac{EJc}{H[\frac{l}{2}]^2}$
für p ist ν_a [Dischinger]	20.192	19.605	17.629	14.435	11.024	8.201	
für $g+p$ ist ν_a [Dimitrov]	20.189	19.61	18.12	16.11	13.94	11.90	

Für **Stahlbogen** gibt DIN 4114 (1952) eine Näherungslösung auf der Grundlage des ω-Verfahrens:

$$(233)\qquad \omega \cdot \frac{N_v}{F} \leqq \sigma_{zul},$$

worin N_v die größte Normalkraft im Bogenviertel bedeutet und ω nach den Tafeln 21 und 22 für $\lambda_x = \beta \frac{s}{i_x}$ eingesetzt wird. In ähnlicher Weise wird auch das Knicken des Bogens aus seiner Ebene heraus näherungsweise behandelt.

Für Stahlbetonbogen gibt DIN 1075 (1951) einen Nachweis der Knicksicherheit getrennt für mittige und außermittige Belastung mit Hilfe eines Knickmoduls T in der Form

$$(234) \quad \nu_0 = \delta \cdot \frac{T \cdot J_m}{H^2 \cdot l^2} \text{ bzw. } \nu = \frac{\nu_0}{1 + 1{,}7\,m} \cdot \frac{J_m + J_a}{J_m}.$$

Diese Sicherheiten müssen bei Straßenbrücken gleich oder größer als 2,5 sein. Gegen die vorherige Ausgabe von DIN 1075 von Jahre 1938 bedeuten die Forderungen eine starke Verschärfung, so daß heute eine große Zahl der bedeutendsten Bogenbrücken in Deutschland in der bestehenden Form nicht mehr gebaut werden könnten.

c) Für das Knicken der Stiele freistehender Rahmen finden sich Hinweise auf Näherungslösungen in DIN 4114 Bl. 1 und 2 ebenfalls in der Form der Gl. (168). Die einszuetzenden Knicklängen werden dabei aus der Höhe h (Bild 82) wieder durch einen Faktor β in der Form $s_k = \beta \cdot h$ gewonnen. Für die β-Werte sind je nach Rahmenart nähere Angaben gemacht. Eine Methode zur Ermittlung von Knicklängen beim Zweigelenkrahmen mit Hilfe der Verformungstheorie wurde von N. Dimitrov angegeben[1]).

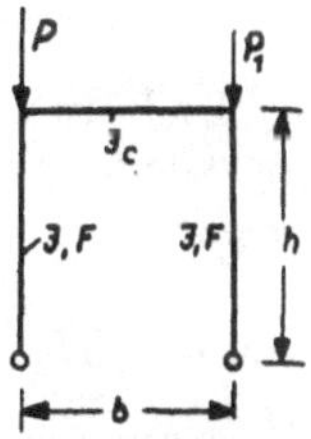

Bild 82. Freistehender Rahmen

B. Kippen

1. Allgemeines

Ein Balkenträger, der lotrecht auf Biegung beansprucht wird und dessen Querschnitt Hauptachsen von sehr verschiedenen Trägheitsmomenten besitzt, hat das Bestreben, seitlich auszuweichen, sobald die Belastung einen gewissen kritischen Betrag erreicht. Die Vertauschung dieser geraden lotrechten

[1]) Bauingenieur 28 (1953), H. 1, S. 19.

Biegungsebene mit einer gekrümmten, bei Ausnützung der Biege- und Torsionssteifigkeit, nennt man Kippen (Bild 83).

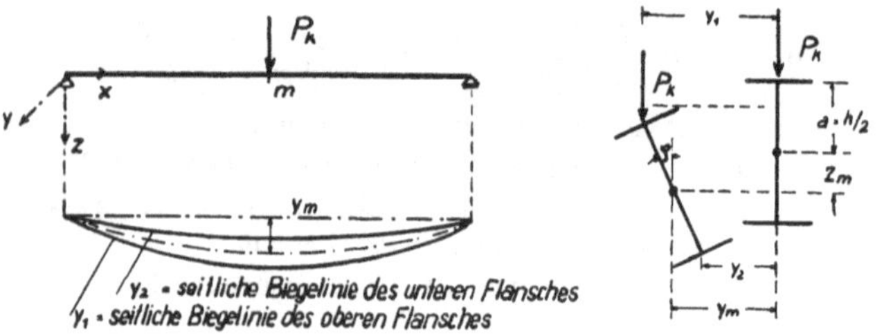

Bild 83

Mit B wird die Biegesteifigkeit bezeichnet, mit C die Torsionssteifigkeit:

(235) $B = EI_y$, (236) $C = 0{,}385\, EI_T$.

Aus $C = GI_T = \frac{E}{2\,(1+\nu)} \cdot J_T$, für $\nu = 0{,}3$.

I_T nennt man Torsionswiderstand. Für einen Rechteckquerschnitt ist $I_T = \alpha\, bt^3$, wobei t die kleinere Seite des Rechteckes bedeutet.

Tafel 37

b/t	1	2	3	4	5	10	∞
α	0,14	0,23	0,26	0,28	0,29	0,31	0,33

Bei zusammengesetzten Querschnitten wie I, ⊏ oder IP wird einfach durch Superposition das maßgebende I_T ermittelt, das sich, da es sich um sehr schmale Querschnitte handelt ($\alpha \cong {}^1/_3$) wie folgt ergibt:

(237) $$J_T = \frac{1}{3} \sum bt^3 .$$

Aus der gekrümmten Gleichgewichtslage nach Bild 83 folgen die Differentialbeziehungen:

$$(238)\qquad \begin{cases} M_1 = -EJ_{Fl}\left(y'' + \frac{h}{2}\varphi''\right), \\ M_2 = -EJ_{Fl}\left(y'' - \frac{h}{2}\varphi''\right), \\ M_T = C\varphi'. \end{cases}$$

Aus diesen gekoppelten Differentialgleichungen für das Biege- und Torsionsmoment erhält man eine homogene Differentialgleichung für den seitlichen Auslenkungswinkel φ. Hieraus lassen sich sechs Integrationskonstanten ermitteln, die durch sechs vorzuschreibende Randbedingungen bestimmt werden. Führt man diese sechs Randbedingungen in die allgemeine Lösung ein, so erhält man ein System von sechs linearen, homogenen Gleichungen. Wie bei allen Eigenwertproblemen gilt hier die Alternativlösung. Eine von Null verschiedene Lösung erhält man, wenn die Koeffizientendeterminante Δk verschwindet. Somit ist die Gleichung $\Delta k = 0$ die gesuchte Kippbedingung zur Bestimmung der kleinsten Kipplast. Sie kann auch mit Hilfe des Energieprinzips[1]), d. h. Formänderungsarbeit gleich Arbeit der äußeren Kräfte, leicht abgeleitet werden.

2. Kritische Kipplasten für einige Belastungsfälle. Die Kipperscheinungen behandelten zuerst L. Prandtl[2]) und Michell[3]) für den Rechteckquerschnitt. Die Gleichungen für den doppelt symmetrischen I-Träger sind von Timoshenko[4]) abgeleitet. Eine praktische Näherungslösung gibt dafür auch Stüssi[5]). Das Kipp-Problem des auf Druck und reine Biegung

---

[1]) Hartmann: Knickung, Kippung, Beulung, Wien 1937, S. 112.
[2]) Prandtl: Inaug. Dissertation, München, 1899.
[3]) Michell: Philosophical Magazine, Vol. 48, S. 298 (1899).
[4]) Timoshenko: Ber. Polytechn. Inst. in Kiew, 1910 und Ann. Ponts Chauss., S. IX, Tom 16, 1913, Bd. IV, S. 73. Theory of Elastic Stability, New York 1936, V. Kap.
[5]) Stüssi: Abhandlungen der I. V. B. H. Bd. 3, S. 401, Zürich 1935.

beanspruchten I-Trägers mit verschiedenen Flanschen entwickelt näherungsweise H. Bleich[1]). Eine umfassende Bearbeitung der Kippstabilität von symmetrischen I-Trägern stammt von Chwalla[2]). Es wird hier die kritische Last für einige Belastungsfälle mit Hilfe der k-Zahlen (nach Chwalla und Timoshenko[3]) angegeben. Die kritische Kipplast lautet:

$$(239)\qquad P_k = N \cdot kn\,, \quad \text{mit } N = \frac{\sqrt{BC}}{l^2}\,,$$

wobei $B = 2\,EJ_{Fl}$, und damit

$$(240)\qquad N = \frac{0{,}877\,E}{l^2}\sqrt{J_{Fl}\,J_T}\,.$$

Die Nummern n von k_n stimmen mit denen der Arbeit von Chwalla überein. Sie sind von dem Parameter:

$$(241)\qquad \beta = \frac{B}{C}\left(\frac{h}{2\,l}\right)^2 = 5{,}2\,\frac{J_{Fl}}{J_T}\left(\frac{h}{2\,l}\right)^2$$

abhängig. (Dieser Parameter ist in DIN 4114, Blatt 2, 15a mit χ bezeichnet). In der folgenden Tafel sind einige wichtige Belastungsfälle übersichtlich dargestellt.

Es ist dabei zu bemerken, daß die freie Lagerung gegen seitliches Ausweichen gesichert ist. (Gabellagerung.) Der Angriffspunkt der Lasten ist hier im Schwerpunkt des I-Querschnitts vorausgesetzt. Bild 84 gibt eine graphische Darstellung der k_n

3. Nachweis der Kippsicherheit. Nach DIN 4114 Bl. 1, Abschn. 15 muß eine ausreichende Kippsicherheit nachgewiesen werden. ($\nu_k \geqq 1{,}71$ für die Hauptkräfte und $\nu_k \geqq 1{,}5$ für Haupt- und Zusatzkräfte.)

$$\nu_k = \frac{\sigma_k}{\sigma_{\max}}\,.$$

---

[1]) F. Bleich: Stahlhochbauten, Bd. 2, Berlin 1933, Anhang, sowie F. u. H. Bleich: Vorb. II. Int. Kongr. der I. V. B. H. in Berlin, 1936, S. 907.

[2]) Chwalla: Die Kippstabilität gerader Träger mit doppeltsymmetrischen I-Querschnitt. Forschungshefte aus dem Gebiete des Stahlbaues, Heft 2, Berlin 1939.

[3]) Vgl. auch Stahlbau-Handbuch 1949/50, S. 136.

σ_k bedeutet die abgeminderte Kippspannung σ_{vk}, wenn man mit der idealen Kippspannung σ_{ki} in die Tafel 7 bzw. Bild 21 der DIN 4114 (§ 17) geht,

$$\sigma_{ki} = \frac{M(P_k)}{W_x}.$$

Tafel 38

Belastungsfall	P_k	$\beta =$	0	0,05	0,10	0,15	0,20	0,25	0,50	0,75	1,00
1 P_k, l	$N \cdot k_5$	$k_5 =$	17	20	23	26	30	33			
2 P_k	$N \cdot k_8$	$k_8 =$	27	46	59	70	80	88			
3 $P_k = p_k l$	$N \cdot k_{10}$	$k_{10} =$	27	34	40	44	48	51			
4 $P_k = p_k l$	$N \cdot k_{13}$	$k_{13} =$	48	85	109	127	145	162			
5 P_k	$N \cdot k_4$	$k_4 =$	4,0	6,4	7,5	8,4	9,2	9,8	12,2	14,0	15,6

20. Beispiel. Wir nehmen einen freiaufliegenden I-Träger[1]) mit $p = 2{,}6$ t/m gleichmäßig verteilte Last an. Spannweite $l = 10$ m. $P = 2{,}6 \cdot 10 = 26$ t. Ohne Berücksichtigung des Kippens genügt ein I $47\frac{1}{2}$ mit $W_x = 2380$ cm³, $I_y \cong 2\,I_{Fl} = 2090$ cm⁴, $h = 47{,}5 - 2{,}56 = 44{,}94$ cm. Nach Gleichung (237) erhält man:

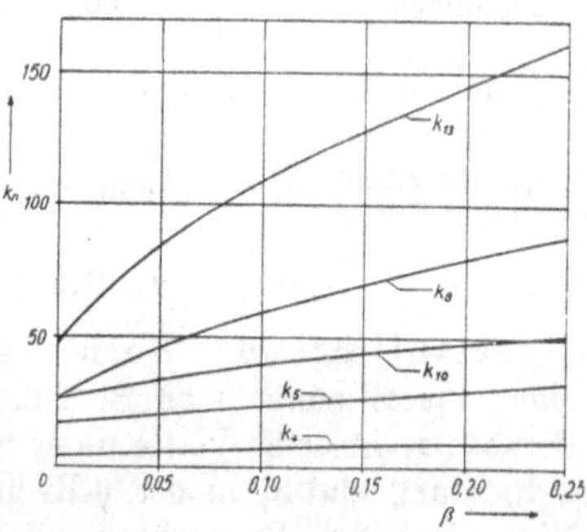

Bild 84

[1]) Vgl. Stahl im Hochbau, 12. Aufl. 1953, S. 491. Hier ist der Angriffspunkt der Last am oberen Flansch angenommen.

$J_T = \frac{1}{3}(2b_1t_1^3 + b_3t_3^3)$, mit $b_3 = 47{,}5 - 2 \cdot 2{,}56 = 42{,}38$ cm,

$J_T = \frac{1}{3}(2 \cdot 17{,}8 \cdot 2{,}56^3 + 42{,}38 \cdot 1{,}71^3) = 270 \text{ cm}^4$.

Aus Gl. (241) ist:

$$\beta = 5{,}2 \frac{J_{Fl}}{J_T} \cdot \left(\frac{h}{2\,l}\right)^2 = 5{,}2 \frac{1045}{270} \cdot \left(\frac{44{,}94}{2000}\right)^2 = 0{,}01 .$$

Somit ist für den Lastfall 3 nach Tafel 38 $k_{10} = 29$.

Mit

$$N = \frac{0{,}877\,E}{l^2} \sqrt{J_{Fl}\,J_T} = \frac{0{,}877 \cdot 2100}{1000^2} \sqrt{1045 \cdot 270} =$$

$$= \frac{0{,}877 \cdot 2{,}1 \cdot 530}{1000} = 0{,}98$$

wird

$$P_k = 0{,}98 \cdot 29 = 28{,}5 \text{ t}, \qquad M_{ki} = \frac{28{,}5 \cdot 10}{8} = 35{,}7 \text{ tm},$$

$\sigma_{ki} = \frac{35{,}7 \cdot 10^5}{2380} = 1500 \text{ kg/cm}^2$. Da bei $St\,37$ $\sigma_p = 1920$, so ist

$\sigma_{ki} = \sigma_{vk} = \sigma_k = 1500 \text{ kg/cm}^2$. $\sigma_{\max} = \frac{26 \cdot 10}{8 \cdot 2380} = 1370 \text{ kg/cm}^2$.

Demnach $\nu_k = \frac{1500}{1370} = 1{,}095$ ($< 1{,}71$, mithin unzulässig).

(Für eine Belastung, die am oberen Flansch angreift, wird in[1]) ein $\nu_k = 0{,}954$ nachgewiesen.) Das nächsthöhere Profil I 55 gibt gerade $\nu_k = 1{,}7$ und nach [1]) $\nu = 1{,}6$.

C. Beulen

F r e i a u f l i e g e n d e R e c h t e c k p l a t t e. Das Knicken einer Platte nennt man Beulen. Bild 85 soll eine freiaufliegende rechteckige Platte unter mittigem Druck σ_1 in der x-Richtung und σ_2 in der y-Richtung darstellen.

Wenn die äußere Belastung $p = 0$ ist, läßt sich die Gleichung (81) unter Beachtung des Balkenknickens wie folgt ergänzen:

[1]) Vgl. Stahl im Hochbau, 12. Aufl. 1953, S. 491. Hier ist der Angriffspunkt der Last am oberen Flansch angenommen.

(242) $$\overline{E}J\left(\frac{\partial^4 w}{\partial x^4}+2\frac{\partial^4 w}{\partial x^2\,\partial y^2}+\frac{\partial^4 \omega}{\partial y^4}\right)+\sigma_1\frac{\partial^2 w}{\partial x^2}+\sigma_2\frac{\partial^2 w}{\partial y^2}=0$$

Da die Auflagerbedingungen sehr einfach sind, ist die Lösung dieser homogenen Diff.-Gleichung ein Produkt zweier sinus-Linien:

(243) $$w = w_0 \sin m\pi\frac{x}{a}\sin n\pi\frac{y}{b}\,,\ \text{mit } m,n=1,2,3\ldots.$$

Durch Einsetzen von (243) in (242) erhält man:

$$w_0\left[\left(\frac{m^2}{a^2}+\frac{n^2}{b^2}\right)^2\pi^2\,\overline{E}J-\sigma_1\frac{m^2}{a^2}-\sigma_2\frac{n^2}{b^2}\right]=0\,.$$

Damit w_0 nicht zu Null wird, muß die eckige Klammer verschwinden. Die Beulbedingung lautet nun mit $\alpha = a/b$:

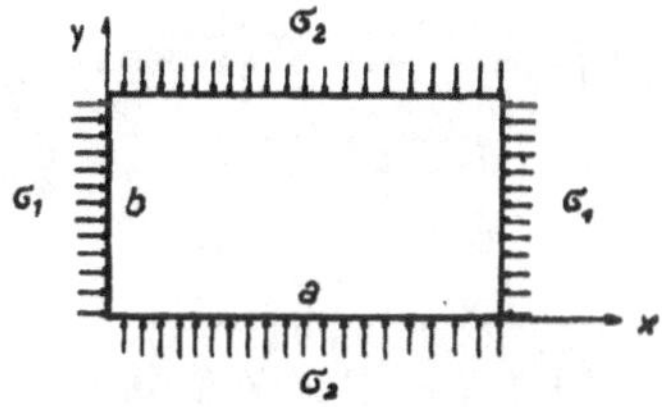

Bild 85

(244) $$\frac{\pi^2}{b^2}\overline{E}J\left(\frac{m^2}{\alpha^2}+n^2\right)^2 = \sigma_1\frac{m^2}{\alpha^2}+\sigma_2 n^2\,.$$

Aus dieser Beulgleichung ist σ_1 bei gegebenem σ_2 bestimmbar. Im Sonderfall $\sigma_2 = 0$ ist

(245) $$\sigma_1=\frac{\pi^2\,\overline{E}J}{b^2}\left[\frac{m}{\alpha}+\alpha\frac{n^2}{m}\right]^2.$$

Diese kritische Beulkraft σ_1 läßt sich auch schreiben mit $\sigma_e = \frac{\pi^2\,\overline{E}J}{b^2}$ (Eulersche Knickspannung eines breiten Plattenstreifens mit der Knicklänge b) und mit

$$k_n=\left(\frac{m}{\alpha}+\alpha\frac{n^2}{m}\right)^2$$

(246) $$\sigma_{1k_n} = k_n\,\sigma_e \text{ (ideale Beulspannung).}$$

Man erkennt sofort, daß der Ausdruck für k_n am kleinsten wird, wenn $n = 1$ ist, d. h. in der Querrichtung y soll sich nur eine Halbwelle ausbilden:

$$k_1 = k = \left(\frac{m}{\alpha} + \frac{\alpha}{m}\right)^2. \tag{247}$$

Diese Kurve nennt man die Girlandenkurve und ist im Bild 86 erkennbar.

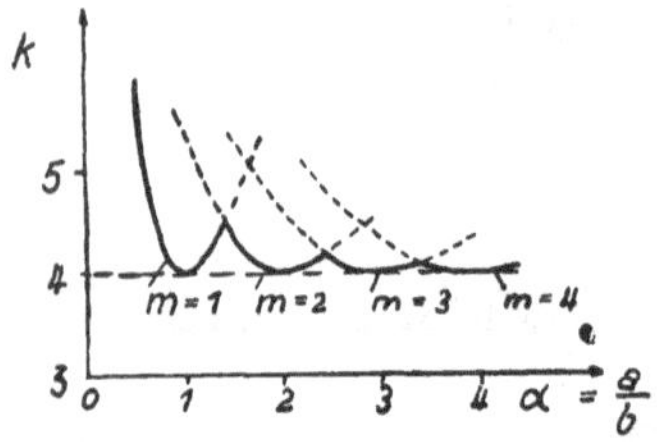

Bild 86. Girlandenkurve

Wenn $\alpha > 1$, ist der kleinste Grenzwert: $k = 4$. Bei $\alpha \leqq 1$, ist mit $m = 1$

$$k = \left(\alpha + \frac{1}{\alpha}\right)^2.$$

In DIN 4114, Blatt 1, Tafel 6 sind verschiedene Lastfälle tabuliert. Eine umfassende Zusammenstellung vieler Beularten gibt auch Pflüger[1]).

Über den Nachweis der Beulsicherheit, Anordnung von Steifen usw. wird auf die maßgebende DIN 4114 nochmals hingewiesen.

IV. Bruchhypothesen

Nach dem Vorschlag von L. Prandtl (1907) kann man als die beiden Hauptformen eines Bruches unterscheiden:

den Trennungsbruch, bei dem sich der Körper längs einer nahezu ebenen Bruchfläche rechtwinklig zur Richtung der größten Zugspannung trennt, wobei eine harte, körnige Bruchfläche entsteht, und

den Verschiebungsbruch, bei dem die Trennung der beiden Teile längs Gleitflächen erfolgt, die mit den Hauptspannungsebenen einen im allgemeinen vom Spannungs-

[1]) Pflüger: Stabilitätsprobleme der Elastostatik, Berlin 1950.

zustand abhängigen schiefen Winkel einschließen. Die Bruchfläche ist oft mit feinem Mehl bedeckt, das durch die Zerreibung des Kornes bei der Verschiebung entsteht.

Häufig treten gemischte Bruchformen auf, wie z. B. beim Zerreißen sich einschnürender Metallstäbe, wo sich zunächst in den mittleren Fasern ein Trennungsbruch und sodann sich die kegelförmigen Verschiebungsflächen eines Trichters bilden. Trennbrüche bei Stahl im elastischen Bereich nennt man Sprödbrüche. Sie können eintreten infolge eines mehrachsigen Spannungszustandes, infolge tiefer Temperaturen und infolge hoher Verformungsgeschwindigkeiten, d. h. bei Überschreiten der dem Werkstoff eigenen Relaxationsdauer[1]). Eine neuere wahrscheinlichkeitstheoretische Betrachtung versucht die Sprödbrüche von Metallen mit thermoelektrischen Effekten zu erklären[2]).

Über die Vorgänge beim Fließen eines Baustoffes und beim Bruch haben sich die Forscher aller Zeiten Klarheit zu schaffen versucht. Als hauptsächlichste Hypothesen und ihre Anhänger sind zu nennen:

1. Normalspannungshypothese (Galilei, Leibnitz, Navier, Lamé, Clapeyron, Clepsch, Rankine),
2. Hauptdehnungshypothese (Mariotte, Navier, Poncelet, de St. Venant, Grashof, Bach),
3. Hauptschubspannungshypothese (Coulomb, Menager, Guest),
4. Hypothese der Grenzkurven der Spannungen (Mohr),
5. Hypothese der größten Form- und Gestaltsänderungsarbeit (Beltrami, Haigh, Girtler und Huber, Schleicher-Mises, Hencky),
6. Die EMPA-Theorie (Roš, Brunner),

---

[1]) W. Kuntze, Sprödbruchbedingungen bei Metallen und Stahl, Der Stahlbau 1952, S. 159.

[2]) W. Späth, Beitrag zur Sprödbruchneigung von Metallen. Der Stahlbau 1953, S. 158.

7. Hypothese der Raum- und Gitterspannungen (Brandenberger),
8. Bruchlinientheorie (Johansen, Granholm).

1. Die Normalspannungshypothese

ist die älteste, da die Trennungsbrüche bei Zug- und Druckversuchen mit spröden Körpern zuerst den Schluß zuließen, daß der Höchstwert der Zugspannung für den Bruch maßgebend sei. Da jedoch die Bruchflächen erfahrungsgemäß meist nicht senkrecht zur Kraftrichtung liegen, d. h. daß meistens keine „Trennungsbrüche" eintreten, konnte die genannte Theorie keine allgemeine Gültigkeit finden.

2. Die Hauptdehnungshypothese

De St. Venant (1864) folgte der molekular-theoretischen Vorstellung Poncelets (1839) und deutete jeden Bruch als Trennungsbruch, nahm aber als Maß der Bruchgefahr nicht die Spannung, sondern einen bestimmten Wert der größten linearen Dehnung an. Wo ein Verschiebungsbruch klar zu erkennen ist, hat diese Annahme physikalisch keine Berechtigung. Trotzdem wurden die unter der Annahme der „größten Dehnung" hergeleiteten Formeln (z. B. Gl. 248 und 249) für Festigkeitsberechnungen bei zusammengesetzter Beanspruchung noch bis in neuere Zeit benutzt.

Mit den Gleichungen der kubischen Dehnung (Gl. 16, Bd. I) und den Hauptspannungen (Gl. 112, Bd. I) erhält man mit $m = 4$ die zusammengesetzte maßgebende Spannung

$$\sigma_{m_a} = \frac{3}{8}(\sigma_1 + \sigma_2) \pm \frac{5}{8}\sqrt{(\sigma_1 - \sigma_2)^2 + 4\tau_1^2}\,, \tag{248}$$

woraus mit $\sigma_1 = \sigma$, $\sigma_2 = 0$ und $\tau_1 = -\tau_2 = \tau$ die früher viel verwendete Gleichung

$$\sigma_{m_a} = \frac{3}{8}\sigma \pm \frac{5}{8}\sqrt{\sigma^2 + 4\tau^2} \tag{249}$$

für zusammengesetzte Festigkeit (z. B. Biegung mit Abscherung oder Verdrehung) erhalten hat. Diese Gl. ist jedoch neuerdings durch Gl. (18) für die „Vergleichsspannung", welche aus der Gestaltsänderungstheorie gewonnen wurde, ersetzt worden.

3. Hauptschubspannungshypothese

Diese Hypothese kann dem Wesen der Schubspannungen entsprechend nur für den Verschiebungsbruch gelten. Dieser zeigt sich sowohl bei plastischen Stoffen, wie z. B. Flußstahl, wo die Fließfiguren die Verschiebungen an der Fließgrenze deutlich erkennen lassen, als auch bei gedrückten spröden Stoffen, z. B. Beton. Coulomb hat bereits 1773 die Theorie des Verschiebungsbruches für die Druckfestigkeit spröder Stoffe entwickelt. Der Körper setzt der Verschiebung längs jeder Ebene den Widerstand $(\tau_0 + \mu \cdot \sigma)$ entgegen, wobei der Festwert τ_0 von der Kohäsion abhängt und μ eine Reibungsziffer bedeutet. Der Bruch tritt ein, wenn τ einen bestimmten Grenzwert $(\tau_0 + \mu \cdot \sigma)$ überschreitet.

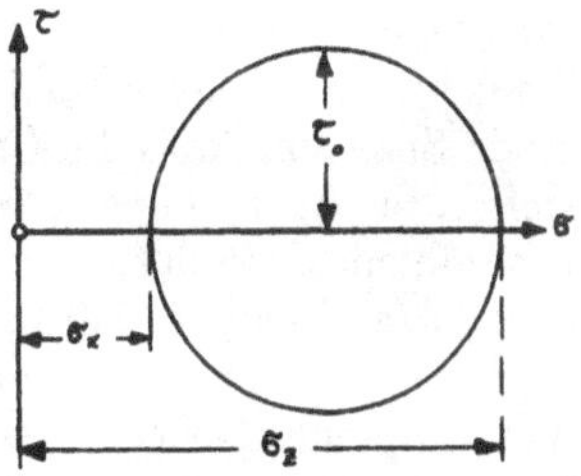

Bild 87
Hauptschubspannung nach Mohr

Betrachtet man den Mohrschen Spannungskreis nach Bild 87 (s. auch Bild 91, Bd. I), so ergibt sich mit den Hauptspannungen σ_z und σ_x die größte für den Bruch maßgebende Schubspannung zu $\tau_0 = \frac{\sigma_z - \sigma_x}{2}$. Dabei laufen die Gleitebenen und Fließfiguren unter 45° gegen die Hauptspannungsrichtung. Diese Hauptschubspannungshypothese wurde später insbesondere durch die Versuche von Guest gestützt, der sie als „maximum difference stress theory" bezeichnete[1]).

4. Hypothese der Grenzkurve der Spannungen

Im Jahre 1882 stellte Otto Mohr eine Theorie des allgemeinen Spannungszustandes auf. Sie ist in gewissem Sinne eine

[1]) J. J. Guest, On the strength of ductile materials under combined stress. Philos. Mag. (5) Vol. 50 (1900).

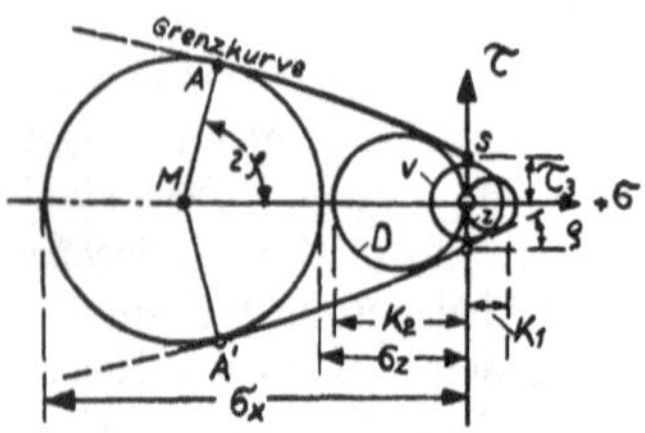

Bild 88
Darstellung der Grenzkurven nach Mohr

Verbindung der Normalspannungs- mit der Schubspannungshypothese. Der Bruch tritt nicht mehr durch Erreichen eines bestimmten Wertes der Normalspannung allein ein, sondern durch Erreichen einer Grenzkurve von der Form $\tau_m = f(\sigma)$, die im σ, τ-Koordinatensystem des Bildes 88 dargestellt ist. Bleibt $\tau < f(\sigma)$, so herrscht reines elastisches Gleichgewicht. Erreicht der zu einem bestimmten Spannungszustand gehörende Spannungskreis die Grenzkurve des betreffenden Baustoffes, so tritt an dieser Stelle der Bruch ein. Das ursprünglich räumliche Problem wird auf ein ebenes zurückgeführt durch den Nachweis, daß nur solche Ebenen als Gleitebenen in Betracht kommen, die durch die mittlere Achse des Spannungsellipsoides gehen. Dies bildet den Beweis für die Behauptung Mohrs, daß die mittlere Hauptspannung σ_y ohne Einfluß auf die Elastizitätsgrenze sei und daß nur die Hauptspannungen σ_x und σ_z maßgebend seien. Die Grenzkurve ist die Umhüllende aller Kreise, die der Elastizitätsgrenze entsprechen. Der Hauptvorteil dieser Darstellung ist die anschauliche Festlegung der Gleitebenen in bezug zur Richtung der Hauptspannungen: Der Winkel zwischen 2 Gleitebenen wird durch die Hauptspannungsrichtung σ_x und σ_z halbiert und erscheint in Bild 88 als Winkel AMO $= 2 \cdot \varphi$. Z bedeutet den Zugfestigkeitskreis, D den Druckfestigkeits-

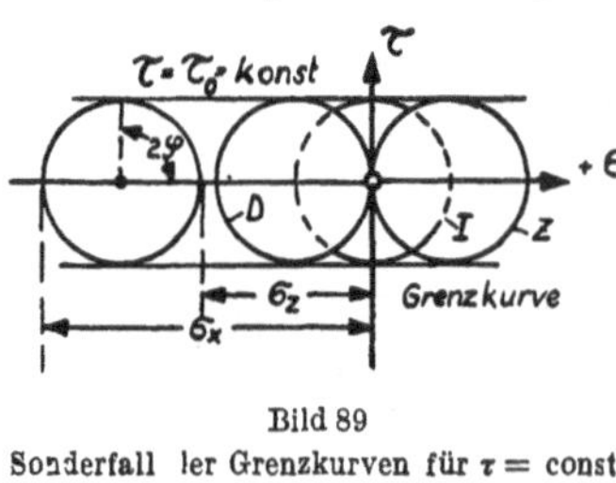

Bild 89
Sonderfall der Grenzkurven für $\tau =$ const.

kreis und V den Torsionsfestigkeitskreis mit dem Mittelpunkt in 0. Die Größe der Schubfestigkeit ist OS. Die unter 3. genannte Hauptschubspannungshypothese ist der Sonderfall der Grenzkurve mit zwei parallelen Geraden (Bild 89). Auch im allgemeinen Fall des Bildes 88 geht die Grenzkurve nach Mohrs Auffassung für sehr hohe Werte des Druckes σ asymptotisch in 2 Gerade mit $\tau = \text{const.}$ über ($\varrho = 0$), was durch Versuche mit allseitigem Druck von Kármán bestätigt wird[1]). Sehr genaue Versuche von Böker[2]) mit Marmor und von Lode[3]) mit eisernen Rohren zeigen, daß die Grenzkurven für die Druckversuche und die sog. Umschlingungsversuche (σ_x Druck, $\sigma_y = \sigma_z$ Druck) nicht zur Deckung gebracht werden können. Hieraus wäre zu schließen, daß entgegen der Behauptung Mohrs die mittlere Hauptspannung σ_y doch einen gewissen, allerdings schwer nachweisbaren, Einfluß ausübt.

Trotzdem hat Mohr mit dieser Theorie die zu seiner Zeit modernste und physikalisch richtigste Behandlung der Bruchfrage der Baustoffe gegeben, welche große Anerkennung und Verbreitung gefunden hat und noch heute eine der vollständigsten Theorien darstellt[4]). Sie gilt allgemein für irgend eine Grenze, sei es die Elastizitäts-, Fließ- oder Bruchgrenze. Sie überläßt es dem Versuch, die richtige Grenzkurve zu finden und hat den Vorzug großer Anschaulichkeit.

5. Hypothesen der größten Form- und Gestaltänderungsarbeit

a) Die Hypothese der größten Formänderungsarbeit wurde zuerst von dem italienischen Mathematiker Beltrami (1885) vorgeschlagen. Die in der Raumeinheit aufgespeicherte Formänderungsarbeit A soll darin ein Maß der Grenzbeanspruchung sein. Im allgemeinen Fall gilt für die bezogene Form-

[1]) Forschungsheft des V. D. I. Nr. 118 (1911).
[2]) Forschungsheft des V. D. I. Nr. 175/176 (1915).
[3]) Zeitschr. für Physik, Berlin 1926, S. 913.
[4]) Ch. Mallet: Sur la theorie de la deformation permanente et de la rupture. Travaux okt. 1952, S. 487, Nov. 1952, S. 532.

änderungsarbeit die Gl. (14) in Kap. I, A, 3. Sie hat folgende Eigenschaften, die sie als Vergleichsmaßstab für die Anstrengung eines Baustoffes geeignet erscheinen lassen: Sie enthält explizit die Baustofftestwerte E, m und G, die das elastische Verhalten kennzeichnen. Ihr Endwert ist unabhängig von dem Weg, auf dem er erreicht wird. Durch Zusatzglieder lassen sich Vorspannungen und Abweichungen vom Hookeschen Gesetze berücksichtigen und die Erweiterung auf nicht isotrope Stoffe durchführen. Sie benutzt alle Spannungswerte, nicht nur τ_{max} wie Mohr, und alle Verzerrungswerte. Sie kann sowohl mit Hilfe der Spannungen wie der zu messenden Verzerrungen gefunden werden. Setzt man in Gl. (14) $A = \frac{\sigma_e^2}{2 \cdot E}$ ein, so erhält man eine Vergleichsspannung

$$\sigma_e = \sqrt{2 \cdot E \cdot A}\,, \tag{250}$$

die bei einem gedachten einachsigen Spannungszustand (z. B. beim Zugversuch) die gleiche Formänderungsarbeit A (Ladung) in der Raumeinheit erzeugt, wie der vorliegende Spannungszustand.

b) Die Hypothese der Gestaltsänderung hat in der neueren Festigkeitslehre für die Betrachtung des Bruchvorganges an Bedeutung gewonnen. Sie lieferte die jetzige Gleichung für die Vergleichsspannung bei zusammengesetzter Festigkeit (Gl. 18). Mit dieser Hypothese wird auch ausgedrückt, was erfahrungsgemäß bekannt ist, daß ein hydrostatischer Spannungszustand allein nicht den Bruch eines Körpers (außer porösen) bewirken kann. In dieser Theorie haben also, im Gegensatz zu Mohr, alle drei Normalspannungen einen Einfluß auf den Bruchzustand. Neuere Versuche von Lode und Reuß haben dies bestätigt[1]), wenn man auch immer noch annehmen muß, daß für den Baustoff Stahl das wirkliche Verhalten beim Bruch zwischen den Grenzfällen der größten Gestaltänderungsarbeit und den Mohrschen Grenzzuständen liegt.

c) Versuche haben gezeigt, daß die Mohrsche Hypothese wenig geeignet ist, Plastizitätsbedingungen wiederzu-

[1]) W. Lode, Der Einfluß der mittleren Hauptspannung auf das Fließen der Metalle. Forsch.-Arb. Ing.Ws. Heft 303, Berlin 1938.

geben. Eine einfache Fassung einer solchen Plastizitätsbedingung auf Grund der Energiegrenze der Elastizität wurde 1925 von Schleicher-v. Mises[1]) vorgeschlagen. Man trägt als rechtwinklige Kordinaten die Vergleichsspannung σ_e und den mittleren hydrostatischen Druck p auf, also $y = \sigma_e = \sqrt{2 \cdot E \cdot A}$ und $x = p = 1/3(\sigma_x + \sigma_y + \sigma_z)$ (Bild 90). Dann entspricht der Kurventeil mit positivem $x = p$ einer Volumenvermehrung und mit negativem $x = p$ einer Volumenverminderung, weil nach der Gleichung der kubischen Dehnung p proportional e ist und $p = x = 0$ dem Verdrehungsversuch mit $\sigma_x = -\sigma_y$, $\sigma_z = 0$ und $y^2 = 2 \cdot E \cdot A = 2 \cdot \sigma_x^2 + 2/m \cdot \sigma_x^2$.

Wird $y > \sqrt{2 \cdot E \cdot A}$, so sind die Verzerrungen nicht mehr elastisch, sondern unelastisch. Die Linie dieser Plastizitätsbedingung teilt daher die σ_e-p-Ebene in einen elastischen und einen plastischen Bereich (Bild 90).

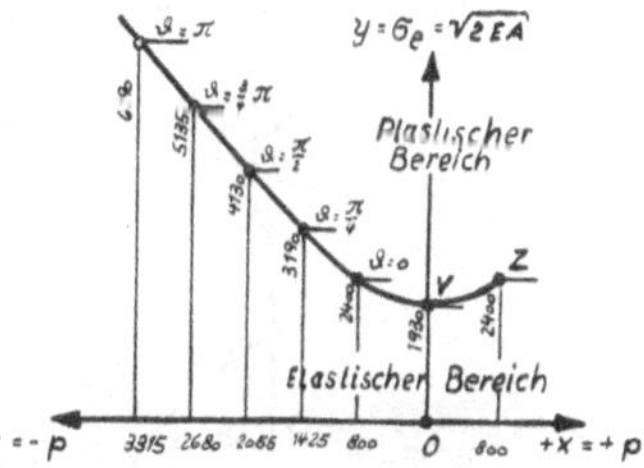

Bild 90
Plastizitätsbedingung nach Schleicher-Mises

d) In Erweiterung der Mohrschen Grenzkurve hat der amerikanische Forscher Westergaard eine graphische Darstellung mit räumlichem System vorgeschlagen und legt auf Grund von Versuchen eine Grenzfläche fest. Mit den Gedankengängen Westergaards stimmt Hencky[2]) soweit überein, als daß auch er von den Invarianten des Spannungstensors σ, T_{I}, T_{II} ausgeht. Darin ist die erste unabhängige Invariante die lineare Invariante $\sigma = 1/3(\sigma_{11} + \sigma_{22} + \sigma_{33})$. Sie hat den Aufbau des hydrostatischen Druckes. Ein Material wird isotrop genannt, wenn durch diese hydrostatischen Spannungen keine

[1]) Zeitschr. f. angew. Mathem. u. Mech. 1926, S. 199.
[2]) H. Hencky, Ermüdung, Bruch und Plastizität, Der Stahlbau 1943, H. 23/24 S. 95, und Schrifttum (6).

Winkelverzerrungen hervorgerufen werden. Die Invarianten T_{I} und T_{II} sind entsprechend der Wahl des Bezugssystems Schubspannungen. Die Invariante σ bewirkt nur eine Volu-

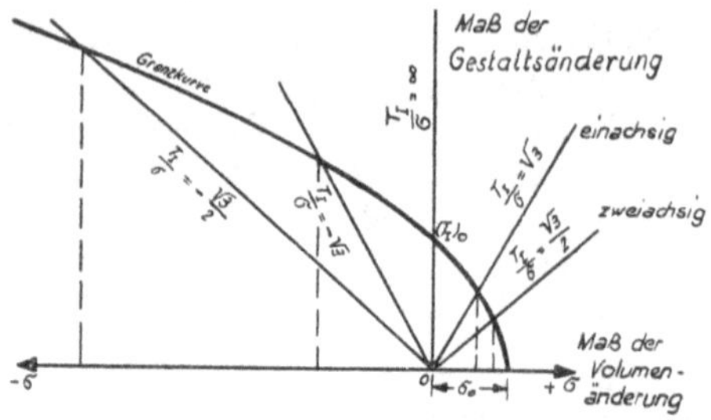

Bild 91. Grenzkurve nach Hencky

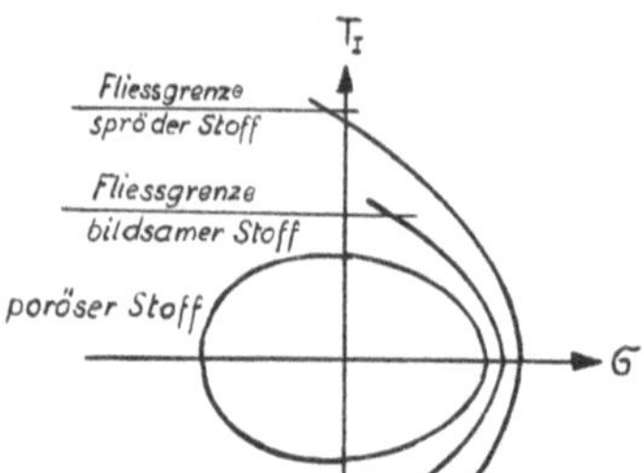

Bild 92
Sonderfall der Grenzkurven für $T_{\text{I}} = \text{const.}$

menveränderung. Die beiden Invarianten T_{I} und T_{II} lassen das Volumen unverändert und verzerren nur die Form. Trägt man diese 3 als Koordinaten der kritischen Spannungspunkte auf, so erkennt man, daß die 3. Invariante physikalisch praktisch bedeutungslos bleibt. Damit kommt Hencky zu einer ähnlichen zweidimensionalen Grenzkurve (Bild 91) wie Mohr, jedoch mit dem Vorteil, neben den Bruch- nunmehr auch die Plastizitätserscheinungen im gleichen Diagramm darstellen zu können. Mit $T_{\text{I}} = \text{const.}$ ist, wie bei Mohr, die Grenzkurve durch eine Parallele zur σ-Achse gegeben. Es ist dies das Kriterium für den Anfang des plastischen Fließens. Die

Schnitte der beiden Grenzkurven für Bruch und Plastizität sind für zähe Stoffe rechts der T_I-Achse gegeben, für spröde Stoffe links davon unter hydrostatischem Druck (Bild 92). Hencky schlägt dabei vor, den Begriff der „Bruchwahrscheinlichkeit" einzuführen, welche auf der Grenzkurve den Wert 1 haben würde.

6. „Die EMPA-Anstrengungstheorie

der Konstanz der resultierenden Schubspannung bzw. der Schwerpunktsverschiebung der Oktaederfläche des Würfelelementes"[1]) stellt eine Weiterentwicklung der oben erwähnten Gedankengänge von Coulomb und Mohr dar. Sie wurde durch Versuche[2]) belegt, welche bewiesen, daß der Einfluß der mittleren Hauptzugspannung σ_2 auf die plastische Verformung nicht vernachlässigt werden kann. Mit Hilfe von Vergleichsspannungen σ_{res} und entsprechenden Dehnungen δ_{res} wird, unter Einführung eines Plastizitätsmoduls $D = \frac{\sigma_{res}}{\delta_{res}}$ und einer Zahl $m = 2$, für zähe Körper, deren Verformungsvorgang auf Gleitung beruht, der plastische Bereich sinngemäß behandelt wie der elastische. Die Vergleichsspannungen σ_{res} unterscheiden sich von der Schubspannung τ_0 und von der Schwerpunktsverschiebung s_0 der Oktaederfläche (Bild 93) nur durch einen frei wählbaren Faktor. Die Normalspannung der Oktaederfläche ist

$$\sigma_n = \sigma_m = \frac{1}{3}(\sigma_1 + \sigma_2 + \sigma_3)$$

der hydrostatische Druck.

---

[1]) M. Roš und A. Eichinger: Anstrengung und Bruchgefahr fester Körper, Schweizer Bauzeitung 67. Jg. (1949), S. 383. Hierzu s. auch: O. Föppl, Die natürlichen Elastizitätskonstanten E_0 und G. Der Bauingenieur 48 (1951), S. 247.

[2]) M. Roš und A. Eichinger: Versuche zur Klärung der Bruchgefahr, Diskussionsberichte der EMPA (Eidgenössische Materialprüfungsanstalt) Zürich Nr. 14 (1926), Nr. 28 (1928) und Nr. 34 (1929).

Sie bewirkt eine elastische Volumenänderung, die nach den Versuchen ohne Einfluß auf die plastische Verformung ist. Die Schubspannung der genannten Ebene ist

$$\tau_0 = \frac{\sqrt{2}}{3} \sqrt{\sigma_1 + \sigma_2^2 + \sigma_3^2 - \sigma_1\sigma_2 - \sigma_2\sigma_3 - \sigma_3\sigma_1}\,. \tag{251}$$

Sie bewirkt neben einer elastischen auch eine plastische Verschiebung, die in den 3 Hauptrichtungen sind:

$$\left\{\begin{aligned} \delta_1 &= \frac{1}{D}\left(\sigma_1 - \frac{\sigma_2 + \sigma_3}{2}\right) = \frac{3}{2}\cdot\frac{\sigma_1'}{D}, \\ \delta_2 &= \frac{1}{D}\left(\sigma_2 - \frac{\sigma_3 + \sigma_1}{2}\right) = \frac{3}{2}\cdot\frac{\sigma_2'}{D}, \\ \delta_3 &= \frac{1}{D}\left(\sigma_3 - \frac{\sigma_1 + \sigma_2}{2}\right) = \frac{3}{2}\cdot\frac{\sigma_3'}{D}. \end{aligned}\right. \tag{252}$$

Bestimmt man nun den frei wählbaren Faktor für die Vergleichsspannung so, daß für $\sigma_1 = \sigma_2 = 0$ $\sigma_3 = \sigma_{res}$ ist und $\delta_3 = \delta_{res}$, so ergeben sich Vergleichsspannung und Vergleichsdehnung zu

$$\left\{\begin{aligned} \sigma_{res} &= \sqrt{\sigma_1^2 + \sigma_2^2 + \sigma_3^2 - \sigma_1\sigma_2 - \sigma_2\sigma_3 - \sigma_3\sigma_1}, \\ \delta_{res} &= \tfrac{2}{3}\sqrt{\delta_1^2 + \delta_2^2 + \delta_3^2 - \delta_1\delta_2 - \delta_2\delta_3 - \delta_3\delta_1}. \end{aligned}\right. \tag{253}$$

Nach dieser Theorie befinden sich 2 Körper im gleichen Anstrengungszustand, wenn die Vergleichsspannungen einander gleich sind. Da jedem Wert σ_{res} eine plastische Vergleichsdehnung δ_{res} zugeordnet ist, wird die Ermittlung der gleichen Verformungsgrenzen für verschiedene Spannungszustände ermöglicht. So entspricht z. B. der bekannten $2^0/_{00}$-Grenze des Zugversuches eine $3{,}46^0/_{00}$-Grenze[1]) des Torsionsversuches.

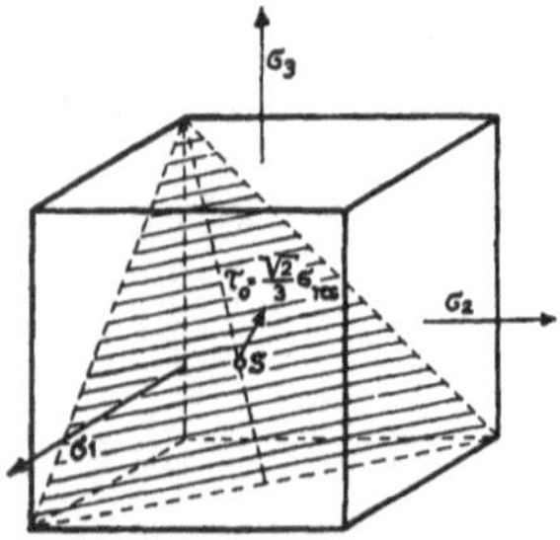

Bild 93. Schubspannung der Oktaederfläche

[1]) Streuung bei dieser Festlegung allerdings + 27% und — 32%. Diese Versuche wurden z. T. an dünnwandigen, aus dem Vollen durch Kaltbearbeitung gewonnenen Rohren ausgeführt, so daß zu bedenken ist, ob nicht Oberflächenverfestigungen die Elastizitätsgrenzen verschoben haben können, so daß ganz genaue Festlegungen erschwert werden.

7. Hypothese der Raum- und Gitterspannungen

Zu allen Zeiten sind Stimmen laut geworden, die die Mängel der gezeigten Theorien klar aussprachen. Auf Grund von theoretischen Untersuchungen kam auch Brandenberger zu dem Schluß, daß die heutige Elastizitätstheorie die Bruchgefahr niemals wird klären können. Er stellte daher der jetzigen Theorie seine „Neue Theorie der Elastizität und Festigkeit"[1]) gegenüber. Darin teilt er die gesamte Formänderung in eine Volumenänderung $a = \frac{\Delta V}{3} = \frac{1}{3}$ $(a_1 + a_2 + a_3)$ und eine Gestaltsänderung a_1', a_2', a_3' auf, wobei a_1, a_2 und a_3 die Formänderungen in den drei Hauptrichtungen sind. Die Volumenänderung bedeutet z. B. für einen Würfel die Änderung des Volumens unter Beibehaltung der Würfelform. Die Gestaltsänderung ist der Anteil der Formänderungsarbeit, welche die Würfelform verändert. Der innere Widerstand des Würfels, der durch eine Volumenänderung hervorgerufen wird, wird als Raumspannung σ_R bezeichnet. Der innere Widerstand gegen eine Veränderung der Seitenflächen gegen ihre Nullage wird als Gitterspannung $\sigma_{g1}, \sigma_{g2}, \sigma_{g3}$ bezeichnet. Beides sind also innere Spannungen und zusammen der Größe nach den äußeren Spannungen $\sigma_1, \sigma_2, \sigma_3$ entgegengesetzt gleich (Bild 94).

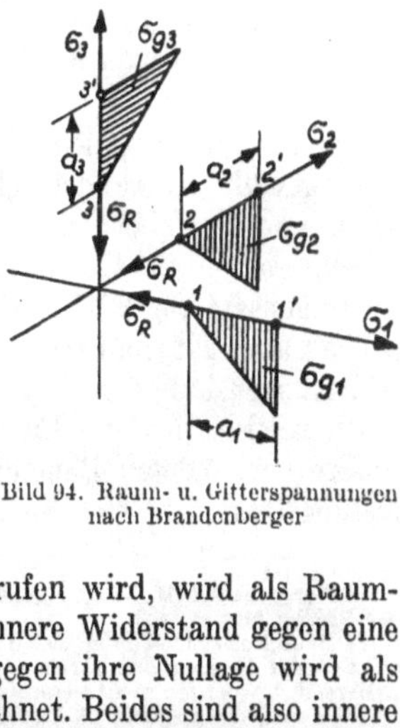

Bild 94. Raum- u. Gitterspannungen nach Brandenberger

Brandenberger unterscheidet nun 2 E-Moduli für Volumen- und Gestaltsänderung und zwei Fließgrenzen des Materials. Als erste Fließgrenze wird jene bezeichnet, wo das Material noch vollkommen elastisch ist[2]). In diesem Falle hat die Gitterspannung σ_{g1} in Rich-

[1]) s. Schrifttum (2).
[2]) Bei der bekannten 0,2%-Grenze wird die wirkliche Elastizitätsgrenze danach schon um 54% überschritten.

tung 1 den höchst zulässigen Wert erreicht. Dann hat aber auch die Dehnung ihren Höchstwert, so daß in diesem Falle — spannungsfreien Zustand des Materiales vorausgesetzt — die Theorie sich mit jener der maximalen Dehnungen von de St. Venant deckt. Nur glaubte de St. Venant zu Unrecht, damit schon das Bruchphänomen geklärt zu haben. Die 2. Fließgrenze ist erreicht, wenn das Material in allen 3 Richtungen gleichmäßig fließt. Die Bruchursache sind die Beanspruchungen an der 2. Fließgrenze. Nach der Theorie der Raum- und Gitterspannungen kommt es auf die Differenz der größten und kleinsten Hauptspannungen an. Diese werden durch allseitigen Druck nicht beeinflußt[1]). Mit dieser Theorie ist Brandenberger in der Lage, sowohl den Bauschinger-Effekt[2]) zu erklären, als auch die bekannten Versuche von Wehage[3]) erklärlich zu machen, wenn man sie als an der 2. Fließgrenze geschehen betrachtet.

Auch gegen diese neue Theorie hat es an Gegenstimmen[4]) nicht gefehlt. Sie wendet sich von der klassischen Elastizitätstheorie ab, was allerdings auch in anderen Arbeiten schon geschehen ist[5]). Die Theorie von Brandenberger wurde bisher, im Gegensatz zur EMPA-Theorie, nicht durch spezielle Versuche unterbaut, sondern sie ist das Ergebnis mathematischer Ableitungen. Aus diesem Grunde ist es denkbar, daß man zu mathematisch richtigen Ergebnissen gekommen ist, denen aber unsere verwendeten Baustoffe bezugsweise die üblichen Belastungsfälle nicht Rechnung zu tragen vermögen.

---

[1]) Versuche von W. Voigt ergaben, daß unter Druckluft keine Änderung in der Bruchgefahr eintritt.

[2]) Bauschinger fand 1886, daß die E-Grenze durch die eintretende Verfestigung in der Beanspruchungsrichtung verschoben wird, wobei sich jedoch der E-Bereich im Ganzen nicht vergrößert.

[3]) Wehage untersuchte 1888 zweiachsige Zugbeanspruchungen durch Druck in der Mitte einer am Rande eingespannten Platte und fand als Ergebnis, daß bei der 2-achsigen Zugbeanspruchung das Fließen gegenüber dem Normalzugversuch schon bei ungefähr der halben Dehnung einsetzt, was der Hypothese der maximalen Dehnung widerspricht.

[4]) M. Roš und A. Eichinger, Schweizer Bauzeitung 67. Jg. (1949) S. 395.

[5]) Hierzu s. auch O. Föppl: „Die klassische Elastizitätstheorie gilt nicht für den gekoppelten Spannungszustand $\sigma_0 \cdot \sigma_r = f(x, y, z)$, Heft 47 der Mitteilungen des Wöhler-Institutes, Braunschweig, Verlag F. Vieweg u. Sohn, Braunschweig 1951.

8. Die Bruchlinientheorie für Stahlbeton-Platten

Diese Theorie[1]) sucht nicht den Bruchvorgang zu erklären, sondern bedient sich der in gewissen Grenzen regelmäßigen Brucherscheinungen von kreuzweise bewehrten Stahlbeton-Platten zur Bemessung derselben. Belastet man derartige Platten durch mittige Einzellasten oder Lastgruppen, so zeigen sich von den Enden ausgehende Bruchlinien an Ober- und Unterseite, die nahezu geradlinig verlaufen. Aus der Bedingung, daß die Formänderungsarbeit längs der Bruchlinie gleich der Arbeit der äußeren Kräfte sein muß, kann das min. Bruchmoment in Abhängigkeit von Belastung und Plattenlänge ermittelt werden. Die Sicherheiten werden mit $\nu = 1{,}8$ bis 2,0 eingesetzt.

Der Vorteil der Bruchlinientheorie ist, daß man Platten mit komplizierten Belastungs- und Auflagerbedingungen einfach behandeln kann. Sie gibt somit nur Aufschluß über die Tragfähigkeit, nicht aber über die Formänderungen und über die Last beim Auftreten der ersten Risse (s. auch Kap. II, D, 3).

---

[1]) H. Granholm, Deutscher Beton-Verein, Vorträge 1952, S. 179. K. W. Johansen, Bruchmomente der kreuzweise bewehrten Platten. I. V. B. H. Abhandlungen Zürich 1932, S. 277.

Sachverzeichnis

GESAMTVERZEICHNIS

SAMMLUNG GÖSCHEN

DAS WISSEN DER WELT IN KURZEN, KLAREN, ALLGEMEINVERSTÄNDLICHEN EINZELDARSTELLUNGEN NACH DEN LEHRPLÄNEN DER DEUTSCHEN UNIVERSITÄTEN UND HOCHSCHULEN AUFGEBAUT

JEDER BAND DM 2,40

DOPPELBAND DM 4,80

STAND NOVEMBER 1954

WALTER DE GRUYTER & CO.

BERLIN W 35

INHALTSVERZEICHNIS

Geisteswissenschaften

Philosophie · Pädagogik · Psychologie · Soziologie

Einführung in die Philosophie von *H. Leisegang*. 2. Auflage. 145 Seiten. 1953 . . . . Bd. 281
Erkenntnistheorie von *G. Kropp*. 1. Teil: Allgemeine Grundlegung. 143 Seiten. 1950 . . . . Bd. 807
Hauptprobleme der Philosophie von *G. Simmel*†. 7., unveränd. Auflage. 177 Seiten. 1950 . . . . Bd. 500
Geschichte der Philosophie
I: Die griechische Philosophie von *W. Capelle*. 1. Teil. Von Thales bis Leukippos. 2., erweiterte Auflage. 135 Seiten. 1953 . . . . Bd. 857
II: Die griechische Philosophie von *W. Capelle*. 2. Teil. Von der Sophistik bis zum Tode Platons. 2., stark erweiterte Auflage. 144 Seiten. 1953 . . . . Bd. 858
III: Die griechische Philosophie von *W. Capelle*. 3. Teil. Vom Tode Platons bis zur Alten Stoa. 2., stark erweiterte Auflage. 132 Seiten. 1954 . . . . Bd. 859
IV: Die griechische Philosophie von *W. Capelle*. 4. Teil. Von der Alten Stoa bis zum Eklektizismus im 1. Jahrhundert v. Chr. 2., stark erweiterte Auflage. 132 Seiten. 1954 . . . . Bd. 863
V: Die Philosophie des Mittelalters von *J. Koch*. In Vorbereitung . . . . Bd. 826
VI: Von der Renaissance bis Kant von *K. Schilling*. 234 Seiten. 1954 . . . . Bd. 394 / 394a
VII: Immanuel Kant von *G. Lehmann*. In Vorbereitung . Bd. 536
VIII: Die Philosophie des 19. Jahrhunderts von *G. Lehmann*. 1. Teil. 151 Seiten. 1953 . . . . Bd. 571
IX: Die Philosophie des 19. Jahrhunderts von *G. Lehmann*. 2. Teil. 168 Seiten. 1953 . . . . Bd. 709
X: Die Philosophie im ersten Drittel des 20. Jahrhunderts von *G. Lehmann*. In Vorbereitung . . . . . Bd. 845
Die geistige Situation der Zeit (1931) von *K. Jaspers*. 3., unveränderter Abdruck der 1932 bearbeiteten 5. Auflage. 211 Seiten. 1953 . . . . Bd. 1000
Philosophisches Wörterbuch von *M. Apel* †. 4., unveränderte Auflage. 260 Seiten. 1953 . . . . Bd. 1031
Geschichte der Pädagogik von *H. Weimer*. 11., neubearbeitete und vermehrte Auflage. 176 Seiten. 1954. . . . . . . Bd. 145
Therapeutische Psychologie. Freud – Adler – Jung von *W. M. Kranefeldt*. Mit einer Einführung von *C. G. Jung*. 2. Auflage. 152 Seiten. 1950 . . . . Bd. 1034
Soziologie. Geschichte und Hauptprobleme von *L. von Wiese*. 5. Auflage. 162 Seiten. 1954 . . . . Bd. 101

Religionswissenschaften

Jesus von *M. Dibelius* †. 2. Auflage. Unveränderter Nachdruck. 137 Seiten. 1949 . . . . Bd. 1130
Paulus von *M. Dibelius* †. Nach dem Tode des Verfassers herausgegeben und zu Ende geführt von *W. G. Kümmel*. 155 Seiten. 1951 . . . . Bd. 1106

Musik

Musikästhetik von *H. J. Moser.* 180 Seiten. 1953 . . . . Bd. 344
Systematische Modulation von *R. Hernried.* 2. Auflage. 136 Seiten. 1950 . . . . Bd. 1094
Der polyphone Satz von *E. Pepping.* 1. Teil: Der cantus-firmus-Satz. 2. Auflage. 223 Seiten. 1950 . . . . Bd. 1148
Harmonielehre von *H. J. Moser.*
I: 112 Seiten. 1954 . . . . Bd. 809
II: In Vorbereitung . . . . Bd. 810
Technik der deutschen Gesangskunst von *H. J. Moser.* Dritte, durchges. u. verbesserte Auflage. 144 Seiten mit 5 Fig. 1954 . . . . Bd. 576/576a
Die Kunst des Dirigierens von *H. W. von Waltershausen.* 2. Auflage. 138 Seiten. 1954 . . . . Bd. 1147
Die Technik des Klavierspiels aus dem Geiste des musikalischen Kunstwerkes von *K. Schubert* †. 3. Auflage. 110 Seiten. 1954 . . . . Bd. 1045
Die Musik des 19. Jahrhunderts von *W. Oehlmann.* 180 Seiten. 1953 . . . . Bd. 170
Allgemeine Musiklehre von *H. J. Moser.* 2., durchges. Auflage. 155 Seiten. 1955. . . . . . . Bd. 220/220a

Kunst

Stilkunde von *H. Weigert.*
I: Vorzeit, Antike, Mittelalter. 2. Auflage. 136 Seiten. Mit 94 Abbildungen. 1954 . . . . Bd. 80
II: Spätmittelalter und Neuzeit. 2. Auflage. 146 Seiten. Mit 84 Abbildungen. 1954 . . . . Bd. 781

Geschichte

Einführung in die Geschichtswissenschaft von *P. Kirn.* 2. Auflage. 121 Seiten. 1952 . . . . Bd. 270
Archäologie von *A. Rumpf.*
I: Einleitung, historischer Überblick. 143 Seiten mit 6 Abbildungen im Text und 12 Tafeln. 1953 . . . . . Bd. 538
II: In Vorbereitung . . . . Bd. 539
Kultur der Urzeit von *F. Behn.* 4. Auflage der „Kultur der Urzeit". Band I–III von *M. Hoernes.*
I: Die vormetallischen Kulturen. (Die Steinzeiten Europas. Gleichartige Kulturen in anderen Erdteilen). 172 Seiten mit 48 Abbildungen. 1950 . . . . Bd. 564
II: Die älteren Metallkulturen. (Der Beginn der Metallbenutzung. Kupfer- und Bronzezeit in Europa, im Orient und in Amerika). 160 Seiten mit 67 Abbildungen. 1950 Bd. 565
III: Die jüngeren Metallkulturen. (Das Eisen als Kulturmetall. Hallstatt-Latène-Kultur in Europa. Das erste Auftreten des Eisens in den anderen Erdteilen). 149 Seiten mit 60 Abbildungen. 1950. . . . . Bd. 566
Vorgeschichte Europas von *F. Behn.* Völlig neue Bearbeitung der 7. Auflage der „Urgeschichte der Menschheit" von *M. Hoernes.* 125 Seiten mit 47 Abbildungen. 1949 . . . Bd. 42

Von den Karolingern zu den Staufern von *J. Haller.* Die altdeutsche Kaiserzeit (900–1250). 3. Auflage. 141 Seiten mit 4 Karten. 1944 . . . . Bd. 1065

Deutsche Geschichte im Zeitalter der Reformation, der Gegenreformation und des 30jährigen Krieges von *F. Hartung.* 129 Seiten. 1951 . . . . Bd. 1105

Quellenkunde der deutschen Geschichte im Mittelalter von *K. Jacob*† (bis zur Mitte des 15. Jahrhunderts).

I: Einleitung, Allgemeiner Teil. Die Zeit der Karolinger. 5. Auflage. 118 Seiten. 1949 . . . . Bd. 279

II: Die Kaiserzeit (911 – 1250). 4. Auflage. 127 Seiten. 1949 . . . . Bd. 280

III: Das Spätmittelalter (vom Interregnum bis 1500). Unter Verwendung der Hinterlassenschaft herausgegeben von *F. Weden.* 152 Seiten. 1952 . . . . Bd. 284

Badische Geschichte von A. Krieger. 137 Seiten. 1921 . . . . Bd. 230

Geschichte Englands von *H. Preller.*

I: bis 1815. 3., stark umgearbeitete Auflage. 135 Seiten mit 7 Stammtafeln und 2 Karten im Text. 1952 . . . . Bd. 375

II: von 1815 bis 1910. 2., völlig umgearb. Auflage. 118 S. mit 1 Stammtafel und 7 Karten im Text. 1954 . . . Bd. 1088

Thüringische Geschichte von *E. Devrient.* 2. Auflage. 136 Seiten. 1921. . . . . Bd. 352

Deutsche Sprache und Literatur

Deutsches Rechtschreibungswörterbuch von *M. Gottschald.* 2., verbesserte Auflage. 269 Seiten. 1953 . . . . Bd. 200/200a

Deutsche Wortkunde von *A. Schirmer.* Eine kulturgeschichtliche Betrachtung des deutschen Wortschatzes. 3., durchgesehene Auflage. 109 Seiten. 1949 . . . . Bd. 929

Deutsche Sprachlehre von *W. Hofstaetter.* 9., neubearbeitete Auflage von *G. Spree.* 144 Seiten. 1953 . . . . Bd. 20

Redetechnik von *H. Biehle.* Einführung in die Rhetorik. 115 Seiten. 1954 . . . . Bd. 61

Sprechen und Sprachpflege von *H. Feist.* (Die Kunst des Sprechens). 2., verbesserte Auflage. 99 Seiten mit 25 Abbildungen. 1952 . . . . Bd. 1122

Deutsches Dichten und Denken von der germanischen bis zur staufischen Zeit von *H. Naumann.* (Deutsche Literaturgeschichte vom 5.–13. Jahrhundert). 2., verbesserte Auflage. 166 Seiten. 1952 . . . . Bd. 1121

Deutsches Dichten und Denken vom Mittelalter zur Neuzeit von *G. Müller* (1270–1700). 2., durchgesehene Auflage. 159 Seiten. 1949 . . . . Bd. 1086

Deutsches Dichten und Denken von der Aufklärung bis zum Realismus von *K. Viëtor* (Deutsche Literaturgeschichte von 1700–1890). 2., durchgesehene Auflage. 156 Seiten. 1949 . . . . Bd. 1096

Der Nibelunge Nôt in Auswahl mit kurzem Wörterbuch von *K. Langosch.* 9., umgearbeitete Auflage. 164 Seiten. 1953 . . . . Bd. 1

Die deutschen Personennamen von *M. Gottschald.* 2., verbesserte Auflage. 151 Seiten. 1955 . . . . Bd. 422

Indogermanisch · Germanisch

Gotisches Elementarbuch von *H. Hempel.* Grammatik, Texte mit Übersetzung und Erläuterungen. 2., umgearbeitete Auflage. 165 Seiten. 1953 . . . . Bd. 79
Indogermanische Sprachwissenschaft von *H. Krahe.* 2. Auflage. 134 Seiten. 1948 . . . . Bd. 59
Germanische Sprachwissenschaft von *H. Krahe.* 2. Auflage.
II: Formenlehre. 140 Seiten. 1948 . . . . Bd. 780
Althochdeutsches Elementarbuch von *H. Naumann* † und *W. Betz.* 2. Auflage. 156 Seiten. 1954 . . . . Bd. 1111
Altnordisches Elementarbuch von *F. Ranke.* Schrifttum, Sprache, Texte mit Übersetzung und Wörterbuch. 2., durchgesehene Auflage. 146 Seiten. 1949 . . . . . Bd. 1115

Englisch · Französisch · Italienisch

Altenglisches Elementarbuch von *M. Lehnert.* Einführung, Grammatik, Texte mit Übersetzung und Wörterbuch. 2., verbesserte und vermehrte Aufl. 176 Seiten. 1950 . Bd. 1125
Beowulf von *M. Lehnert.* Eine Auswahl mit Einführung, teilweiser Übersetzung, Anmerkungen und etymologischem Wörterbuch. 2., verbesserte Auflage. 135 Seiten. 1949 Bd. 1135
Englische Literaturgeschichte.
I: Die alt- und mittelenglische Periode von *F. Schubel.* 163 Seiten. 1954 . . . . Bd. 1114
II: Von der Renaissance bis zur Aufklärung von *Paul Meissner*†. 139 Seiten. 1937 . . . . Bd. 1116
III: Romantik und Viktorianismus von *Paul Meissner*†. 150 Seiten. 1938 . . . . Bd. 1124
IV: Das 20. Jahrhundert von *Paul Meissner*†. 150 Seiten. 1939 . . . . Bd. 1136
Italienische Literaturgeschichte von *K. Vossler.* Unveränderter Nachdruck der 1927 erschienenen 4., durchgesehenen und verbesserten Auflage. 148 Seiten. 1948 . . . . Bd. 125
Shakespeare von *P. Meissner*†. 2. Auflage, neubearbeitet von M. Lehnert. 136 Seiten. 1954 . . . . Bd. 1142

Griechisch · Lateinisch

Griechische Sprachwissenschaft von *W. Brandenstein.*
I: Einleitung, Lautsystem, Etymologie. 160 Seiten. 1954 Bd. 117
Geschichte der griechischen Sprache
I: Bis zum Ausgang der klassischen Zeit. Von *O. Hoffmann*†. 3., umgearbeitete Auflage von *A. Debrunner.* 156 Seiten. 1954 . . . . Bd. 111
II: Grundfragen und Grundzüge d. nachklass. Griechisch. Von *A. Debrunner.* 144 Seiten. 1954 . . . . Bd. 114
Geschichte der griechischen Literatur von *W. Nestle.* 2., verbesserte Auflage.
I: Von den Anfängen bis auf Alexander d. Gr. 148 Seiten. 1950 . . . . Bd. 70
II: Von Alexander d. Gr. bis zum Ausgang der Antike. 128 Seiten. 1948 . . . . Bd. 557

Geschichte der lateinischen Sprache von *F. Stolz* †. 3., stark umgearbeitete Auflage von *A. Debrunner*. 136 Seiten. 1953 . . . . Bd. 492

Hebräisch · Sanskrit · Russisch

Hebräische Grammatik von *G. Beer*†. 2., völlig neubearbeitete Auflage von *R. Meyer*.
I: Schrift-, Laut- und Formenlehre I. 157 Seiten. 1952. Bd. 763/763a
II: Schrift-, Laut- und Formenlehre II. 1954. In Vorbereitung . . . . Bd. 764/764a
Sanskrit-Grammatik von *M. Mayrhofer*. 89 Seiten. 1953 . . . Bd. 1158
Russische Grammatik von *G. Berneker*. 6., unveränderte Auflage von *M. Vasmer*. 155 Seiten. 1947 . . . . Bd. 66

Erd- und Länderkunde

Afrika von *F. Jaeger*. Ein geographischer Überblick. 2., umgearbeitete Auflage.
I: Der Lebensraum. 179 Seiten mit 18 Abbildungen. 1954 Bd. 910
II: Mensch und Kultur. 155 Seiten mit 6 Abbildungen. 1954 Bd. 911
Australien und Ozeanien von *H. J. Krug*. 176 Seiten mit 46 Skizzen. 1953 . . . . Bd. 319
Kartenkunde von *M. Eckert-Greifendorff*†. 3., durchgesehene Auflage von *W. Kleffner*. 149 Seiten mit 63 Abb. 1950 Bd. 30

Volkswirtschaft · Publizistik

Allgemeine Betriebswirtschaftslehre von *K. Mellerowicz*. 8., unveränderte Auflage.
I: 142 Seiten. 1954 . . . . Bd. 1008
II: 112 Seiten. 1954 . . . . Bd. 1153
III: 143 Seiten. 1954 . . . . Bd. 1154
Zeitungslehre von *E. Dovifat*. 3., neubearbeitete Auflage. 1955. 2 Bände. In Vorbereitung . . . . Bd. 1039/1040

Naturwissenschaften

Mathematik

Repetitorium und Aufgabensammlung zur Differentialrechnung von *A. Witting*†. 2., neubearbeitete Auflage. Durchgesehener Neudruck. 145 Seiten. 1949 . . . . Bd. 146

Integralrechnung von *A. Witting*†. 2., verbesserte Auflage. Durchgesehener Neudruck. 176 Seiten mit 62 Figuren und 190 Beispielen . . . . Bd. 88

Repetitorium und Aufgabensammlung zur Integralrechnung von *A. Witting*†. 2., neubearbeitete Auflage. Durchgesehener Neudruck. 121 Seiten mit 32 Figuren und 309 Beispielen. 1949. . . . . Bd. 147

Gewöhnliche Differentialgleichungen von *G. Hoheisel*. 4., neubearbeitete Auflage. 129 Seiten. 1951 . . . . Bd. 920

Partielle Differentialgleichungen von *G. Hoheisel*. 3., neubearbeitete Auflage. Etwa 130 Seiten. 1954 . . . . . . Bd. 1003

Aufgabensammlung zu den gewöhnlichen und partiellen Differentialgleichungen von *G. Hoheisel*. 2., umgearbeitete Auflage. 124 Seiten. 1952 . . . . Bd. 1059

Darstellende Geometrie von *W. Haack*.

I: Die wichtigsten Darstellungsmethoden. Grund- und Aufriß ebenmäßiger Körper. 106 Seiten mit 117 Abbildungen. 1954 . . . . Bd. 142

II: Körper mit krummen Begrenzungsflächen. Kotierte Projektionen. 129 Seiten mit 86 Abbildungen. 1954 . . Bd. 143

Sammlung von Aufgaben und Beispielen zur analytischen Geometrie der Ebene von *R. Haussner*. Mit den vollständigen Lösungen. 139 Seiten mit 22 Figuren im Text. Neudruck. 1949 . . . . Bd. 256

Nichteuklidische Geometrie von *R. Baldus*†. Hyperbolische Geometrie der Ebene. 3., verbesserte Auflage, durchgesehen und herausgegeben von *F. Löbell*. 140 Seiten mit 70 Figuren im Text. 1954 . . . . Bd. 970

Differentialgeometrie von *K. Strubecker* (früher Rothe). 2 Bände. In Vorbereitung . . . . Bd. 1113

Einführung in die konforme Abbildung von *L. Bieberbach*. 4. Auflage. 147 Seiten mit 42 Zeichnungen. 1949 . . . Bd. 768

Vektoranalysis von *S. Valentiner*. Neudruck der 7. Auflage (1950). 138 Seiten mit 19 Figuren. 1954 . . . . Bd. 354

Vermessungskunde von *P. Werkmeister*.

I: Stückmessung und Nivellieren. 9. Auflage. 165 Seiten mit 145 Figuren. 1949 . . . . Bd. 468

II: Messung von Horizontalwinkeln. Festlegung von Punkten im Koordinatensystem. Absteckungen. 7. Auflage. 151 Seiten mit 93 Figuren. 1949 . . . . Bd. 469

III: Trigonometrische und barometrische Höhenmessung. Tachymetrie und Topographie. 6. Auflage. 147 Seiten mit 64 Figuren. 1949 . . . . Bd. 862

Versicherungsmathematik von *F. Böhm*.

I: Elemente der Versicherungsrechnung. 3., vermehrte und verbesserte Auflage. Durchgesehener Neudruck. 151 Seiten. 1954. . . . . Bd. 180

II: Lebensversicherungsmathematik. Einführung in die technischen Grundlagen der Sozialversicherung. 2., verbesserte Auflage. 205 Seiten. 1953 . . . . Bd. 917/917a

Physik

Einführung in die theoretische Physik von *W. Döring*
I: Mechanik. 119 Seiten mit 29 Abbildungen. 1954 . . . Bd. 76
II: Theorie des elektromagnetischen Feldes. In Vorbereitg. Bd. 77
Atomphysik von *K. Bechert* und *Ch. Gerthsen*. 3., umgearb. Auflage.
I und II: 1955. In Vorbereitung . . . . Bd. 1009/1033
III: Theorie des Atombaus. 1. Teil von *K. Bechert*. 148 Seit. mit 16 Abbildungen. 1954 . . . . Bd. 1123/1123a
IV: Theorie des Atombaus. 2. Teil von *K. Bechert*. 170 Seiten mit 14 Abbildungen. 1954 . . . . Bd. 1165/1165a
Differentialgleichungen der Physik von *F. Sauter*. 2. Auflage. 148 Seiten mit 16 Figuren. 1950 . . . . Bd. 1070
Physikalische Formelsammlung von *G. Mahler* und *K. Mahler*. 8., verbesserte Auflage. 153 Seiten mit 69 Figuren. 1950 Bd. 136
Physikalische Aufgabensammlung von *G. Mahler* und *K. Mahler*. Mit den Ergebnissen. 8. Auflage. 1955. In Vorbereitung . . . . Bd. 243

Chemie

Geschichte der Chemie von *G. Lockemann*. In kurzgefaßter Darstellung
I: Vom Altertum bis zur Entdeckung des Sauerstoffs. 142 Seiten mit 8 Bildnissen. 1950 . . . . Bd. 264
II: Von der Entdeckung des Sauerstoffs bis zur Gegenwart. In Vorbereitung . . . . Bd. 265
Anorganische Chemie von *W. Klemm*. 8. Auflage. 184 Seiten mit 18 Abbildungen. 1954 . . . . Bd. 37
Organische Chemie von *W. Schlenk*. 6., erweiterte Auflage. 263 Seiten. 1954 . . . . Bd. 38/38a
Allgemeine und physikalische Chemie von *W. Schulze*.
I: 1955. In Vorbereitung . . . . Bd. 71
II: 3., durchgesehene Auflage. 160 Seiten mit 36 Fig. 1949. Bd. 698
III: Molekülbau. 1955. In Vorbereitung . . . . Bd. 786
Analytische Chemie von *J. Hoppe*. 5., verbesserte Auflage.
I: Reaktionen. 135 Seiten. 1950 . . . . Bd. 247
II: Gang der qualitativen Analyse. 166 Seiten. 1950 . . . Bd. 248
Maßanalyse von *G. Jander* und *K. F. Jahr*. Theorie und Praxis der klassischen und der elektrochemischen Titrierverfahren. 6. Auflage.
I: 140 Seiten mit 18 Figuren. 1952 . . . . Bd. 221
II: 139 Seiten mit 24 Figuren. 1952 . . . . Bd. 1002
Thermochemie von *W. A. Roth*. 2., verbesserte Auflage. 109 Seiten mit 16 Figuren. 1952 . . . . Bd. 1057
Physikalisch-chemische Rechenaufgaben von *E. Asmus*. 2. Auflage. 96 Seiten. 1949 . . . . Bd. 445
Stöchiometrische Aufgabensammlung von *W. Bahrdt* und *R. Scheer*. Mit den Ergebnissen. 5., verbesserte Auflage. 120 Seiten. 1952 . . . . Bd. 452
Elektrochemie und ihre physikalisch-chemischen Grundlagen von *A. Dassler*.
I: 149 Seiten mit 21 Abbildungen. 1950 . . . . Bd. 252
II: 178 Seiten mit 17 Abbildungen. 1950 . . . . Bd. 253

Technologie

Warenkunde von *K. Hassak*† und *E. Beutel*†. 7. Auflage. Neubearbeitet von *A. Kutzelnigg*.
I: Anorganische Waren sowie Kohle und Erdöl. 116 Seiten mit 19 Figuren. 1947 . . . . Bd. 222
II: Organische Waren. 143 Seiten mit 32 Figuren. 1949 . . Bd. 222

Die Fette und Öle von *K. Braun*†. 5., völlig neubearbeitete und verbesserte Auflage von *Th. Klug*. 145 Seiten. 1950 . . Bd. 335

Die Seifenfabrikation von *K. Braun*†. 3., neubearbeitete und verbesserte Auflage von *Th. Klug*. 116 Seiten mit 18 Abbildungen. 1953 . . . . Bd. 336

Textilindustrie von *A. Blümcke*.
I: Spinnerei und Zwirnerei. 112 Seiten mit 43 Abbildungen. 1954 . . . . Bd. 184

Biologie

Hormone von *G. Koller*. 2., neubearbeitete und erweiterte Auflage. 187 Seiten mit 60 Abbildungen und 19 Tabellen. 1949 . . . . Bd. 1141

Fortpflanzung im Tier- und Pflanzenreich von *J. Hämmerling*. 2., ergänzte Auflage. 135 Seiten mit 101 Abbildungen. 1951 . . . . Bd. 1138

Geschlecht und Geschlechtsbestimmung im Tier- und Pflanzenreich von *M. Hartmann*. 2., verbesserte Auflage. 116 Seiten mit 61 Abbildungen und 7 Tabellen. 1951 . Bd. 1127

Grundriß der allgemeinen Mikrobiologie von *W. Schwartz*
I: 104 Seiten mit 17 Abbildungen. 1949 . . . . Bd. 1155
II: 93 Seiten mit 12 Abbildungen. 1949 . . . . Bd. 1157

Symbiose der Tiere mit pflanzlichen Mikroorganismen von *P. Buchner*. 2., verbesserte und vermehrte Auflage. 130 Seiten mit 121 Abbildungen. 1949 . . . . Bd. 1128

Botanik

Entwicklungsgeschichte desPflanzenreiches von *H. Heil*. 2. Auflage. 138 Seiten mit 94 Abbildungen und 1 Tabelle. 1950 Bd. 1137

Morphologie der Pflanzen von *L. Geitler*. 3. Auflage. 126 Seiten mit 114 Abbildungen. 1954 . . . . Bd. 141

Pflanzenzüchtung von *H. Kuckuck*. 3., völlig umgearbeitete Auflage.
I: Grundzüge der Pflanzenzüchtung. 132 Seiten mit 22 Abbildungen. 1952 . . . . Bd. 1134

Die Laubhölzer von *F. W. Neger*† und *E. Münch*†. Kurzgefaßte Beschreibung der in Mitteleuropa gedeihenden Laubbäume und Sträucher. 3., durchgesehene Auflage, herausgegeben von *B. Huber*. 143 Seiten mit 63 Figuren und 7 Tabellen. 1950 . . . . Bd. 718

Die Nadelhölzer (Koniferen) und übrigen Gymnospermen von *F. W. Neger*† und *E. Münch*†. 4. Auflage. Durchgesehen und ergänzt von *B. Huber*. 140 Seiten mit 75 Figuren, 4 Tabellen und 3 Karten. 1952 . . . . Bd. 355

Zoologie

Entwicklungsphysiologie der Tiere von *F. Seidel.*
I: Ei und Furchung. 126 Seiten mit 29 Abbildungen. 1953 . . . . Bd. 1162
II: Körpergrundgestalt und Organbildung. 159 Seiten mit 42 Abbildungen. 1953 . . . . Bd. 1163

Das Tierreich.
Fische von *D. Lüdemann.* In Vorbereitung . . . . . . Bd. 356
Insekten von *H. von Lengerken.* 128 Seiten mit 58 Abbildungen. 1953 . . . . Bd. 594
Lurche von *K. Herter.* 140 Seiten mit 129 Abbild. 1955 Bd. 847
Spinnentiere von *A. Kaestner.* 96 S. mit 55 Abb. 1955. Bd. 1161
Würmer von *S. Jaeckel.* 112 Seiten mit 36 Abbild. 1954 Bd. 439
Weichtiere von *S. Jaeckel.* 92 Seiten mit 34 Abbildungen. 1955 . . . . Bd. 440

Vergleichende Physiologie der Tiere von *K. Herter.* 3. Auflage der „Tierphysiologie".
I: Stoff- und Energiewechsel. 155 Seiten mit 64 Abbild. 1950 . . . . Bd. 972
II: Bewegung und Reizerscheinungen. 148 Seiten mit 110 Abbildungen. 1950 . . . . Bd. 973

Land- und Forstwirtschaft

Landwirtschaftliche Tierzucht von *H. Vogel.* Die Züchtung und Haltung der landwirtschaftlichen Nutztiere. 139 Seiten mit 11 Abbildungen. 1952 . . . . Bd. 228

Kulturtechnische Bodenverbesserungen von *O. Fauser.* 4., neubearbeitete Auflage.
I: Allgemeines, Entwässerung. 122 Seiten mit 47 Abbildungen. 1947 . . . . Bd. 691
II: Bewässerung, Ödlandkultur, Umlegung. 150 Seiten mit 67 Abbildungen. 1949 . . . . Bd. 692

Agrikulturchemie von *K. Scharrer.*
I: Pflanzenernährung. 143 Seiten. 1953 . . . . Bd. 329

Geologie · Mineralogie · Kristallographie

Kristallographie von *W. Bruhns*† und *P. Ramdohr.* 4. Auflage. 106 Seiten mit 163 Abbildungen. 1954 . . . . Bd. 210

Einführung in die Kristalloptik von *E. Buchwald.* 4., verbess. Auflage. 138 Seiten mit 121 Figuren. 1952 . . . . . . Bd. 619

Lötrohrprobierkunde von *M. Henglein.* Mineraldiagnose mit Lötrohr- und Tüpfelreaktion. 3., verbesserte Auflage. 91 Seiten mit 11 Figuren. 1949 . . . . Bd. 483

Mineral- und Erzlagerstättenkunde von *H. Huttenlocher.*
I: 128 Seiten mit 34 Abbildungen. 1954 . . . . Bd. 1014
II: 156 Seiten mit 48 Abbildungen. 1954 . . . . . Bd. 1015/1015a

Mineralogie von *R. Brauns*† und *K. F. Chudoba.* 9. Auflage.
I: Allgemeine Mineralogie. 1955. In Vorbereitung . . . Bd. 29
II: Spezielle Mineralogie. 1955. In Vorbereitung . . . . Bd. 31

Petrographie. Von *W. Bruhns*† und *P. Ramdohr.* 4., durchgesehene Auflage. Mit 10 Abbildungen. 1955. In Vorbereitung . . . . Bd. 173

Geologie von *F. Lotze.* 1955. In Vorbereitung . . . . Bd. 13

Technik

Elektrotechnik

Die Gleichstrommaschine von *K. Humburg.* Durchgesehener Neudruck.
I: 102 Seiten mit 59 Abbildungen. 1949 . . . . Bd. 257
II: 98 Seiten mit 38 Abbildungen. 1949 . . . . Bd. 881

Die synchrone Maschine von *K. Humburg.* Neudruck. 109 Seiten mit 78 Bildern. 1951 . . . . Bd. 1146

Induktionsmaschinen von *F. Unger.* 2., erweiterte Auflage. 142 Seiten mit 49 Abbildungen. 1954 . . . . Bd. 1140

Transformatoren von *W. Schäfer.* 2. Auflage. 128 Seiten mit 74 Abbildungen. 1949 . . . . Bd. 952

Die komplexe Berechnung von Wechselstromschaltungen von *H. H. Meinke.* 160 Seiten mit 114 Abbildungen. 1949 . Bd. 1156

Theoretische Grundlagen zur Berechnung der Schaltgeräte von *F. Kesselring.* 3. Auflage. 144 Seiten mit 92 Abbildungen. 1950 . . . . Bd. 711

Elektromotorische Antriebe (Grundlagen für die Berechnung) von *A. Schwaiger.* 3., neubearbeitete Auflage. 96 Seiten mit 34 Abbildungen. 1952 . . . . Bd. 827

Technische Tabellen und Formeln von *W. Müller.* 4., verbesserte und erweiterte Auflage von *E. Schulze.* 152 Seiten mit 105 Figuren. 1951 . . . . Bd. 579

Überspannungen und Überspannungsschutz von *G. Frühauf.* Durchgesehener Neudruck. 122 Seiten mit 98 Abbildungen. 1950 . . . . Bd. 1132

Maschinenbau

Werkzeugmaschinen von *K. P. Matthes.*
I: 110 Seiten mit 27 Abbildungen, 11 Zahlentafeln im Text und 1 Tafelanhang. 1954 . . . . Bd. 561
II: 1955. In Vorbereitung . . . . Bd. 562

Die Maschinenelemente von *E. A. vom Ende.* 2., verbesserte Auflage. 159 Seiten mit 173 Figuren und 12 Tafeln. 1950 Bd. 3

Das Maschinenzeichnen mit Einführung in das Konstruieren von *W. Tochtermann.* 4. Auflage.
I: Das Maschinenzeichnen. 156 Seiten mit 77 Tafeln. 1950 Bd. 589
II: Ausgeführte Konstruktionsbeispiele. 130 Seiten mit 58 Tafeln. 1950 . . . . Bd. 590

Getriebelehre von *P. Grodzinski.* 2., neubearbeitete Auflage.
I: Geometrische Grundlagen. 159 Seiten mit 142 Figuren. 1953 . . . . Bd. 1061

Gießereitechnik von *H. Jungbluth.*
I: Eisengießerei. 126 Seiten mit 44 Abbildungen. 1951 . . Bd. 1159

Die Dampfkessel und Feuerungen einschließlich Hilfseinrichtungen in Theorie, Konstruktion und Berechnung von *W. Marcard*†. 2. Auflage. Neubearbeitet von *K. Beck*.
I: Die theoretischen Grundlagen. Wärme, Verbrennung, Wärmeübertragung. 150 Seiten mit 42 Abbildungen und 16 Tabellen. 1951 . . . . Bd. 9
II: Dampfkessel. 147 Seiten mit 43 Abbildungen. 1952 . . Bd. 521

Technische Thermodynamik von *W. Nusselt*.
I: Grundlagen. 3., verbesserte Auflage. 144 Seiten mit 71 Abbildungen. 1950 . . . . Bd. 1084
II: Theorie der Wärmekraftmaschinen. Neudruck. 144 Seiten mit 87 Abbildungen und 32 Zahlentafeln. 1951. . Bd. 1151

Autogenes Schweißen und Schneiden von *H. Niese*. 5. Auflage. Neubearbeitet von *A. Küchler*. 136 Seiten mit 71 Figuren. 1954 . . . . Bd. 499

Elektrische Schweißverfahren von *H. Niese*. Herausgegeben von *H. Dienst*. In Vorbereitung . . . . Bd. 1020

Metallkunde. Einführendes über Aufbau, Eigenschaften und Untersuchung von Metallen und Legierungen sowie über Grundlagen des Schmelzens, des Gießens, des Verformens, der Wärmebehandlung, der Oberflächenbehandlung, der Verbinde- und Trennarbeiten von *H. Borchers*. 2. Auflage.
I: Aufbau der Metalle und Legierungen. 110 Seiten mit 2 Tabellen und 90 Abbildungen. 1950 . . . . Bd. 432
II: Eigenschaften. Grundzüge der Form- und Zustandsgebung. 154 Seiten mit 8 Tabellen und 100 Abbildungen. 1952 . . . . Bd. 433

Dynamik von *W. Müller*. 2., verbesserte Auflage.
I: Dynamik des Einzelkörpers. 128 Seiten mit 48 Figuren. 1952 . . . . Bd. 902
II: Systeme von starren Körpern. 102 Seiten mit 41 Figuren. 1952 . . . . Bd. 903

Technische Schwingungslehre von *L. Zipperer*.
I: Allgemeine Schwingungsgleichungen, einfache Schwinger. 2., neubearbeitete Auflage. 120 Seiten mit 101 Abbildungen. 1953 . . . . Bd. 953
II: In Vorbereitung . . . . Bd. 961

Hebezeuge von *G. Tafel*.
I: 2., verbesserte Auflage. 276 Seiten mit 230 Figuren. 1954 . . . . Bd. 414/414a

Wasserbau

Wasserkraftanlagen von *A. Ludin*. 2 Bände. 1955. In Vorbereitung . . . . Bd. 665/666

Verkehrswasserbau von *H. Dehnert*.
I: Entwurfsgrundlagen, Flußregelungen. 103 Seiten mit 52 Textabbildungen. 1950 . . . . Bd. 585
II: Flußkanalisierungen und Schiffahrtskanäle. 94 Seiten mit 60 Textabbildungen. 1950 . . . . Bd. 597
III: Schleusen und Hebewerke. 98 Seiten mit 70 Textabbildungen. 1950 . . . . Bd. 1152

Talsperren von *F. Tölke*. 122 Seiten mit 70 Abbildungen. 1953 Bd. 1044

Wehr- und Stauanlagen von *H. Dehnert*. 134 Seiten mit 90 Abbildungen. 1952 . . . . Bd. 965

Hoch- und Tiefbau

Die wichtigsten Baustoffe des Hoch- und Tiefbaus von *O. Graf*. 4., verbesserte Auflage. 131 Seiten mit 63 Abbildungen. 1953 . . . . Bd. 984

Baustoffverarbeitung und Baustellenprüfung des Betons von *A. Kleinlogel*. 2., neubearbeitete und erweiterte Auflage. 126 Seiten mit 35 Abbildungen. 1951 . . . . . . Bd. 978

Festigkeitslehre von *W. Gehler*† und *W. Herberg*.

I: Elastizität, Plastizität und Festigkeit der Baustoffe und Bauteile. Durchgesehener und erweiterter Neudruck. 159 Seiten mit 18 Bildern. 1952 . . . . Bd. 1144

II: Formänderung, Platten, Stabilität und Bruchhypothesen. Bearb. von W. Herberg und N. Dimitrov. Mit 94 Bildern. In Vorbereitung . . . . Bd. 1145

Grundlagen des Stahlbetonbaus von *A. Troche*. 2., neubearbeitete und erweiterte Auflage. 208 Seiten mit 75 Abbildungen, 17 Bemessungstafeln und 20 Rechenbeispielen. 1953 . . . . Bd. 1078

Fenster, Türen, Tore aus Holz und Eisen. Eine Einleitung zu ihrer guten Gestaltung, wirtschaftlichen Bemessung und handwerksgerechten Konstruktion von *W. Wickop*. 4. Auflage. 1955. In Vorbereitung . . . . Bd. 1092

Heizung und Lüftung von *J. Körting*† und *W. Körting*. 8., neubearbeitete Auflage.

I: Das Wesen und die Berechnung der Heizungs- und Lüftungsanlagen. 140 Seiten mit 29 Abbildungen und 18 Zahlentafeln. 1951 . . . . Bd. 342

II: Die Ausführung der Heizungs- und Lüftungsanlagen. 152 Seiten mit 165 Abbildungen und 7 Zahlentafeln. 1954 . . . . Bd. 343

SAMMLUNG GÖSCHEN / BANDNUMMERNFOLGE

1 Langosch, Der Nibelunge Nôt
3 vom Ende, Maschinenelemente
9 Marcard-Beck, Dampfkessel I
13 Lotze, Geologie
20 Hofstaetter-Spree, Dt. Sprachlehre
29 Brauns-Chudoba, Allg. Mineralogie
30 Eckert-Greifendorff-Kleffner, Kartenkunde
31 Brauns-Chudoba, Spez. Mineralogie
37 Klemm, Anorganische Chemie
38/38a Schlenk, Organ. Chemie
42 Behn, Vorgeschichte Europas
51 Bürklen-Ringleb, Mathematische Formelsammlung
59 Krahe, Indogerm. Sprachwiss.
61 Biehle, Redetechnik
66 Berneker-Vasmer, Russische Grammatik
70 Nestle, Griech. Literaturgesch. I
71 Schulze, Allgem. und physikalische Chemie I
76 Döring, Einführ. i. d. theoret. Physik I
77 Döring, Einführ. i. d. theoret. Physik II
79 Hempel, Gotisches Elementarbuch
80 Weigert, Stilkunde I
87 Witting, Differentialrechnung
88 Witting, Integralrechnung
101 v. Wiese, Soziologie
111 Hoffmann-Debrunner, Geschichte der griech. Sprache I
114 Hoffmann-Debrunner, Geschichte der griech. Sprache II
117 Brandenstein, Griechische Sprachwissenschaft
125 Vossler, Italienische Literaturgeschichte
136 Mahler, Physikalische Formelsammlung
141 Geitler, Morphologie der Pflanzen
142 Haack, Darst. Geometrie I
143 Haack, Darst. Geometrie II
145 Weimer, Geschichte der Pädagogik
146 Witting, Repetitorium und Aufgabensammlung zur Differentialrechnung
147 Witting, Repetitorium und Aufgabensammlung zur Integralrechnung
170 Oehlmann, Musik des 19. Jahrhunderts
173 Bruhns-Ramdohr, Petrographie
180 Böhm, Versicherungsmathematik I
184 Blümcke, Textilindustrie I
200/200a Gottschald, Dt. Rechtschreibungswörterbuch
210 Bruhns-Ramdohr, Kristallographie
220/220a Moser, Allgemeine Musiklehre
221 Jander-Jahr, Maßanalyse I
222 Hassak-Beutel, Warenkunde I
223 Hassak-Beutel, Warenkunde II
226 Hofmann, Geschichte der Mathematik I
228 Vogel, Landw. Tierzucht
230 Krieger, Bad. Geschichte
243 Mahler, Physikal. Aufgabensammlung
247 Hoppe, Analytische Chemie I
248 Hoppe, Analytische Chemie II
252 Dassler, Elektrochemie I
253 Dassler, Elektrochemie II
256 Haussner, Aufgabensammlung zur analytischen Geometrie der Ebene
257 Humburg, Die Gleichstrommaschine I
264 Lockemann, Geschichte der Chemie I
265 Lockemann, Geschichte der Chemie II
270 Kirn, Einführung in die Geschichtswissenschaft
279 Jacob, Quellenkunde der deutschen Geschichte I
280 Jacob, Quellenkunde der deutschen Geschichte II
281 Leisegang, Einführung in die Philosophie
284 Jacob-Weden, Quellenkunde der deutschen Geschichte III

319 Krug, Australien und Ozeanien
329 Scharrer, Agrikulturchemie I
335 Braun-Klug, Fette und Öle
336 Braun-Klug, Seifenfabrikation
342 Körting, Heizung und Lüftung I
343 Körting, Heizung und Lüftung II
344 Moser, Musikästhetik
352 Devrient. Thüring. Geschichte
354 Valentiner, Vektoranalysis
355 Neger-Münch, Nadelhölzer
356 Lüdemann, Fische
375 Preller, Geschichte Englands I
394/394a Schilling, Von der Renaissance bis Kant
414/414a Tafel, Hebezeuge I
422 Gottschald, Dt. Personennamen
423 Adler, Fünfstell. Logarithmen
432 Borchers, Metallkunde I
433 Borchers, Metallkunde II
439 Jaeckel, Würmer
440 Jaeckel, Weichtiere
445 Asmus, Physikal.-chemische Rechenaufgaben
452 Bahrdt-Scheer, Stöchiometrische Aufgabensammlung
468 Werkmeister, Vermessungskunde I
469 Werkmeister, Vermessungskunde II
483 Henglein, Lötrohrprobierkunde
492 Stolz-Debrunner, Geschichte der lateinischen Sprache
499 Niese, Autogen. Schweißen
500 Simmel, Hauptprobleme der Philosophie
521 Marcard-Beck, Dampfkessel und Feuerungen II
536 Lehmann, Kant
538 Rumpf, Archäologie I
539 Rumpf, Archäologie II
557 Nestle, Griechische Literaturgeschichte II
561 Matthes, Werkzeugmaschinen I
562 Matthes, Werkzeugmasch. II
564 Behn, Kultur der Urzeit I
565 Behn, Kultur der Urzeit II
566 Behn, Kultur der Urzeit III
571 Lehmann, Philosophie des 19. Jahrhunderts I
576/576a Moser, Gesangskunst
579 Müller-Schulze, Techn. Tabellen
585 Dehnert, Verkehrswasserbau I
589 Tochtermann, Maschinenzeichnen I
590 Tochtermann, Maschinenzeichnen II
594 Lengerken, Insekten
597 Dehnert, Verkehrswasserbau II
619 Buchwald, Kristalloptik
665 Ludin, Wasserkraftanlagen I
666 Ludin, Wasserkraftanlagen II
668 Knopp, Funktionentheorie I
691 Fauser, Kulturtechn. Bodenverbesserungen I
692 Fauser, Kulturtechn. Bodenverbesserungen II
698 Schulze, Allgemeine und physikalische Chemie II
703 Knopp, Funktionentheorie II
709 Lehmann, Philosophie des 19. Jahrhunderts II
711 Kesselring, Berechnung der Schaltgeräte
718 Neger-Münch, Laubhölzer
763/763a Beer-Meyer, Hebräische Grammatik I
764/764a Beer-Meyer, Hebräische Grammatik II
768 Bieberbach, Einführung in die konforme Abbildung
780 Krahe, Germ. Sprachwiss. II
781 Weigert, Stilkunde II
768 Schulze, Molekülbau
807 Kropp, Erkenntnistheorie I
809 Moser, Harmonielehre I
810 Moser, Harmonielehre II
826 Koch, Philosophie des Mittelalters
827 Schwaiger, Elektromotorische Antriebe
837 Baumgartner, Gruppentheorie
845 Lehmann, Philosophie im ersten Drittel des 20. Jahrhunderts
847 Herter, Lurche
857 Capelle, Griech. Philosophie I
858 Capelle, Griech. Philosoph. II
859 Capelle, Griech. Philosoph. III
862 Werkmeister, Vermessungskunde III
863 Capelle, Griech. Philosoph. IV
877 Knopp, Aufgabensammlung zur Funktionentheorie I

878 Knopp, Aufgabensammlung zur Funktionentheorie II
881 Humburg, Gleichstrommaschine II
902 Müller, Dynamik I
903 Müller, Dynamik II
910 Jaeger, Afrika I
911 Jaeger, Afrika II
917/917a Böhm, Versicherungsmathematik II
920 Hoheisel, Gewöhnliche Differentialgleichungen
929 Schirmer, Dt. Wortkunde
930 Krull, Elementare und klassische Algebra I
931 Hasse, Höhere Algebra I
932 Hasse, Höhere Algebra II
952 Schäfer, Transformatoren
953 Zipperer, Techn. Schwingungslehre I
961 Zipperer, Techn. Schwingungslehre II
965 Dehnert, Wehr- u. Stauanlagen
970 Baldus-Löbell, Nichteuklid. Geometrie
972 Herter, Tierphysiologie I
973 Herter, Tierphysiologie II
978 Kleinlogel, Baustoffverarbeitung und Baustellenprüfung des Betons
984 Graf, Die wichtigsten Baustoffe des Hoch- und Tiefbaues
1000 Jaspers, Geistige Situation
1002 Jander-Jahr, Maßanalyse II
1003 Hoheisel, Partielle Differentialgleichungen
1008 Mellerowicz, Allgemeine Betriebswirtschaftslehre I
1009 Bechert-Gerthsen, Atomphysik I
1014 Huttenlocher, Mineral- und Erzlagerstättenkunde I
1015/1015a Huttenlocher, Mineral- und Erzlagerstättenkunde II
1021 Niese-Dienst, Elektr. Schweißverfahren
1031 Apel, Philosophisches Wörterbuch
1033 Bechert-Gerthsen, Atomphysik II
1034 Kranefeldt, Therapeutische Psychologie
1039 Dovifat, Zeitungslehre I
1040 Dovifat, Zeitungslehre II
1044 Tölke, Talsperren
1045 Schubert, Technik des Klavierspiels
1057 Roth, Thermochemie
1059 Hoheisel, Aufgabensammlung zu den gewöhnl. und partiellen Differentialgleichungen
1061 Grodzinski, Getriebelehre I
1065 Haller, Von den Karolingern zu den Staufern
1070 Sauter, Differentialgleichungen der Physik
1078 Troche, Stahlbetonbau
1082 Hasse-Klobe, Aufgabensammlung zur Höheren Algebra
1084 Nusselt, Technische Thermodynamik I
1086 Müller, Dt. Dichten u. Denken
1088 Preller, Geschichte Englands II
1092 Wickop, Fenster, Türen, Tore,
1094 Hernried, System. Modulation
1096 Viëtor, Dt. Dichten u. Denken
1105 Hartung, Dt. Geschichte im Zeitalter der Reformation
1109 Knopp, Elemente der Funktionentheorie
1111 Naumann-Betz, Althochdeutsches Elementarbuch
1113 Strubecker, Differentialgeometrie I
1114 Schubel, Englische Literaturgeschichte I
1115 Ranke, Altnord. Elementarbuch
1116 Meissner, Englische Literaturgeschichte II
1121 Naumann, Dt. Dichten und Denken
1122 Feist, Sprechen und Sprachpflege
1123/1123a Bechert-Gerthsen, Atomphysik III
1124 Meissner, Englische Literaturgeschichte III
1125 Lehnert, Altengl. Elementarbuch
1127 Hartmann, Geschlecht und Geschlechtsbestimmung im Tier- und Pflanzenreich

1128 Buchner, Symbiose der Tiere mit pflanzl. Mikroorganismen
1130 Dibelius, Jesus
1131 Scholz-Schoeneberg Einführung in die Zahlentheorie
1132 Frühauf, Überspannungen und Überspannungsschutz
1134 Kuckuck, Pflanzenzüchtung I
1135 Lehnert, Beowulf
1136 Meissner, Englische Literaturgeschichte IV
1137 Heil, Entwicklungsgeschichte des Tier- und Pflanzenreichs
1138 Hämmerling, Fortpflanzung im Tier- und Pflanzenreich
1140 Unger, Induktionsmaschinen
1141 Koller, Hormone
1142 Meissner-Lehnert, Shakespeare
1144 Gehler, Festigkeitslehre I
1145 Herberg, Festigkeitslehre II
1146 Humburg, Synchrone Maschine
1147 v. Waltershausen, Kunst des Dirigierens
1148 Pepping, Der polyphone Satz I
1151 Nusselt, Technische Thermodynamik II
1152 Dehnert, Verkehrswasserbau III
1153 Mellerowicz, Allgem. Betriebswirtschaftslehre II
1154 Mellerowicz, Allgem. Betriebswirtschaftslehre III
1155 Schwartz, Mikrobiologie I
1156 Meinke, Kompl. Berechnung der Wechselstromschaltungen
1157 Schwartz, Mikrobiologie II
1158 Mayrhofer, Sanskrit-Grammatik
1159 Jungbluth, Gießereitechnik I
1160 Dibelius-Kümmel, Paulus
1161 Kaestner, Spinnentiere
1162 Seidel, Entwicklungsphysiologie der Tiere I
1163 Seidel, Entwicklungsphysiologie der Tiere II
1105/1105a Bechert-Gerthsen, Atomphysik IV

AUTORENREGISTER

FSC
www.fsc.org
MIX
Papier | Fördert
gute Waldnutzung
FSC® C083411

Zeitfracht Medien GmbH
Ferdinand-Jühlke-Straße 7
99095 Erfurt, Deutschland
produktsicherheit@kolibri360.de